Helmut Wirths

Lebendiger Mathematikunterricht

Bausteine fürs Gymnasium

Helmut Wirths

Lebendiger Mathematikunterricht

Bausteine fürs Gymnasium

Oldenburg 2021

Bibliografische Information der Deutschen Nationalbibliothek: Die Deutsche Nationalbibliothek verzeichnet diese Publikation in der Deutschen Nationalbibliografie; detaillierte bibliografische Daten sind im Internet über dnb.dnb.de abrufbar.

© Helmut Wirths 2019

Herstellung und Verlag :
BoD – Books on Demand, Norderstedt

ISBN 978-3-739 243 139

Inhaltsverzeichnis

		Seite
	Vorwort	8
1	Einführung in Positionssysteme ab Klasse 5	10
2	Wie gut kannst Du schätzen ?	19
3	An der Wurfbude - Erste Erfahrungen in Stochastik	30
4	Unterrichtseinheiten zu einem Achteck	38
5	Vom Rückwärtsschließen im Baumdiagramm zum Testen von Hypothesen	42
6	Gleichungssysteme und Taschencomputer	49
7	Das Problem der Lücke	53
8	Von der kleinen Bahn, die hoch hinaus will	55
9	Warum fährt die kleine Bahn so langsam ?	63
10	Der Turm von Hanoi	68
11	Lineare Differenzengleichungen 1. Ordnung Eine Unterrichtseinheit „Reihen und Folgen"	71
12	Auswerten von Messreihen im Modell der linearen Differenzengleichungen 1. Ordnung	80
13	Auswertung von Messreihen mittels Tabellenkalkulation	85
14	Lineare Differenzengleichungen 2. Ordnung Brücke zwischen Analysis und Linearer Algebra	92
15	Hat Gregor Mendel seine Daten frisiert ?	100
16	Besondere Aufgaben	108
17	Zitate	132
	Literaturverzeichnis	133
	Schlagwortverzeichnis	135

Vorwort

Dieses Buch möchte zu einem Mathematikunterricht anregen, in dem Lernende Freiräume zum selbständigen Handeln, Problemfinden und Problemlösen bekommen. Nach Hürten
- müssen Auswahl und Darbietung so erfolgen, dass Schüler von sich aus über den Stoff sprechen,
- müssen Situationen geschaffen werden, die das selbständige Entdecken fördern,
- müssen problemorientierte Aufgaben zu Systemen und Kalkülen führen, die sich in Diskussionen über das Problem den Schülern aufdrängen. (nach Hürten (1982))

Unterricht, bei dem es Lehrenden gelingt, Lernende so am Weg zur fertigen Mathematik wie es Hürten vorschwebt zu begleiten und zu beteiligen, wird lebendig auf eine ganz besondere Art, wenn Lernende sagen können : „Wir haben entdeckt, wir haben bewiesen, wir haben gelernt, ...". Günter Steinberg fordert (nach Steinberg (1983)) :
- Das Erwecken mathematischer Neugierde setzt voraus, dass Lehrziele - also Ziele, die vom Lehrenden gesetzt sind (*aber auch meist dem Lehrenden gesetzt sind*, Ergänzung vom Verfasser) - zu Lernzielen gemacht werden, zu Zielen also, die der Lernende selbst anstrebt.
- Motivation im Mathematikunterricht beginnt über die Darbietung, d.h.
  - über die Bereitstellung gehaltvoller Substanz,
  - über das Vorstellen eindrucksvoller mathematischer Phänomene,
  - über das Engagement des Lehrers für die von ihm gewählten Unterrichtsinhalte.

Der Verfasser hat schon früh seinen Unterricht nach den Vorstellungen von Hürten und Steinberg ausgerichtet, schon lange bevor er diese persönlich kennen gelernt hat. Im Buch „Stochastikunterricht am Gymnasium" (Wirths (2020)) wird ein Querschnitt durch den gesamten Stochastikunterricht mit genau dieser Zielsetzung vorgestellt. Hier in diesem Buch geht es um Erfahrungen in unterschiedlichen Themenbereichen des gymnasialen Mathematikunterrichts.

Das **erste Kapitel** über Zahlen im Zweier- und Dreiersystem soll Anregungen für eine Unterrichtseinheit zu einem für Lernende interessanten Zusatzthema bieten, das ab Klasse 5 behandelt werden kann. Ich wähle hier eine in meinem Unterricht bewährte Form, mich in zwei Geschichten direkt an Lernende zu wenden, über geeignet gewählte Einkleidungen anschauliche Vorstellungen zu vermitteln, und Aufgaben zu stellen, die zur Theorie führen.

In **Kapitel 2** werden Unterrichtseinheiten zur Statistik beschrieben, in denen anhand von Daten, die schnell erstellt oder gesammelt werden können, Fragen der Lernenden zu Definitionen, Verfahren und Darstellungsarten hinführen.

Im **dritten Kapitel** wird beschrieben, wie der begriffliche Unterschied zwischen relativer Häufigkeit und Wahrscheinlichkeit deutlich gemacht werden kann, und wie Lernende in einem lebendigen Prozess Wesentliches untereinander aushandeln können. Ich wende mich wie im ersten Beitrag mit einer Geschichte direkt an die Lernenden.

Im **vierten Kapitel** wird eine je Unterrichtseinheit für Klasse 7 und eine für Klasse 8 skizziert, in denen Probleme an einem besonderen Achteck zu finden und zu lösen sind.

In **Kapitel 5** werden erprobte Ideen für eine Unterrichtseinheit vorgestellt, die die Themen „Lernen aus Erfahrung" und „Testen von Hypothesen" elementar unterrichtbar machen.

Im **sechsten Kapitel** wird dargestellt, wie drei Problemstellungen aus dem Physikunterricht, in denen es um das Lösen von Gleichungssystemen geht, in den Mathematikunterricht integriert werden können, vor allem wie der Einsatz eines zumindest graphikfähigen Taschenrechners zur Konzentration auf mathematisch Wesentliches führen kann.

Für Lernende ist es ein schwerer Konflikt, dass sie Zahlen als Streckenlänge sehen, ihren Ort auf der Zahlengeraden bestimmen, aber bei der Länge der Diagonalen im Einheitsquadrat den Endpunkt mit ihren bisherigen Mitteln nicht als Lücke auf der Zahlengeraden erkennen können, aber akzeptieren müssen, dass solche Lücken existieren. Hier helfen nur überzeugende Argumente, wie sie Beweise darstellen. Dies ist Anliegen von **Kapitel 7**.

Im schweizerischen Kanton Graubünden stellt ein Ausflug mit der Rhätischen Bahn auf Meterspur von der Kantonshauptstadt Chur ins Hochgebirge nach Arosa eine besondere Attraktion dar. Im **achten und neunten Kapitel** werden Gesichtspunkte ausgeführt, wie auch im Flachland mit Daten und Informationen über diese Bahn lebendiger Mathematikunterricht mit einer Verzahnung von Mathematik und Physik möglich wird.

Unterrichtseinheiten „Wachstumsprozesse" gehören für mich ab Klasse 9 schon lange zum unverzichtbaren Bestand. Darüber wird in den Kapiteln 10 bis 14 berichtet. **In Kapitel 10** geht es um erfreuliche Schüleraktivitäten bei der Behandlung des bekannten Problems „Turm von Hanoi", die aus dem Zusammenführen unterschiedlicher Sichtweisen im Lösungsprozess entstanden sind. Das Thema „Folgen und Reihen" bietet zum einen vielfache Anknüpfungspunkte für Mathematisierungsprozesse, andererseits dient es auch als Vorbereitung und der Bereitstellung aussagekräftiger Beispiele zur Einführung des Grenzwertbegriffs. **In Kapitel 11** wird eine Einführung in die Modellierung diskreter Vorgänge unter dem Oberbegriff „Differenzengleichungen" vorgenommen. In **Kapitel 12** wird eine Unterrichtsreihe vorgestellt, in der es um die Auswertung von Messreihen mit Hilfe von linearen Differenzengleichungen 1. Ordnung geht. Ein Teil davon kann bereits in Klasse 9 behandelt werden. In der gymnasialen Oberstufe kann die Unterrichtseinheit bis hin zu „Differentialgleichungen" auch im Unterricht auf grundlegendem Niveau erweitert werden. In **Kapitel 13** wird eine Unterrichtsreihe zum Auswerten von Messreihen vorgestellt. Im Mittelpunkt steht die Entwicklung eines Rechenblatts zur Auswahl des Modells, in dem die Messdaten am besten approximiert werden können. Eine Einbettung der vorgestellten Reihe in den Unterricht ist bereits ab Klasse 10 möglich. In **Kapitel 14** wird deutlich gemacht, wie der Einsatz von Begriffen und Methoden der linearen Algebra Einsicht und Übersicht schaffen kann.

Kapitel 15 wirbt für das Ausschöpfen unterschiedlicher Argumentationsmöglichkeiten und für vielfältige Untersuchungen beim Testen von Hypothesen. Er richtet sich gegen eine auch im Abitur leider sehr verbreitete eingedrillte wenig überzeugende Monokultur.

Im **letzten Kapitel** wird eine exemplarische Auswahl von bewährten Aufgaben aus verschiedenen Themenkreisen vorgestellt.

Der Weg zur fertigen Mathematik sollte das zentrale Anliegen eines lebendigen Mathematikunterrichts sein. Das spannende Ringen um Begriffe, Methoden und Lösungen, wie es in den bekannten Worten von Otto Toeplitz (Toeplitz (1949)) ausgedrückt wird, muss im Unterricht erlebbar gemacht werden. Ich wünsche den Leserinnen und Lesern viel Freude an der Lektüre dieses Heftes, vor allem aber, dass die Gestaltung eines lebendigen Mathematikunterrichts gelingen möge.

4. Auflage   Oldenburg, im Sommer 2021

1. Einführung in Positionssysteme

1.1 Einleitung

Zahlensysteme haben im Zeitalter von Computern eine große Anwendungsrelevanz. Auch innermathematisch sind sie von Bedeutung. Ein vertieftes Verständnis des Dezimalsystems kann durch Vergleich mit Zahlensystemen zu anderen Basen erreicht werden. Richtlinien lassen dem Mathematiklehrer in der Regel einen Freiraum, den er auch zur Erweiterung und Vertiefung nutzen kann. Dieser Beitrag, vorher bereits in Wirths (1991a) abgedruckt, soll Anregungen für eine Unterrichtseinheit zu einem für Lernende neuen, interessanten Zusatzthema bieten, das ab Klasse 5 behandelt werden kann. Ich wähle hier eine in meinem Unterricht bewährte Form, nämlich in zwei Geschichten, die sich an die Lernenden wenden, Aufgaben zu stellen, die zur Theorie hinführen. Diese Geschichten wurden vorher in Wirths (1992) und Wirths (1992a) veröffentlicht.

1.2 Herr Paddel und das Dualsystem

Diese Geschichte soll Euch etwas über Zahlensysteme verraten. Versucht, alle Aufgaben in der angegebenen Reihenfolge zu lösen. Bei einigen ist das leicht, bei anderen werdet Ihr etwas hartnäckiger sein müssen. Wenn Ihr verstehen wollt, wie Computer Daten verarbeiten, dann müsst Ihr neben dem Euch bekannten Zehnersystem auch andere Zahlensysteme kennen.

1.2.1 Von Einern, Zweiern, Vierern und Achtern

Der Ruderclub von 1893 bietet an jedem Dienstagnachmittag für Schüler der Albert-Schweitzer-Schule eine Arbeitsgemeinschaft in Rudern an. Zu dieser Veranstaltung darf kommen, wer Lust hat und rudern kann. Mal sind 3 Schüler da, ein anderes Mal wollen 14 Schüler rudern. Herr Paddel betreut die Boote im Vereinshaus. Er sagt immer : „In einen Achter gehören acht Ruderer, sonst wird das Boot nicht ausgeliehen." Und so handelt er nicht nur beim Achter, sondern bei allen Booten. Er verteilt die Boote nach ganz bestimmten Regeln, von den Schülern liebevoll „Paddel-Regeln" genannt. An seinem Arbeitsplatz im Vereinshaus kann jeder folgendes lesen :

Bootsausleihe der Ruder-AG der Albert-Schweitzer-Schule
Regel 1. In jedem Boot, das ausgeliehen wird, muss jeder Platz besetzt werden.
Regel 2. Von jeder Bootsgattung erhält die Ruder-AG nur ein einziges Boot.
Regel 3. Boote mit Steuermann werden nicht ausgegeben.

Die Schüler freuen sich auf den Dienstagnachmittag. Weil sie vorher nie wissen, wie viele rudern wollen, und daher auch nicht, welche Boote ausgeliehen werden, gibt es immer Abwechslung. Und das macht Ihnen Spaß. Der Ruder-AG stehen ein Einer (E), ein Zweier (Z), ein Vierer (V) und ein Achter (A) zur Verfügung.

Aufgabe 1 : Herr Paddel notiert folgende Teilnehmerzahlen :
Datum   7.5.   14.5.   21.5.   28.5.   4.6.   11.6.   18.6.
Schülerzahl   12   3   10   9   7   11   15
Verteile die Teilnehmer nach den „Paddel-Regeln" auf die Boote.

Aufgabe 2 : Wie kannst Du möglichst schnell feststellen, welche Boote nach den „Paddel-Regeln" besetzt werden ? Entwickle für die Schülerzahlen von Aufgabe 1, aber auch allgemein ein Verfahren.

Aufgabe 3 : Wie viele Schüler dürfen höchstens zur Ruder-AG kommen, so dass alle rudern können ? Ist bei allen kleineren Anzahlen eine Verteilung der Boote nach den „Paddel-Regeln" möglich ?

Aufgabe 4: Herr Paddel notiert, welche Boote ausgeliehen sind:
Datum   3.9.   10.9.   17.9.   24.9.   1.10.
Boote   A,V,E   V,E   V,Z   A,V,Z   A,V,Z,E
Wie viele Schüler rudern an den einzelnen Tagen?

Aufgabe 5: Wie viele Möglichkeiten gibt es, zwei (drei) Boote auszuleihen?

Aufgabe 6: Die Schüler wollen alle Kombinationen, Boote nach den „Paddel-Regeln" auszuleihen, ausprobieren. Stelle in einer Tabelle alle Kombinationen zusammen und schreibe zu jeder Kombination, wie viele Schüler rudern. Wie viele Wochen dauert es, alle Kombinationen nacheinander auszuführen?

Aufgabe 7: Der Vierer wird repariert und kann lange Zeit nicht benutzt werden. Bei welchen Schülerzahlen ist nun eine Verteilung der übrigen Boote nach den „Paddelregeln" nicht mehr möglich?

Der Leiter der Albert-Schweitzer-Schule, Herr Schulmeister, kommt am Bootshaus vorbei. Er möchte wissen, wie viele Schüler heute an der Ruder-AG teilnehmen. Auf dem See kann er die Ruderboote nicht entdecken. „Kein Problem, es sind 10 Schüler", sagt Herr Paddel und zeigt auf eine Tafel. Dort hat er mit Kreide in einer Tabelle notiert, welche Boote ausgeliehen sind. Heute kann man folgendes auf der Tafel lesen:

Achter	Vierer	Zweier	Einer
1	0	1	0

Du hast sicher entdeckt, dass Herr Paddel den Bootsverleih auf besondere Art notiert.

Aufgabe 8: Fülle für die Schülerzahlen von Aufgabe 4 solche Tabellen aus.

Aufgabe 9: Formuliere eine Regel, wie aus dem Tafelanschrieb die Anzahl rudernder Schüler berechnet werden kann.

Aufgabe 10: Erstelle für die Schülerzahlen von Aufgabe 1 solche Tabellen und mache die Probe.

Herr Schulmeister möchte von jeder Bootsgattung ein zweites Boot anschaffen, damit mehr Schüler gleichzeitig rudern können. Herr Paddel ist damit nicht einverstanden. „Dann gibt es Streit, weil nicht immer eindeutig ist, welche Boote ausgeliehen werden", sagt er. Ihm kommt es vor allem darauf an, dass die Schüler immer nur auf eine einzige Art auf die Boote verteilt werden können, die Verteilung also eindeutig ist.

Aufgabe 11: Es sollen zwei Vierer (Zweier) ausgeliehen werden können. Bei welchen Schülerzahlen kann man auf verschiedene Weisen die Boote ausleihen? Gib mehrere Beispiele an.

Aufgabe 12: Für Herrn Schulmeister ist es wichtig, schnell ausrechnen zu können, wie viele Schüler rudern, wenn man die ausgeliehenen Boote kennt. Ist das noch möglich, wenn von jeder Bootsgattung zwei Boote vorhanden sind?

Aufgabe 13: Formuliere mit Deinen Worten, worin Du Vorteile in den „Paddel-Regeln" oder im Vorschlag von Herrn Schulmeister siehst. Gibt es auch Nachteile?

Herr Paddel lacht: „Schaffen wir einen Sechzehner an! Es macht Spaß, ein solches Boot zu rudern. Und wir können mehr Schüler unterbringen. Außerdem gibt es dann keinen Streit, welche Boote ausgeliehen werden sollen." Die Schule schafft ein Boot mit 16 Plätzen, einen Sechzehner, an.

Aufgabe 14 : Herr Schulmeister notiert folgende Teilnehmerzahlen :
Datum   7.5.   14.5.   21.5.   28.5.   4.6.   11.6.   18.6.
Schülerzahl 21   6   27   18   29   31   13
Verteile sie nach den „Paddel-Regeln" auf die Boote.

Aufgabe 15 : Wie viele Schüler können am Dienstagnachmittag höchstens zur Ruder-AG kommen, wenn alle einen Platz in einem der Boote bekommen sollen ?

Einmal notiert Her Paddel die Bootsausleihe statt auf seiner Tafel wie folgt auf einem Zettel : 10010. Es liest Herrn Schulmeister vor : „Kein Einer, ein Zweier, kein Vierer, kein Achter und ein Sechzehner."

Aufgabe 16 : Herr Paddel notiert :
Datum   3.9.   10.9.   17.9.   24.9.   1.10.
Ausleihe   1001   11000   10110   11001   10011
Untersuche, welche Boote unterwegs sind, und wie viele Schüler an diesen Tagen rudern.

Herr Schulmeister möchte statt eines Sechzehners lieber einen Vierzehner oder einen Achtzehner anschaffen.

Aufgabe 17 : Ein Vierzehner soll den Sechzehner ersetzen. Bei wie vielen ruderwilligen Schülern ist eine Verteilung der Boote nach den „Paddel-Regeln" auf unterschiedliche Arten möglich ? Gib mehrere Lösungen an.

Aufgabe 18 : Ein Achtzehner soll den Sechzehners ersetzen. Bei wie vielen ruderwilligen Schülern ist eine Verteilung der Boote nach den „Paddel-Regeln" gar nicht mehr möglich ? Gib mehrere Lösungen an.

Die Ruder-AG der Albert-Schweitzer-Schule hat nie einen Vierzehner oder einen Achtzehner angeschafft, der Sechzehner ist nicht mehr einsatzfähig und wurde durch einen neuen ersetzt. Aber heute noch werden die Boote nach Herrn Paddels Regeln ausgeliehen. Diese Regeln müssen wohl etwas Besonderes sein.

1.2.2 Die „Ruderbootzahlen"

Wir wollen uns einige von den mathematischen Inhalten anschauen, die in unserer Geschichte enthalten sind. Herr Paddel kann aus seiner Schreibweise erkennen, welche Boote entliehen sind. Beim Tafelanschrieb 1001 sind es der Achter und der Einer, während der Vierer und der Zweier nicht gerudert werden. Herr Paddel benötigt nur die beiden Zeichen 0 und 1 als Ziffern seiner „Ruderbootzahlen". Dann kann er alle Informationen geben, die er beim Verleih der Boote und für Auskünfte an Herrn Schulmeister benötigt. Bei den „Ruderbootzahlen" hat jede Stelle für Herrn Paddel einen bestimmten Wert. Er redet von der Stelle für den Einer, den Zweier, den Vierer oder den Achter und liest dabei die Ziffern seiner Zahlen von rechts nach links. Wenn er weitere Boote einsetzen würde, dann lautet für ihn die logische Fortsetzung Sechzehner, Zweiunddreissiger, Vierundsechziger, usw. In den Aufgaben 17 und 18 konntet Ihr lernen, warum eine andere Fortsetzung (Vierzehner oder Achtzehner statt eines Sechzehners) nicht sinnvoll ist. Ihr habt sicher schon entdeckt, dass sich bis auf die Einerstelle alle Stellenwerte auf die Zahl 2 zurückführen lassen.

Stelle	Sechzehner	Achter	Vierer	Zweier	Einer
Wert	16	8	4	2	1
Zerlegung	$2 \cdot 2 \cdot 2 \cdot 2 = 2^4$	$2 \cdot 2 \cdot 2 = 2^3$	$2 \cdot 2 = 2^2$		

Nun könnt Ihr sicher nach größeren „Ruderbootzahlen" hin fortsetzen und einsehen, dass gilt: $32 = 2 \cdot 2 \cdot 2 \cdot 2 \cdot 2 = 2^5$, $64 = 2 \cdot 2 \cdot 2 \cdot 2 \cdot 2 \cdot 2 = 2^6$, usw. Wenn Ihr die letzte Zeile der Tabelle von links nach rechts lest, könnt Ihr folgende Fortsetzung vermuten: $2 = 2^1$ und $1 = 2^0$. Später werdet Ihr in der Algebra lernen, warum diese Fortsetzung sinnvoll ist.

1.2.3 Im Dualsystem

Der Tafelanschrieb 1001 für „Ruderbootzahlen" ist eine Schreibweise für Zahlen in einem Zahlensystem, das die Mathematiker Zweiersystem oder auch Dualsystem nennen. Wir benötigen nur die beiden Ziffern 0 und 1 und können dann alle Zahlen des Zweiersystems darstellen. In Aufgabe 11 konntet Ihr lernen, warum die Benutzung von mehr als zwei Ziffern, in Aufgabe 7, warum die Benutzung von weniger als zwei Ziffern zu Schwierigkeiten führt. Herr Paddel kann auch ausrechnen, wie viele Schüler rudern. Nach den „Paddel-Regeln" müssen alle entliehenen Boote voll besetzt sein. Daher rudern bei Tafelanschrieb 1001 insgesamt 9 Schüler, 8 im Achter und ein Schüler im Einer. Herr Paddel rechnet wie folgt: $1 \cdot 8 + 0 \cdot 4 + 0 \cdot 2 + 1 \cdot 1 = 1 \cdot 2^3 + 0 \cdot 2^2 + 0 \cdot 2^1 + 1 \cdot 2^0 = 9$. Aus der „Ruderbootzahl" oder Dualzahl 1001 können wir also die Zahl 9, die Anzahl der rudernden Schüler, ausrechnen.

1.2.4 Dualzahlen und Dezimalzahlen

Diese Schüleranzahl wird in dem Euch bereits bekannten Zahlensystem, dem Zehner- oder Dezimalsystem, angegeben. Den Zusammenhang zwischen der Dualzahl 1001 und der Dezimalzahl 9 machen wir durch folgende Redeweise deutlich: „Zur Dualzahl 1001 gehört die Dezimalzahl 9." oder „Der Dualzahl 1001 ist die Dezimalzahl 9 zugeordnet." In Aufgabe 2 solltet Ihr ein Verfahren entwickeln, mit dem Ihr die Boote, die besetzt werden dürfen, ermitteln könnt. 14 Kinder werden auf 1 Achter, 1 Vierer und 1 Zweier verteilt. Zur „Ruderbootzahl" oder Dualzahl 1110 gehört also die Dezimalzahl 14. Die nächsten drei Anweisungen beschreiben solch ein Verfahren. Probiert es einmal aus:

(1) Nimm zuerst das größte Boot, von dem alle Plätze besetzt werden können.
(2) Berechne die Anzahl der noch wartenden Schüler.
(3) Wiederhole die beiden Schritte (1) und (2) mit den nach (2) noch wartenden Schülern solange, bis alle Schüler Platz in einem der Boote gefunden haben.

In der nächsten Geschichte sind wir bei Herrn Rundlauf, einem Vetter von Herrn Paddel.

1.3 Das Rundlaufsche Dreiersystem - Auf der Kirmes

Herr Rundlauf besitzt auf der Kirmes mehrere Fahrgeschäfte. Er möchte gern ein neues Karussell für kleine Kinder bauen lassen. Er denkt sich: „Auf dem neuen Karussell müssen Fahrräder fest montiert werden. Auf jedem Fahrrad kann ein Kind nach Lust und Laune die Pedale vorwärts oder rückwärts treten und auch klingeln. Jedes Fahrrad ist also ein Einerfahrzeug (E). Außerdem sollen Motorräder mit Seitenwagen auf dem Karussell aufgebaut sein. Zwei Kinder finden auf jedem Motorrad Platz und eins im Seitenwagen. Jedes Motorrad ist also ein Dreierfahrzeug (D). Und Feuerwehrwagen mit Blaulicht, Glocke und Feuerwehrhupe dürfen auch nicht fehlen. In jedem Feuerwehrwagen können auf drei Bänken insgesamt 9 Kinder sitzen. Jeder Feuerwehrwagen ist also ein Neunerfahrzeug (N).

Donnerstags ist Familientag auf der Kirmes. Alle Kinder dürfen an diesem Tag zu ermäßigten Preisen fahren. Aber am Familientag besetzt Herr Rundlauf das Karussell nach besonderen Regeln, wir nennen sie „Rundlauf-Regeln". Er sagt immer : „ Ein Fahrzeug muss voll besetzt sein, sonst macht die Karussellfahrt am Familientag keinen Spaß." Solche Regeln müssen wohl in der Familie üblich sein. Schließlich ist Herr Rundlauf ja ein Vetter von Herrn Paddel.

> **Karussellfahrt am Familientag**
> Regel 1. Ein leeres Fahrzeug darf erst bestiegen werden, wenn alle seine Plätze besetzt werden können.
> Regel 2. Alle auf eine Karussellfahrt wartenden Kinder müssen einen Platz besetzen.

Aufgabe 19 : Herr Rundlauf notiert folgende Teilnehmerzahlen :
Uhrzeit   14.00   14.10   14.20   14.30   14.40   14.50   15.00
Kinderzahl   24   13   5   17   10   19   15
Verteile sie nach den Rundlauf-Regeln auf die Fahrzeuge des Karussells.

Aufgabe 20 : Wie kann man möglichst schnell festlegen, welche Fahrzeuge auf dem Karussell nach den „Rundlauf-Regeln" besetzt werden ? Entwickle für die Schülerzahlen von Aufgabe 19 und dann allgemein ein Verfahren.

Aufgabe 21 : Wie viele Kinder können am Familientag höchstens mitfahren, wenn alle einen Platz auf dem Karussell bekommen sollen ? Ist bei allen kleineren Anzahlen eine Verteilung der Plätze nach den „Rundlauf-Regeln" möglich ?

Aufgabe 22 : Herr Rundlauf notiert, welche Fahrzeuge voll besetzt sind :
Uhrzeit   17.00   17.10   1720   17.30
Fahrzeuge   N, D, E   D, E   N, D   N, E
Wie viele Kinder fahren zu den betreffenden Uhrzeiten auf dem Karussell ?

Aufgabe 23 : Wie viele Möglichkeiten gibt es, zwei (drei) Fahrzeuge zu besetzen ?

Aufgabe 24 : Die Kinder sollen alle Kombinationen, Fahrzeuge nach den „Rundlauf-Regeln" zu besetzen, ausprobieren. Stelle in einer Tabelle alle Kombinationen zusammen und schreibe zu jeder Kombination, wie viele Kinder Karussell fahren. Welche Zeit vergeht, wenn sie alle Kombinationen nacheinander ausprobieren wollen und eine Karussellfahrt 5 Minuten dauert ?

Aufgabe 25 : Ein Motorrad muss repariert werden. Es wurde abgebaut. Bei welchen Anzahlen an wartenden Kindern ist nun eine Verteilung der Fahrzeuge nach den „Rundlauf-Regeln" nicht mehr möglich ?

Herr Übersicht ist als Leiter des städtischen Ordnungsamts für den geordneten Betrieb der Kirmes verantwortlich. Er kommt bei Herrn Rundlauf vorbei und möchte wissen, wie viele Kinder gerade auf dem Karussell fahren. Er schafft es nicht, sie bei fahrendem Karussell zu zählen. „Kein Problem, es sind 15 Kinder", sagt Herr Rundlauf und zeigt auf eine Tafel. Dort hat er mit Kreide notiert, welche Fahrzeuge besetzt sind. Dort kann man folgendes lesen :

Neuner	Dreier	Einer
1	2	0

Herr Rundlauf notiert die Besetzung der Fahrzeuge ähnlich wie sein Vetter die Bootsausleihe.

Aufgabe 26 : Fülle für die Kinderzahlen von Aufgabe 22 solche Tabellen aus.

Aufgabe 27 : Wie kann aus dem Tafelanschrieb die Anzahl der Karussell fahrenden Kinder berechnet werden ?

Aufgabe 28 : Fülle für die Schülerzahlen von Aufgabe 19 solche Tabellen aus (Probe !).

Aufgabe 29 : Herr Rundlauf notiert :
Uhrzeit   16.00   16.10   16.20   16.30   16.40   16.50
Besetzung   102   110   021   122   201   012
Welche Fahrzeuge auf dem Karussell sind besetzt und wie viele Kinder fahren mit ?

Das Karussell von Herrn Rundlauf hat regen Zulauf, es ist meist gut besetzt. Die Kinder fahren gerade am Familientag gerne mit. Herr Übersicht schlägt Herrn Rundlauf eine Neuerung vor : Es sollen 3 Fahrräder oder, was nach Meinung von Herrn Übersicht noch besser sei, drei Motorräder auf dem Karussell eingebaut werden. Herr Übersicht denkt dabei an die Marktgebühren, die er einkassiert. Wenn das Karussell mehr Plätze hat, muss Herr Rundlauf auch mehr Geld als Standgebühr bezahlen. Herr Übersicht weiß, dass noch Platz für ein weiteres Fahrrad oder Motorrad auf dem Karussell vorhanden ist. Herr Rundlauf ist damit nicht einverstanden. „Dann gibt es zu oft Streit, weil nicht immer klar ist, welche Fahrzeuge besetzt werden sollen", sagt er. Ihm kommt es vor allem darauf an, dass die Kinder immer nur auf eine Art auf die Fahrzeuge verteilt werden können, die Verteilung also eindeutig ist.

Aufgabe 30 : Auf dem Karussell sollen drei Fahrräder (Motorräder) sein. Gib verschiedene Kinderzahlen an, bei denen es mehrere Möglichkeiten gibt, die Kinder nach den „Rundlauf-Regeln" auf die Fahrzeuge zu verteilen.

Aufgabe 31 : Herr Übersicht überlegt, das Feuerwehrauto nur noch mit 7 Plätzen auszurüsten. Bei wie vielen wartenden Kindern ist eine Verteilung auf die Fahrzeuge des Karussells nach den „Rundlauf-Regeln" auf verschiedene Arten möglich ? Gib mehrere Lösungen an !

Herr Übersicht zieht seinen Vorschlag zurück, aber nicht, weil ihn Herr Rundlauf überzeugt hat, sondern weil er von Herrn Rundlauf weniger Standgeld bekommen würde. Wen wundert es, wenn Herr Übersicht nun ein Feuerwehrauto mit 11 Plätzen vorschlägt ?

Aufgabe 32 : Das Feuerwehrauto soll 11 Plätze anstelle von 9 Sitzen haben. Bei wie vielen Kindern ist eine Verteilung auf die Fahrzeuge des Karussells nach den „Rundlauf-Regeln" gar nicht mehr möglich ? Gib alle Möglichkeiten an !

Bis heute wird bei Herrn Rundlauf das Karussell nach den „Rundlauf-Regeln" besetzt. Ist es eine Überraschung, wenn das Feuerwehrauto immer noch 9 Sitze hat, und wenn von jedem Fahrzeug zwei Exemplare vorhanden sind ? Die Kinder kommen gerne. Am Familientag wissen sie nie, welche Fahrzeuge bei der nächsten Karussellfahrt besetzt werden. Darin liegt für sie der große Reiz bei einer Fahrt am Familientag mit Herrn Rundlaufs Karussell.

1.3.1 Die „Karussellzahlen"

Herr Rundlauf kann bei seiner Schreibweise erkennen, welche Fahrzeuge auf dem Karussell voll besetzt sind. Bei 102 sind es ein Feuerwehrauto und zwei Fahrräder. Er benötigt nur die drei Zeichen 0, 1 und 2 als Ziffern seiner „Karussellzahlen". Dann kann er alle Informationen geben, die er über die Belegung seines Karussells und für Auskünfte an Herrn Übersicht benötigt. Bei den Karussellzahlen hat jede Stelle für Herrn Rundlauf einen bestimmten Wert. Er redet von der Stelle für das Einer-, das Dreier- und das Neunerfahrzeug. Er liest dabei die Ziffern seiner Zahlen von rechts nach links. Wenn er weitere Fahrzeuge benötigen würde, lautet für ihn die logische Fortsetzung ein Fahrzeug mit 27, 81, 243, usw. Plätzen. In den Aufgaben 31 und 32 konntet Ihr lernen, warum eine andere Fortsetzung (im Feuerwehrauto 7 oder 11

Sitze statt 9 Sitze) nicht sinnvoll ist. Ihr habt sicher auch schon entdeckt, dass sich bis auf die Einerstelle alle Stellenwerte auf die Zahl 3 zurückführen lassen.

Stelle	Siebenundzwanziger	Neuner	Dreier	Einer
Wert	27	9	3	1
Zerlegung	$3 \cdot 3 \cdot 3 = 3^3$	$3 \cdot 3 = 3^2$		

Nun könnt Ihr sicher nach größeren „Karussellzahlen" hin fortsetzen und einsehen, dass gilt: $81 = 3 \cdot 3 \cdot 3 \cdot 3 = 3^4$, $243 = 3 \cdot 3 \cdot 3 \cdot 3 \cdot 3 = 3^5$, usw. Wenn Ihr die letzte Zeile der Tabelle von links nach rechts lest, könnt Ihr folgende Fortsetzung vermuten: $3 = 3^1$ und $1 = 3^0$. Später werdet Ihr in der Algebra lernen, warum diese Fortsetzung sinnvoll ist.

Herr Rundlauf stellt seine „Karussellzahlen" in einem Zahlensystem dar, das die Mathematiker Dreiersystem oder Ternärsystem nennen. Wir benötigen nur die drei Zeichen 0, 1 und 2 als Ziffern und können damit alle Dreierzahlen darstellen. In Aufgabe 30 konntet Ihr lernen, warum die Benutzung von mehr als drei Ziffern, in Aufgabe 33, warum die Benutzung von weniger als drei Ziffern zu Schwierigkeiten führt.

Herr Rundlauf kann auch ausrechnen, wie viele Kinder insgesamt auf dem Karussell fahren. Nach den „Rundlaufregeln" müssen alle Fahrzeuge voll besetzt sein. Daher fahren beim Tafelanschrieb 102 insgesamt 11 Kinder Karussell, 9 mit einem Feuerwehrauto und zwei auf den beiden Fahrrädern. Herr Rundlauf rechnet folgendermaßen: $1 \cdot 9 + 0 \cdot 3 + 2 \cdot 1 = 1 \cdot 3^2 + 0 \cdot 3^1 + 2 \cdot 3^0 = 11$. Aus der „Karussellzahl" oder Dreierzahl 102 können wir also die Zahl 11, die Anzahl der auf dem Karussell befindlichen Kinder, ausrechnen. Diese Anzahl der auf dem Karussell fahrenden Kinder ist eine Zahl aus dem Euch bereits bekannten Zahlensystem, dem Zehner- oder Dezimalsystem. Den Zusammenhang zwischen der Dreierzahl 102 und der Dezimalzahl 11 machen wir durch folgende Redeweisen deutlich: „Zur Dreierzahl 102 gehört die Dezimalzahl 11." oder „Der Dreierzahl 102 ist die Dezimalzahl 11 zugeordnet."

In Aufgabe 20 solltet Ihr ein Verfahren entwickeln, mit dem Ihr die Fahrzeuge, die besetzt werden dürfen, finden könnt. 23 Kinder werden auf 2 Neunerfahrzeuge, 1 Dreierfahrzeug und 2 Einerfahrzeuge verteilt. Zur Dreierzahl oder „Karussellzahl" 212 gehört also die Dezimalzahl 23. Die folgenden drei Anweisungen beschreiben solch ein Verfahren, probiert es einmal aus:

(1) Besetze auf dem Karussell das größte Fahrzeug, das voll besetzt werden kann.
(2) Berechne die Anzahl der dann noch wartenden Kinder.
(3) Wiederhole die beiden Schritte (1) und (2) mit den nach (2) noch wartenden Kindern solange, bis alle Kinder auf dem Karussell Platz gefunden haben.

1.4 Abschluss

Wir sind mit der Auswertung der Geschichten da angekommen, wo die fertige Mathematik anfängt. Euch ist sicher aufgefallen, dass das Zweier- und das Dreiersystem ähnlich aufgebaut sind. Vielleicht habt Ihr Lust und schreibt eine eigene Geschichte über Zahlen in einem anderen Zahlensystem und versucht dann das, was Ihr hier über den Aufbau von Zahlensystemen sowie über die Umrechnung in das Zehnersystem gelernt habt, auf das neue Zahlensystem zu übertragen. Wenn Ihr verstehen wollt, wie ein Computer mit Zahlen rechnet, müsst Ihr Euch neben dem Zweiersystem zum Beispiel auch mit dem Achtersystem (Oktalsystem) und dem Sechzehnersystem (Hexadezimalsystem) vertraut machen. Diese Zahlensysteme sind ähnlich wie das Zweier- oder Dreiersystem aufgebaut. Im Achtersystem benötigt Ihr die acht Ziffern 0,

1, 2, 3, 4, 5, 6 und 7, um alle Oktalzahlen darstellen zu können. Im Sechzehnersystem ist es üblich, die 16 Zeichen 0, 1, 2, 3, 4, 5, 6, 7, 8, 9, A, B, C, D, E und F als Ziffern zu verwenden.

Unter Zweierzahlen haben wir uns „Bootszahlen", unter Dreierzahlen „Karussellzahlen" vorgestellt, die dazu gehörenden Dezimalzahlen haben wir als Anzahl der insgesamt Boot oder Karussell fahrenden Kinder verstanden. Die „Paddel-Regeln" oder „Rundlauf-Regeln" waren Hilfen beim Umrechnen von Zweier(Dreier)zahlen in Dezimalzahlen und umgekehrt. Wenn Ihr später mit Zweier- oder Dreierzahlen und der Umrechnung in die dazu gehörigen Dezimalzahlen zu tun habt, ist es sehr hilfreich, wenn Ihr Euch weiter diese Zahlen so konkret wie in den Geschichten vorstellt.

1.5 Abschlussbemerkungen für Lehrende

Soweit die beiden Geschichten für Lernende nach Wirths (1992) und Wirths(1992a). Am Ende der in 1.2 und 1.3 beschriebenen Darstellung steht die Theorie der p-adischen Stellensysteme. Sie soll hier nicht weiter dargestellt werden. Die fertige Mathematik kann in einschlägigen Werken nachgelesen werden. Hier geht es darum, den Anfang des Weges, ausgehend von für Lernende fassbaren Vorstellungen bis zum mathematischen Endprodukt zu beschreiben. Mathematische Fachbegriffe sollten langsam durch Ausschärfen aus der Umgangssprache gewonnen werden. Bei diesen Geschichten können neben den Begriffen Ziffer und (p-adische) Zahl vor allem die Begriffe Zuordnung, eindeutige und mehrdeutige Zuordnung sowie Umkehrung einer Zuordnung vorbereitet werden. Die präzise Fachsprache kann langsam und behutsam - zunächst im Kontext der Geschichten, sich dann aber langsam davon lösend - in den Unterricht einfließen. Auch die (abstrakte) mathematische Theorie kann auf diesem Weg gebildet werden, haben die Schülerinnen und Schüler doch immer eine Möglichkeit der Veranschaulichung.

Die Paddel- und die Rundlauf-Regeln können als Handlungsanweisungen verstanden werden. Die vorgeschlagenen Änderungen am Ende der Abschnitte 1.2 und 1.3 stellen den Versuch dar, mit Lernenden Auswirkungen der Änderung einzelner Regeln zu diskutieren. Alles geschieht vor dem Hintergrund, das p-adische System verständlich zu machen. Folgende mathematischen Erkenntnisse sollen mit den Geschichten erreicht werden :

- Die Lernenden sollen angeregt werden, einen einfachen Algorithmus zur Umwandlung von natürlichen Zahlen des Dezimalsystems in p-adische Zahlen und einen Algorithmus zur Umwandlung von p-adischen Zahlen in Zahlen des Dezimalsystems zu entwickeln.
- Die Lernenden sollen die Stellenschreibweise in p-adischen Systemen verstehen lernen.
- Die Schülerinnen und Schüler sollen erkennen, dass man in jedem p-adischen Zahlsystem für jede Stelle Ziffern, die alle Werte von 0 bis p - 1 annehmen, benötigt. Hat man weniger Ziffern zur Verfügung, dann können einige Zahlen des Zehnersystems nicht in das p-adische System umgewandelt werden. Verfügt man über mehr Ziffern, dann gibt es für einige dieser Umwandlungen mehrere Möglichkeiten.
- Mit n Stellen kann man in einem p-adischen System alle natürlichen Zahlen des Zehnersystems von 0 bis p^n - 1, also insgesamt p^n Stück, darstellen. Hier wird eine erste kombinatorische Einsicht erfahrbar, und zwar über die Abbildung aller Kombinationen von n-stelligen p-adischen Zahlen auf eine Teilmenge der natürlichen Zahlen. In der Stochastik kann dann mit Hilfe des Baumdiagramms und der Pfadregeln diese Tatsache auf anderem Wege begründet werden.
- Die Stellenwerte sind nach aufsteigenden Potenzen von p geordnet, wenn man die Stellen von rechts nach links liest. Für die am weitesten rechts stehende Stelle kann zunächst eine Ausnahme gemacht werden. Hier reicht die Redeweise „Einerstelle" vorläufig völlig aus. Es muss nicht unbedingt darüber geredet werden, dass an der Einerstelle auch eine Potenz von

p, p^0, steht. Wer dieses Problem jedoch aufgreifen möchte, der findet hier eine suggestive Möglichkeit, um $p^0 = 1$ zu motivieren, so wie ich es in 1.2.2 und 1.3.1 versucht habe.

- Wähle ich eine andere Wertzuweisung für die (n - 1)te Stelle als p^{n-1}, wird die Darstellung entweder mehrdeutig (wenn der Wert kleiner als p^{n-1} ist.) oder es können einige natürliche Zahlen des Dezimalsystems nicht als p-adische Zahlen dargestellt werden. Das ist bei einem Wert größer als p^{n-1} der Fall. Siehe die Aufgaben 7, 17, 18, 25, 30, 31 und 32.

Auch wenn das Oktal- oder das Hexadezimalsystem im Zeitalter des Computers größere Anwendungsrelevanz als das Dreiersystem hat, ziehe ich das Dreiersystem vor allem bei Lernenden der Klassen 5 bis 7 vor. Es ist einfacher mit dem Modell, das zu der in Abschnitt 1.3 dargestellten Geschichte gehört, zu durchschauen. Haben die Lernenden erst einmal die p-adische Zahldarstellung im Dual- und im Dreiersystem verstanden, ist es kein großes Problem, ins Oktal- oder ins Hexadezimalsystem zu wechseln. Wesentlich ist, dass mit Hilfe der Geschichten Vorstellungen bei den Lernenden entwickelt werden, die zum Verständnis von Positionssystemen dienen. Einen abstrakten Begriff sowie eine abstrakte Theorie können Schülerinnen und Schüler nur begreifen (im wahren Sinne dieses Wortes), wenn sie über eine angemessene Modellvorstellung verfügen. Abstrahieren auf allgemeine p-adische Zahlsysteme sollte man nur, wenn konkrete Vorstellungen für Positionssysteme mit verschiedenen Basen vorhanden sind. Dann ist der Boden für die abstrakte Theorie angemessen vorbereitet, die mathematische Theorie kann nun entwickelt werden. Im Sinne des Spiralprinzips darf zwischen Vorbereitung und Entwicklung der Theorie durchaus eine gewisse Zeit liegen.

2. Wie gut kannst Du schätzen ? Probleme für den Statistik-Unterricht

2.1 Einführung

Jedes Mathematikcurriculum sollte ein Lehrplanelement „Daten" für die Klassen 5 und 6 enthalten. Wie die Datenkompetenz der Lernenden gefördert und in statistisches Denken eingeführt werden kann, habe ich in Wirths (2002) dargestellt. Dieses Kapitel (auch als Wirths (2004) abgedruckt) ist eine Anregung, Statistik dann wieder aufzugreifen, wenn die Lernenden das Rechnen mit Dezimalzahlen sowie die Auswertung und die graphische Darstellung von Daten mit einem zumindest graphikfähigen Taschenrechner oder einem Tabellenkalkulationsprogramm beherrschen.

2.2 Schätzen des Alters bekannter Persönlichkeiten

Engel (2001) habe ich die folgende Aufgabe entnommen und in mehreren Lerngruppen erprobt. Wer meint, die eine oder andere Persönlichkeit sei in seiner Lerngruppe zu wenig bekannt, setze dafür eine bekanntere ein, behalte dabei aber die Mischung zwischen jüngeren und älteren Personen bei. In diesem Sinne ist diese Aufgabe für mich eine Art Variable.

Aufgabe : Die folgende Liste enthält die Namen von 14 bekannten Persönlichkeiten des öffentlichen Lebens. Notiere das von Dir geschätzte Alter jeder Person, ohne mit jemanden darüber zu sprechen. Wenn Dir die Person unbekannt ist, versuche zu raten.

Person	Alter	Person	Alter
Franziska von Almsick		Christina Rau	
Franz Beckenbauer		Claudia Schiffer	
Bill Clinton		Michael Schumacher	
Heike Drechsler		Arnold Schwarzenegger	
Thomas Gottschalk		Katja Seizinger	
Nelson Mandela		Wolfgang Thierse	
Queen Elizabeth II		Jan Ullrich	

Soweit die Aufgabenstellung. Alle 14 Schätzungen sind schnell gemacht. Ein mindestens graphikfähiger Taschenrechner soll die Situation veranschaulichen. Wir zeichnen ein Streudiagramm, tragen auf der x-Achse das wahre Alter und auf der y-Achse das geschätzte Alter ab. Richtige Schätzungen liegen auf der Geraden mit der Gleichung y = x, die wir zusätzlich einzeichnen. Für 3 unterschiedlich Schätzende gilt das linke Bild auf der nächsten Seite.

Lernende wollen unbedingt wissen, ob sie gut geschätzt haben. Es entsteht die Frage nach der besten Schätzung in der Lerngruppe. Um das zu entscheiden, müssen Lernende selbständig Kriterien entwickeln. In einer Lerngruppe wurde diskutiert, wie im Fußball die Rangfolge festgelegt wird. Kann das auf unsere Schätzaufgabe übertragen werden ? Legt die Anzahl der richtigen Schätzungen immer die Reihenfolge fest ? Wie sind Abweichungen zu bewerten ? Man kann dem linken Bild schon Hinweise entnehmen, wie die drei Personen schätzen. Wir unterstützen den Prozess, ein Kriterium zu finden, und stellen zusätzlich die Abweichungen des geschätzten Alters vom richtigen Alter im rechten Bild auf der folgenden Seite dar. Eine negative Abweichung soll bedeuten, das Alter wurde zu niedrig geschätzt, entsprechend eine positive Abweichung, es wurde zu hoch eingeschätzt. Wir stellen eine neue Liste mit den Abweichungen her. Dies ist schnell geschehen, wenn wir es den Rechner durchführen lassen.

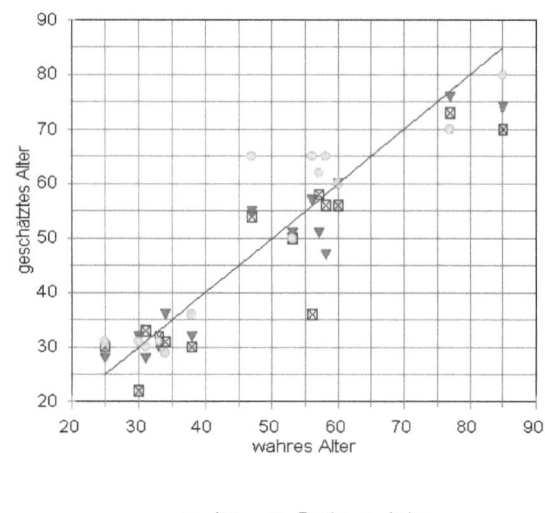
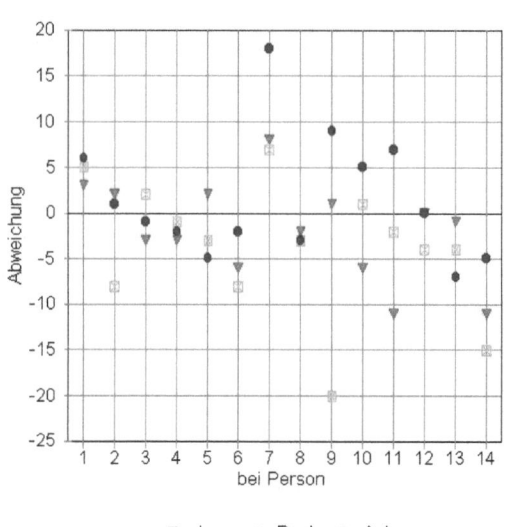

Über Abweichungen wird in dieser Lerngruppe lange diskutiert. Thomas formuliert eine erste Bedingung : Je kleiner die Summe aller Abweichungen ist, desto besser ist die Schätzung. Seinem Beispiel die Summe 10 sei besser als 100 setzt Katharina als Gegenbeispiel entgegen, dass die Summe -100 nicht besser als -10 sei. Till fasst schließlich die Diskussion zusammen : Die Summe aller Abweichungen soll Null sein. Aber dagegen erhebt sich Widerstand aus der Lerngruppe. Dies Kriterium könne sowohl jemanden erfassen, der immer ganz schlecht schätzt, mal viel zu groß, ein anderes Mal viel zu klein, aber auch jemand, der immer nur ein wenig die richtige Lösung verfehlt. Also eignet sich das Kriterium „Die Summe aller Abweichungen soll Null sein." schlecht zur alleinigen Charakterisierung des besten Schätzers.

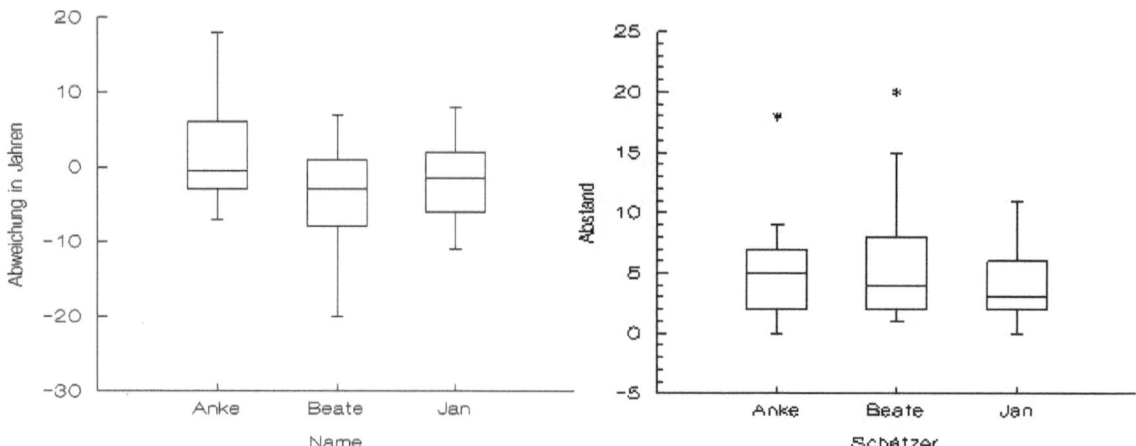

Statistik treiben heißt auch, die Fülle der Daten auf eine überschaubare Anzahl an Kennzahlen zu reduzieren, die immer noch möglichst viel Informationen über den Datensatz enthalten. Hier bieten sich fünf Kennzahlen an, die einfach zu bestimmen und zu interpretieren sind : Das Maximum, das Minimum der Daten, der Median und die beiden Quartile. Wie diese aus einer sortierten Datensammlung bestimmt werden können, und wie daraus Boxplots gezeichnet werden können, wird in Wirths (2002) dargestellt. Der linke Boxplot stellt die Abweichungen der Schätzungen der drei Personen von den wahren Werten dar, der rechte die Abstände. Nach Meinung der Lerngruppe treten bei den Boxplots die Eigenheiten der drei Personen beim Schätzen besonders deutlich hervor. Alle schätzen mal zu viel, mal zu wenig. Beate neigt stärker zum Unterschätzen, Anke zum Überschätzen, während Jans Schätzungen (fast) ausgeglichen erscheinen. Meine Frage an die Lerngruppe : Wie sieht ein Boxplot aus, wenn immer unter-(über)schätzt wird, und wie, wenn sich Unter- und Überschätzungen ideal ausgleichen ?

Bei der Diskussion, ob über die Abweichungen ein Kriterium für gute Schätzungen entwickelt werden kann, habe ich gehofft, dass aus der Lerngruppe der Vorschlag kommt, die Abstände, also die Beträge der Abweichungen, zu betrachten, habe mich aber bewusst zurückgehalten. In dieser Lerngruppe kommt dieser Vorschlag erst jetzt nach der ausgiebigen Diskussion über Abweichungen. Wir stellen eine neue Liste mit den Abständen her. Auch dies ist schnell geschehen, wenn wir es den Rechner durchführen lassen und im Tabellenkopf die entsprechende Gleichung eingeben. Nach den Erfahrungen mit den Abweichungen habe ich hier kein Streudiagramm abgedruckt, sondern sofort die Boxplots der Abstände der Schätzungen der drei Personen von den wahren Werten auf der vorigen Seite.

Anke und Jan haben jeweils eine richtige Schätzung, während Beates beste Schätzung um ein Jahr vom richtigen Alter abweicht. Das kann man zwar auch schon am ersten Streudiagramm erkennen, aber nach Meinung meiner Lerngruppen wird es bei den Boxplots am deutlichsten. Anke und Beate haben aber auch jeweils eine Schätzung (in ihrem Boxplot mit „*" gekennzeichnet), die weit außerhalb des Bereichs ihrer übrigen Schätzungen liegt, also einen Ausreißer im Sinne der Statistik darstellt. Die Lernenden haben anstelle von Ausreißer von einer außerordentlich schlechten Schätzung gesprochen. Für Jan als besten Schätzer sprechen nach Meinung der Lerngruppe folgende statistische Kennzahlen : Er hat den besseren Median, das bessere 3. Quartil und das niedrigste Maximum, während er im Minimum nicht schlechter als Anke und im 1. Quartil nicht schlechter als Anke und Beate ist. Außerdem ist bei Jan die Summe aller Abstände minimal. Damit wurde in dieser Lerngruppe ein zweites Kriterium gefunden, das neben der Zahl der richtigen Lösungen den besten Schätzer charakterisieren soll. In anderen Lerngruppen ist diese minimale Summe der Abstände das dominierende Kriterium. Jannes stellt das zum Beispiel so dar : Wenn jemand vier richtige Lösungen hat, weicht aber bei den restlichen Schätzungen zum Teil erheblich von den richtigen Werten ab, dann hat er schlechter geschätzt als jemand, der drei richtige Lösungen hat und sich sonst immer nur um ein bis höchstens zwei Jahre verschätzt. Für die Lerngruppe um Jannes gilt die minimale Summe aller Abstände als einziges Kriterium. Ich habe auch hier nicht regulierend oder formend ins Gespräch eingegriffen. Mir ist es wichtig, dass die Lernenden selbständig Ideen entwickeln und eigenständig Kriterien über den besten Schätzer unter sich aushandeln.

2.3 Die Euro-Geldscheine

Nach Behandlung des arithmetischen Mittelwerts, der fünf Kennzahlen der EDA und der beiden Boxplot-Typen stellen die Lernenden einer 8. Klasse unvermutet folgende Fragen, die auch in Klasse 5 behandelt werden können. Sie wollen sie unbedingt besprechen :

Welche Euro-Scheine und -Münzen gibt es ? Welche davon sind in der eigenen Geldbörse, in der der Eltern oder in der von Freunden ?

Die Lernenden schauen zunächst in der eigenen Geldbörse nach, befragen dann Freunde, Eltern sowie weitere Bekannte und tragen ihre Ergebnisse zusammen. Jeder stellt seine Ergebnisse unter der Überschrift „Verteilung der Euro-Münzen und -Scheine in der Geldbörse von ..." (hier folgt der Name oder auch ein Pseudonym, manchmal werden ganz penibel Datum und Uhrzeit mit vermerkt) für jede Geldbörse in einem eigenen Histogramm dar. Auf der waagerechten Achse wird der Münz- bzw. der Geldscheinwert in aufsteigender Reihenfolge aufgetragen, auf der dazu senkrechten Achse die Anzahl der vorgefundenen Exemplare der jeweiligen Sorte. Diese Darstellungsart ist ihnen aus dem bisherigen Unterricht bekannt und muss auch Lesern nicht mehr unbedingt vorgestellt werden. So unterschiedlich die von den Lernenden gezeichneten Verteilungen auch sind (nicht immer kommt von jeder Münz- oder von jeder Geldscheinsorte wenigstens ein Exemplar zum Vorschein, mal sind es mehr Münzen, mal mehr Scheine, der Gesamtwert aller Scheine und Münzen schwankt erheblich von Geldbörse zu Geldbörse, sogar die Entdeckung ausländischer Euromünzen wird registriert), eine Beobachtung ist deutlich : Es fehlen Scheine mit den Werten 500 €, 200 € und 100 €. In Schülergeldbörsen wird auch der 50 €-Schein selten angetroffen. „Pro Kopf sollen es mehr als 2 000 € sein.", sagt Lukas und beteuert, das habe er irgendwo gelesen. „Wir sind mit unseren Beobachtungen davon meilenweit entfernt." Die Lernenden wollen die Behauptung von Lukas nachprüfen. Dem Kalender für Lehrerinnen und Lehrer 2001/2002 aus dem Deutschen Sparkassen Verlag entnehmen wir folgende Angaben der Deutschen Bundesbank über die Anzahl der zum 1.1.2002 neu eingeführten Euro-Scheine in allen Euro-Ländern :

Nennwert in €	Anzahl in 10^6 Stück	Nennwert in €	Anzahl in 10^6 Stück
5	2 415	100	1 246
10	3 013	200	229
20	3 608	500	360
50	3 674		

Außerdem sind die Motive und die Maße der einzelnen Scheine vermerkt. Die Aufforderung, so viele Informationen wie möglich zu bestimmen, reizt die Lernenden sehr und so wird
- die Gesamtzahl der Euro-Scheine,   - der Gesamtwert des Papiergelds,
- die Fläche des Papiergelds für jede Sorte,   - die bedruckte Gesamtfläche an Papiergeld,
- den auf jeden einzelnen Einwohner in den Ländern mit Euro-Währung (ca. 304 Millionen Einwohner) im Mittel entfallenden Papiergeld-Betrag,
- der Anteil der einzelnen Sorte an der Gesamtzahl der Scheine bzw. am Gesamtgeldwert,
- der mittlere Wert eines Euro-Scheins
berechnet. Einige versuchen auch noch, die Papiermasse abzuschätzen.

Die Behauptung von Lukas erweist sich als korrekt. Auf jeden Einwohner in den Euro-Ländern entfällt der immense Betrag von 2 133,10 €. Außerdem berechnen wir, dass ein Euro-Schein im (arithmetischen) Mittel 44,58 € wert ist. (Beide Beträge sind auf volle Cent abgerundet.) Natürlich sollte man in Klasse 5 bei der Dezimaldarstellung vorsichtig sein, als Alternative steht die Darstellung des Geldwerts in Euro und in Cent zur Verfügung.

„Irgendetwas ist faul.", sagt Ronald und setzt eine stürmische Diskussion in Gang, in der die vorher erarbeiteten Ergebnisse zum arithmetischen Mittelwert in Frage gestellt werden. „Wenn ich den Pro-Kopf-Euro-Betrag mit der Anzahl der Einwohner multipliziere, erhalte ich nicht den Gesamtwert aller Euro-Scheine. Das gleiche gilt für das Produkt aus dem Mittelwert aller Scheine und der Anzahl der Scheine." Haben wir gegen die Vorstellung der gleichmäßigen Verteilung, die zum arithmetischen Mittelwert gehört, verstoßen ? Nun, wir haben auf volle Cent abgerundet. Rechnen wir bei den Mittelwerten mit allen Stellen, die der Rechner anzeigt, dann erhalten wir die gewünschte volle Übereinstimmung. Dieses Beispiel zeigt, dass der arithmetische Mittelwert von Geldbeträgen nicht unbedingt ein Geldbetrag ist. Aber dass das

Runden einen Fehlbetrag von 48,9 Millionen Euro (Mittelwert pro Euro-Schein auf Cent gerundet multipliziert mit der Zahl aller Scheine) ergibt, das beeindruckt sie doch sehr.

Schließlich wollen die Lernenden auch noch die 5 Kennzahlen der EDA berechnen und beide Boxplots zeichnen. Dazu denken wir uns alle $14{,}545 \cdot 10^9$ Euro-Scheine dem Wert nach in aufsteigender Folge sortiert. Die 5 Kennzahlen erhalten wir wie folgt :

Minimum	Wert des 1. Geldscheins (5 €)
1. Quartil	Mittelwert des 3 636 250 000. und des 3 636 250 001. Scheins (10 €)
Median	Mittelwert des 7 272 500 000. und des 7 272 500 001. Scheins (20 €)
3. Quartil	Mittelwert des 10 908 750 000. und des 10 908 750 001. Scheins (50 €)
Maximum	Wert des letzten Scheins (500 €)

Wenn wir einen Boxplot zeichnen, fällt auf, dass der untere Whisker (Länge 5 €) im Vergleich zum oberen (Länge 450 €) extrem kurz ist. Das weckt Interesse an einem Boxplot der beurteilenden Statistik. Wir rechnen : $R = Q_3 - Q_1 = 40$ € und $1{,}5 \cdot R = 60$ €. Daraus folgt : $Q_1 - 1{,}5 \cdot R = -50$ €. Nach unten gibt es also keine Ausreißer. Der untere Whisker reicht von 5 € bis 10 €. Ferner gilt : $Q_3 + 1{,}5 \cdot R = 110$ €, der obere Whisker reicht daher von 50 € bis 100 €. Die Werte der Geldscheine zu 200 € und 500 € liegen „weit außerhalb" des Bereichs, der durch die Whisker dargestellt wird, sind also Ausreißer. Insgesamt sind das rund 4 % aller Geldscheine. Statt von Ausreißern reden die Lernenden von außergewöhnlichen Geldscheinen, die man in normalen Geldbörsen in der Regel nicht oder nur ganz selten zu besonderen Anlässen findet.

2.4 Ein Weitsprungwettbewerb

Das folgende Beispiel eignet sich ebenfalls gut als Einführung in statistisches Denken. Bei solchen Wettbewerbssituationen kann man Lernende leicht zum Formulieren von Leitfragen bewegen. Das **Problem** lautet :

Die Klassen 7a und 7b machen einen Weitsprungwettbewerb. Die Ergebnisse in Meter sind :

Lerngruppe 7a : 2,92; 3,60; 3,47; 3,50; 3,54; 3,06; 3,08; 3,12; 3,16; 3,18; 3,17; 3,23; 3,19; 3,16; 3,36; 3,42; 3,40; 3,38; 3,37; 3,39; 3,28; 3,27; 3,34; 3,35; 3,31; 3,32; 3,30; 3,33; 3,29

Lerngruppe 7b : 3,41; 3,40; 3,42; 3,39; 3,43; 3,41; 3,02; 3,80; 3,47; 3,47; 3,53; 3,55; 3,50; 3,12; 3,07; 3,70; 3,75; 3,25; 3,20; 3,17; 3,57; 3,62; 3,65; 3,35; 3,35; 3,29; 3,27; 3,32

Aufgaben : 1. Welche Klasse die „bessere" ?
2. Welche Klasse ist die „ausgeglichenere" ?
3. Welche Klasse hat die „stärkere Spitze" ?
4. In welcher Klasse gehört man mit 3,50 m zu den besseren Sportlern ?

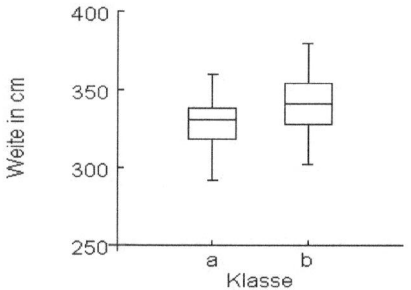

Lösungsskizzen zu 1 : Wer in Klasse 5 Dezimalzahlen vermeiden möchte, stelle die Sprungweiten in Meter und in Zentimeter oder nur in Zentimetern dar. In der Regel wird der Vergleich der arithmetischen Mittelwerte der Sprungweiten von Lernenden als Kriterium genannt. In der 7a ist das arithmetische Mittel 3,29 m, in der 7b ist es 3,41 m. Damit kann man sich begnügen und die 7b als die bessere Klasse bezeichnen. Ich wollte das auch, musste aber umdisponieren, als Florian sein Unbehagen äußert : „Wenn in die 7a ein Springer hinzukommt, der erheblich weiter als alle anderen springt, dann kann sich unser Urteil ändern." Und Florian macht an einigen Beispielen klar, wie sich der arithmetische Mittelwert ändert, wenn wir einen besonders starken Springer (also einen Ausreißer im Sinne der Statistik) hinzunehmen. Eins macht die Diskussion deutlich. Wenn wir die Daten nicht kennen, dann müssen wir beim Vergleich von arithmetischen Mittelwerten vorsichtig sein. Bei unseren Daten ist die Situation überschaubar, es gibt keinen Ausreißer. Die Diskussion hat als Nebenergebnis gebracht, dass der Median erheblich geringere Veränderungen erfährt als der arithmetische Mittelwert. Wenn wir die fünf Kennzahlen der EDA (explorative Datenanalyse) berechnen, wird es noch deutlicher. Neben dem arithmetischen Mittelwert sind 5 weitere statistische Kennzahlen (Minimum, 1. Quartil, Median, 3. Quartil, Maximum) bei Klasse 7b größer als bei Klasse 7a. Die EDA erweist sich für die Schule, insbesondere für Klasse 5, als Geschenk. Die 5 Kennzahlen sind einfach zu bestimmen und zu interpretieren. Es kommt allenfalls die Mittelwertbildung von 2 Daten vor. Und den Mittelwert von 3,50 m und 3,51 m, anschaulich die Mitte im Maßband zwischen der Marke für 3,50 m und 3,51 m, ist eben 3 Meter 50 Zentimeter und 5 Millimeter. Genau diesen Umgang mit Größen sollten Lernende in Klasse 5 beherrschen. Besonders eindrucksvoll zeigen sich die Unterschiede beim Vergleich der beiden Boxplots im Bild auf der vorigen Seite.

Anne hat sich eine besonders interessante Lösung ausgedacht : Beim Eintrag in die Listen ihres Taschenrechners fällt ihr auf, dass bei jedem Listenplatz der betreffende Schüler der 7b besser ist als der auf dem gleichen Listenplatz befindliche aus der 7a. Nur für den 29. Schüler der 7a findet sich kein Vergleichspartner in der 7b. Anne hat die Sprungweiten aller Schüler der 7a und die aller Schüler der 7b addiert. Dabei stellt sie fest, dass die gesamte Sprungweite aller 28 Schüler der 7b nur um 1 cm kürzer ist als die der 29 Schüler der 7a. Daraus folgert sie, dass die 7b nur irgendeinen Schüler für den 29. Sprung nominieren muss. Dieser Schüler muss noch nicht einmal springen, er braucht nur einen kleinen Schritt zu machen, um die Gesamtsprungweite der 7a zu übertreffen. Daher ist für sie klar, dass im Weitsprung die 7b besser als die 7a ist. Annes Idee, die Sprungweiten zu addieren, kann ich gut ausnutzen, um die beiden Aspekte zum arithmetischen Mittelwert zu verdeutlichen :

- Die Verteilung der Gesamtsprungweite auf 28 (für die 7a 29) gleich große Teile führt zum arithmetischen Mittelwert und zur Erkenntnis :
- Die Summe der Abweichungen aller Sprungweiten vom arithmetischen Mittelwert ist Null.

Lernende müssen nicht nur die Gleichung zum Berechnen des arithmetischen Mittelwerts kennen und anwenden können, sie müssen sie auch veranschaulichen und wesentliche Eigenschaften damit verbinden können. Daher freue ich mich über jede sich bietende Gelegenheit und nutze sie zur Verankerung.

Lösungsskizzen zu 2 : Lernende nennen hier meist als Kriterium für Ausgeglichenheit den Unterschied zwischen Maximum und Minimum. Sie meinen damit eine Größe, die in der Statistik Spannweite S heißt und als S := Maximum - Minimum definiert wird. Für die 7a ist S = 3,60 m - 2,92 m = 0,68 m, für die 7b S = 3,80 m - 3,02 m = 0,78 m. Nach diesem Kriterium wird man also Klasse 7a als die ausgeglichenere der beiden Klassen bezeichnen.

Aber Lernende können unter „ausgeglichen" auch etwas anderes verstehen. In Abschnitt 2 ist für sie Jan mit seinen Schätzungen am ausgeglichensten, weil sich die Abweichungen seiner Schätzungen (in etwa) ausgleichen. Wenn also die Summe aller Abweichungen Null ergibt, dann liegt in diesem anderen Sinne ideale Ausgeglichenheit vor.

Lösungsskizzen zu 3 : Zunächst muss man festlegen, ab welcher Sprungweite man von einer Spitzenleistung reden will. Setzen wir hier zum Beispiel 3,50 m als eine solche Grenze fest. In der 7a sind es 3 vom 29 Schülern, also rund 10 %, die mindestens 3,50 m gesprungen sind, in der 7b 9 von 28 Schülern, also rund 32 %. Sowohl absolut als auch relativ sind es in der 7b mehr, sie hat also die stärkere Spitze.

Lösungsskizzen zu 4 : Die Frage ist schon in Aufgabe 3 beantwortet worden. In der 7a gibt es weniger Schüler als in der 7b, die mindestens 3,50 m springen. Daher ist in Klasse 7a diese Sprungweite mehr wert.

2.5 Leonardos Mensch

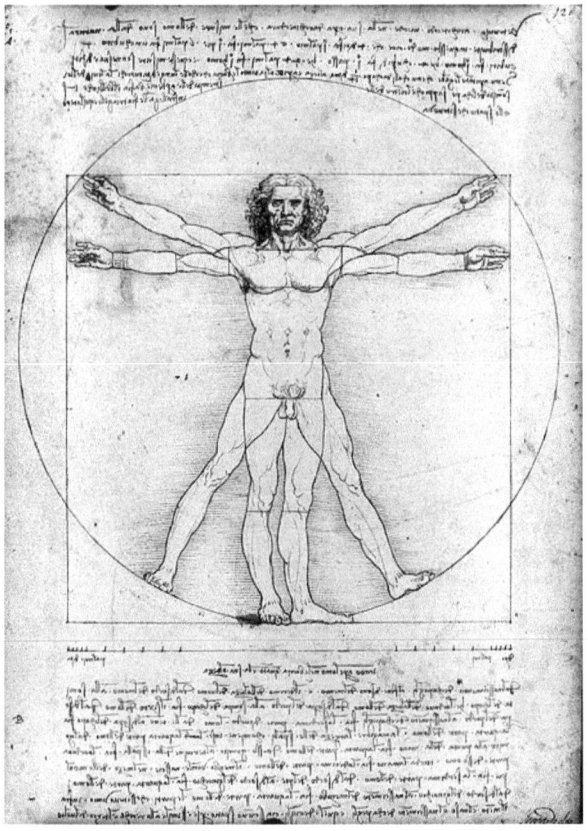

Mit der Federzeichnung von Leonardo da Vinci „Die menschlichen Proportionen" oder „Der Vitruvianische Mensch" aus dem Jahre 1509 und dem zugehörigen Text (siehe zum Beispiel Engel 2001) kann man die Phantasie der Lernenden zu eigenen Tun und zu selbständigen Untersuchungen gut anregen. In einer 9. Klasse stelle ich nach Einführung des CAS-Taschenrechners Leonardos Überlegungen zum Menschen vor. Ein Satz fasziniert die Schülerinnen und Schüler besonders : „Die Armspanne eines Menschen ist äquivalent zu seiner Körpergröße." Das wollen sie näher untersuchen und dabei auch ihren neuen Rechner mit einsetzen. Für 78 Messungen ergibt sich das untere Bild auf dieser Seite. Ich habe zwei weitere Lerngruppen (Klasse 7 und den Leistungskurs in Jahrgang 12) mit einbezogen und so Daten von insgesamt 78 Lernenden erfasst. Auf der waagerechten Achse des Bildes wird die Körpergröße der Lernenden und auf der dazu senkrechten Achse die zugehörige Armspannweite (beides in Meter gemessen) aufgetragen. Ein linearer Trend ist der Punktwolke durchaus zu entnehmen. Die Lernenden interpretieren „äquivalent" mit „gleich". Zunächst meinen sie, Leonardos Aussage müsse bei jedem Menschen immer exakt zutreffen. Sie stören sich an den Abweichungen von Körpergröße und Armspannweite in unseren Messungen, auch wenn sie gering sind, und argwöhnen, dass sie selber nicht oder nicht so ganz Leonardos Vorstellungen von einem wohlproportionierten Menschen entsprechen. Aber haben zu Leonardos Lebzeiten alle Menschen

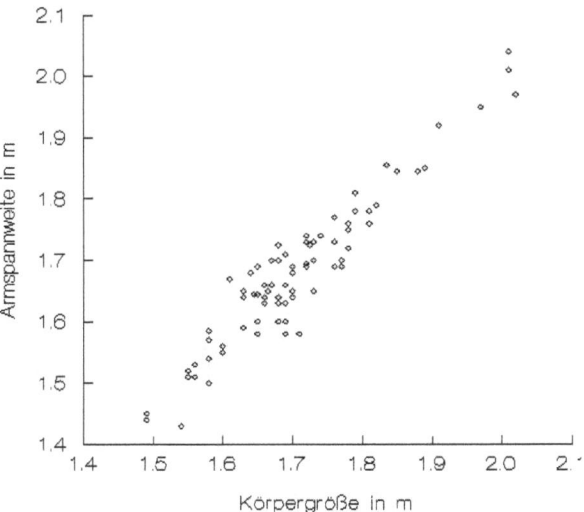

diesem Ideal entsprochen ? Nach einer intensiven Diskussion formuliert die Lerngruppe als Ergebnis, Leonardos Aussage als Modell zu nehmen, die etwas über einen (gedachten) durchschnittlichen Menschen aussagt, auch als Anleitung für Künstler gedacht, die menschlichen Proportionen in Zeichnungen so wiederzugeben, dass die Darstellung von Menschen natürlich wirkt. Nun verstehen sie Leonardos Aussage so : Die Armspannweite ist (in etwa) gleich der Körpergröße, dabei sind mehr oder weniger große Abweichungen nach oben und nach unten natürlich und gleichen sich im Idealfall aus.

In der Lerngruppe wird auch eine andere Interpretation geäußert : Die Armspannweite und die Körpergröße sind proportional mit einem Proportionalitätsfaktor nahe bei 1. Ich habe keine Regressionsrechnung durchführen lassen. Die Lernenden haben eine Ursprungsgerade nach Augenmaß in das Bild eingezeichnet und deren Steigung bestimmt, wobei die Steigungen in der Nähe von 1 liegen. Es herrscht Übereinstimmung darüber, dass der Graph durch den Ursprung gehen muss. Einige Lernende gehen noch weiter, haben eine Ursprungsgerade durch $P(\bar{x} | \bar{y})$ gewählt und deren Gleichung bestimmt. Sie argumentieren, dass eine Gerade, bei der die Summe aller Abweichungen Null ist, die Abweichungen sich also insgesamt ausgleichen, durch P gehen muss. Dies Ergebnis haben wir in der Diskussion vorher erhalten. Da die Lernenden Steigungen erhalten, die fast 1 betragen, ist für sie klar, dass Leonardos Behauptung auch auf heutige Menschen angewandt werden kann, allerdings nicht als Aussage, die für jeden einzelnen Menschen exakt gilt, sondern als ein Modell, das Prognosewerte liefert, um die die tatsächlichen Werte schwanken.

Kein Schüler hat den Regressionsmodul des Rechners eingesetzt. In der Vorbereitung habe ich mir schon Gedanken gemacht, wie die dabei entstehenden Gleichungen zu interpretieren sind, vor allem, wie ein y-Achsenabschnitt ungleich Null zu erklären und zu interpretieren ist. Die Gleichung $y = 0{,}97 \cdot x + 0{,}0057$ kann für die Daten der 7. Klasse gewonnen werden. Für die Körpergröße wähle ich die Variable x und für die Armspannweite die Variable y. Bei der Gleichung für Klasse 7 können wir den y-Achsenabschnitt noch als systematischen Fehler bei der Messung der Armspannweite interpretieren, aber das macht bei betragsmäßig größeren y-Achsenabschnitten keinen Sinn mehr. Die Lernenden haben die Messungen sehr sorgfältig durchgeführt. Einen systematischen Fehler von zum Beispiel 23 cm oder -17,5 cm hätten sie bereits bei der Messung moniert und die Messung sofort wiederholt. Bei solchen Gleichungen können wir den Definitionsbereich auf Körpergrößen größer 1,50 m einschränken und brauchen uns dann um die Interpretation des y-Achsenabschnitts keine Gedanken mehr zu machen.

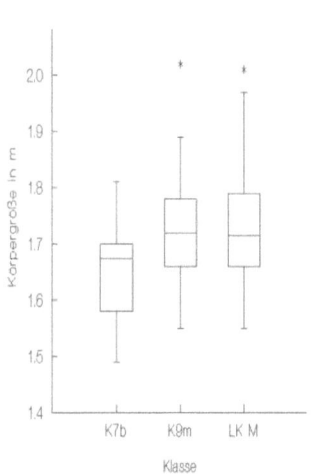
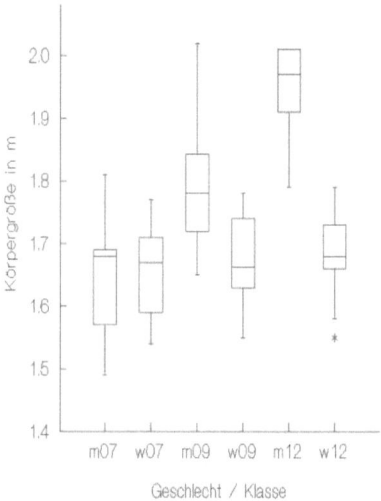

Die Lernenden haben selbständig begonnen, eindimensional zu arbeiten, also nur die Körpergrößen oder nur die Armspannen zu betrachten. Sie wollten noch mehr Informationen aus den

Daten herausholen. Zu den drei Boxplots für die Körpergrößen der Schülerinnen und Schüler, die sie mit ihren Rechnern selbständig erstellt haben, habe ich ihnen die Aufgabe gestellt, sich ein Bild von den Größenverhältnissen in den drei Lerngruppen zu machen. Konkret : Fertigt eine Zeichnung an, wie die Aufstellung der Schüler aussehen wird, wenn sie der Größe nach geordnet sind. Für die eigene Lerngruppe ist dies kein Problem, man kann die Aufstellung ja konkret durchführen und die dabei gemachten Erkenntnisse bei den Zeichnungen der anderen Lerngruppen einbeziehen. Auf der vorigen Seite sind links die Boxplots nach Klassen, rechts nach Klassen und Geschlecht geordnet. Dass Lernende von Jahr zu Jahr größer werden und auch von Jahrgang zu Jahrgang größer sind, ist eine Erfahrungstatsache. Es verwundert uns nicht, dies an den Boxplots zu erkennen. Aber gibt es keinen Unterschied in den Größen und in der Größenverteilung mehr zwischen den Schülern des 9. und des 12. Jahrgangs ? Die beiden Boxplots im linken Bild zwingen zum genauen hinschauen und interpretieren. Der etwas längere obere Whisker und der größere Abstand von 3. Quartil und Median beim Boxplot der 12. Klasse müssen erkannt und entsprechend interpretiert werden.

Noch interessanter werden die Boxplots, wenn man nach Geschlechtern trennt. Gibt es nur bei den Jungen ein deutliches Größenwachstum ? Ist es bei den Mädchen schon meist in der 7. Klasse fast abgeschlossen ? Man muss schon genau hinschauen, um doch noch Unterschiede zu entdecken. Interessant ist auch, wie Ausreißer der gesamten Klasse in den nach Geschlechtern getrennten Teilgruppen verschwinden beziehungsweise neu hinzukommen. Wenn man die Lerngruppen vor sich stehen sieht, ist dieser Effekt nicht unvermutet und wird auch von den Lernenden vorher so prognostiziert. Gibt es auch Boxplots ohne Whisker ? Der Boxplot der Jungen im LK ohne oberen Whisker provoziert diese Frage. Im LK ist die Ursache schnell entdeckt. Hier ist der Grund offensichtlich. In der 9. Klasse gebe ich folgende Informationen als Arbeitsauftrag : Es sind 5 Schüler im LK, die diese Körpergrößen (jeweils in m) haben : 2,01; ...; 1,97; 1,91; 1,79. Wie groß ist der zweitgrößte Junge im LK ? Die Lösung : 2,01 m. Nun ist klar, warum es keinen oberen Whisker gibt. Bei diesem Beispiel ist noch mehr deutlich geworden : Es macht keinen Sinn, Boxplots bei weniger als 5 Daten zu zeichnen, und auch nicht, Statistik mit so wenig Daten zu treiben.

„Schade, dass wir nicht die Entwicklung der gleichen Schüler von der 7. Klasse bis zum LK mit den Boxplots dokumentieren," meinte Janina. Recht hat sie, das wäre ein sehr reizvolles Vorhaben, für das man einige Jahre warten und Daten sammeln muss, bis man alle Daten bereit hat. Vielleicht greift jemand diesen Vorschlag auf und verfolgt die Entwicklung von Lernenden von der 5. Klasse bis zum Abitur.

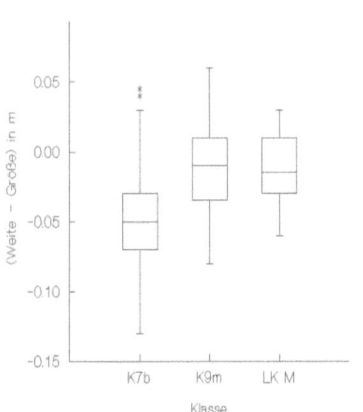
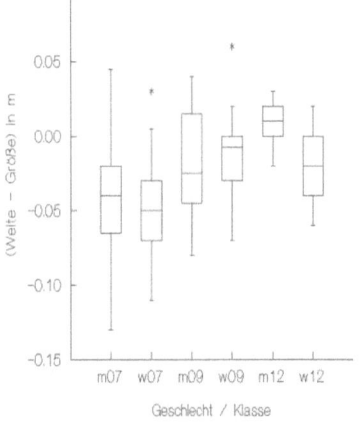

Andere Schüler haben die Differenz aus der Armspannweite und der Körpergröße ausgerechnet. Das Streudiagramm mit allen 78 Daten zeigt, dass in der Mehrzahl der Fälle diese Differenz negative Werte annimmt. Die Lerngruppe meint, dass man dies beim Streudiagramm deutlicher als in der Datenliste sieht. Ich verzichte dennoch auf diesen Graphen und stelle sofort die noch informativeren Boxplots für die drei Klassen auf der vorigen Seite dar.

Nähern sich die Körpergröße und die Armspannweite im Laufe der Jahre einander an ? Sollte man die Gültigkeit von Leonardos Aussage vielleicht nur an erwachsenen (im Sinne von ausgewachsenen) Menschen erproben ? Gibt es Jahre, in denen das Breitenwachstum stärker als das Längenwachstum ist ? All das sind Fragen, die sich Lernende beim Betrachten dieser Boxplots stellen. Will man diesen Fragen weiter nachgehen, wird man bei einigen von ihnen neue Erhebungen gezielt durchführen müssen. Ich habe aus Zeitgründen darauf verzichten müssen. Vielleicht regt dies eine Leserin oder einen Leser zu eigenen Untersuchungen an und wir lesen einmal den Bericht.

Noch interessanter sind die Boxplots im rechten Bild für die Differenz aus der Armspannweite und der Körpergröße, wenn man nach Geschlechtern trennt. Die Spannweite (Differenz zwischen Maximum und Minimum in den Boxplots) wird im Laufe der Jahre kleiner, der Median rückt in die Nähe von Null. Die geschlechtsspezifischen Unterschiede in meinen Lerngruppen sind nicht zu übersehen.

2.6 Abschlussbemerkungen

Man kann ein Projekt durchführen, bei dem man zuerst jahrelang Daten sammeln muss, bevor die Auswertung beginnen kann. Solch ein Projekt mit überraschenden Ergebnissen wird beispielhaft in Nordmeier (1989) dargestellt. Man kann auch einen umfangreichen Datensatz zusammentragen lassen. Ein solches projektartiges Vorhaben wird zum Beispiel in Wirths (2002) beschrieben. In diesem Beitrag möchte ich andere Vorgehensweisen vorstellen : Daten werden von den Lernenden selbst schnell erstellt, so dass die Auswertung noch in derselben Stunde zu ersten Ergebnissen führt. Nach der Datensammlung stellen Schülerinnen und Schüler selbst eine Frage, die sie geklärt wissen wollen, zu deren Beantwortung sie eine eigene Strategie entwickeln müssen. Man kann vielfältige Anlässe dafür schaffen oder nutzen. Dies ist das Anliegen des ersten Beispiels. Wie man Schülerimpulse oder -fragen aufgreifen, Daten und Informationen sammeln, dabei auch vorgegebene Daten, wo immer man sie findet, integrieren und die dabei aufkommenden Fragen und Irritationen klären kann, wird im zweiten Beispiel vorgestellt. Mit gut gewählten Leitfragen, die Lernende vor allem in Wettbewerbssituationen gern selbst entwickeln, kann ebenfalls gut in statistisches Denken eingeführt werden. Dies soll im dritten Beispiel verdeutlicht werden. Wie man Anregungen aus der Geschichte in lebendigen Unterricht mit interessanten Ergebnissen integrieren kann, soll das vierte Beispiel zeigen.

Diese Beispiele müssen nicht der Reihe nach abgearbeitet werden. Man sollte sie in den Unterricht der 5. bis 8. Klasse so integrieren, dass in jedem Schuljahr Statistik betrieben wird, und dass in jedem Schuljahr der Schatz an Statistik-Erfahrungen und an Fingerspitzengefühl im Umgang mit Daten vergrößert wird.

Wichtig ist mir, dass Lernende von Anfang an in die Problemstellung und -findung mit einbezogen werden, Gelegenheit erhalten, selbst Daten zu sammeln oder zu produzieren, eigene Fragen zu stellen, die sie beantwortet wissen wollen, dabei Erfahrungen sammeln, Fingerspitzengefühl im Umgang mit Daten entwickeln und auch Vorurteile und Hypothesen auf den Prüfstand stellen können.

Wenn man das Erstellen von Daten Lernenden überlässt, kann es leider auch vorkommen, dass mit solch selbsterstellten Daten die vom Lehrenden gesetzten Lernziele nicht oder nur schwer zu erreichen sind. Damit müssen Lehrende rechnen und dürfen nicht überrascht sein, wenn dieser Fall eintritt. Häufig entsteht jedoch Material, das zu vielfältigen Fragen und Interpretationen anregt. Dieses Material sollten Lehrende gezielt sammeln, um es dann zu einem späteren Zeitpunkt in den Unterricht einbringen zu können, sobald dies erforderlich wird.

Schülerinnen und Schüler sollen im Statistikunterricht lernen, mit den unterschiedlichen Darstellungsformen umzugehen und selbständig zu entscheiden, ob sie bereits anhand der vollständigen Datentabelle Aussagen begründen können oder andere Darstellungsformen wie zum Beispiel Stängel-Blatt-Diagramme oder Boxplots dazu benötigen. Ich habe in meinen Beispielen an einigen Stellen bewusst mehr Möglichkeiten aufgezeigt als unbedingt zur Beantwortung der aufgeworfenen Fragen erforderlich sind, um die Vielfalt an Möglichkeiten zu verdeutlichen. Auch in meinem Unterricht benötige ich diese Vielfalt; denn ich beobachte, wie unterschiedlich Lernende reagieren und argumentieren. Der eine beruft sich bei seinen Ausführungen auf die - gegebenenfalls um zusätzlich berechnete Größen erweiterte - Datentabelle, andere wiederum benötigen verschiedene graphische Darstellungen zur Unterstützung ihrer Argumentation. Diese meinen Unterricht bereichernde Vielfalt möchte ich unterstützen und weiterentwickeln, und nicht durch einseitige Festlegung oder frühzeitige Einengung auf nur eine Möglichkeit verhindern. Auf die in Kapitel 10 vom Wirths (2019) bei Simulationen vorgestellte dynamische Statistikanalyse- und Stochastik-Software Fathom 2 sei besonders hingewiesen, da sie den Stochastikunterricht hervorragend unterstützt, besser als andere elektronische Hilfsmittel.

3. An der Wurfbude   - Erste Erfahrungen in Stochastik -
3.1 Auf der Kirmes

Anke, Michael und Jan gehen auf die Kirmes. Sie zieht es immer wieder zu einer ganz bestimmten Wurfbude hin, wo man mit weichen Bällen auf sechs Blechdosen werfen kann, die in einer Reihe aufgestellt sind. Beim letzten Mal haben sie einen Teddybär als Preis gewonnen. Tim, Jans kleiner Bruder, hat sich sehr über das Geschenk gefreut. Die Drei sind gute Werfer und treffen (fast) immer. Es gibt eine Art zu spielen, die es ihnen besonders angetan hat. Warum das so ist, wissen sie selber nicht. Bei diesem Spiel werfen alle drei gleichzeitig auf die Dosen. Sie sprechen sich vorher nicht ab. Daher weiß keiner, auf welche Dosen die anderen zielen. Es kann vorkommen, dass sie alle drei auf eine einzige Dose zielen, aber auch dass sie zwei oder drei Dosen treffen. Der besondere Reiz des Spiels liegt für sie darin, dass sie vorher nie wissen, wie viele Dosen sie zusammen treffen werden, und auf welche Dosen sie werfen.

„Wir wissen, es sind drei Ergebnisse (1 Dose, 2 oder 3 Dosen treffen) möglich", sagt Michael. „Aber wir wissen nicht, welches der drei Ergebnisse beim nächsten Mal eintritt." Für sie ist der Zufall dafür verantwortlich, welches der drei Ergebnisse eintritt. Wir wollen solch ein Spiel daher **Zufallsspiel** nennen. Man kann auch **Zufallsexperiment** oder **Zufallsversuch** sagen. Es kommt selten vor, dass Anke, Michael und Jan gleichzeitig auf eine Dose zielen. Darin sind sie sich einig. Aber sie haben unterschiedliche Meinungen, welches der Ergebnisse „zwei Dosen treffen" oder „drei Dosen treffen" bei ihnen häufiger vorgekommen ist. „Das Spiel haben wir schon häufig gespielt." sagt Jan. „Wir wollen schätzen, wie oft wir die drei Ergebnisse erhalten haben." Anke, Michael und Jan schreibe ihre Schätzung für insgesamt 100 Spiele auf :

Zahl getroffener Dosen	1	2	3
Anke schätzt bei	5	25	70 Versuchen
Michael schätzt bei	1	59	40 Versuchen
Jan schätzt bei	3	47	50 Versuchen
Du schätzt bei			

Anke meint, dass sie bei insgesamt 100 Spielen 5mal eine einzige Dose, 25 mal 2 Dosen und 70 mal 3 Dosen getroffen haben. Sie setzt dabei wie Jan und Michael voraus, dass sie alle immer getroffen haben. Das wollen wir in Zukunft auch annehmen. Nun kannst Du sicher auch die Schätzungen von Michael und Jan verstehen. Du siehst, dass sich die Schätzungen von Anke, Jan und Michael sehr stark voneinander unterscheiden. Sie sind sich zwar einig, dass das Ergebnis „1 Dose wird getroffen" selten vorkommt, können sich aber nicht auf eine gemeinsame Schätzung einigen. Es wäre sehr schön, wenn Du Dich auch an der Diskussion beteiligst und ebenfalls eine eigene Schätzung abgibst und sie in die Tabelle einträgst.

Anke fragt : „Welche Schätzung ist die beste ?" Die Drei sind sehr ungeduldig. Sie wollen diese Frage unbedingt beantworten und nicht bis zur nächsten Kirmes warten. „Es wird zu langweilig, wenn wir auf der nächsten Kirmes alle Ergebnisse aufschreiben müssen. Das muss auch anders gehen", meint Anke. Das ist auch eine Frage an alle, die diese Geschichte lesen. Wie können wir Erfahrungen sammeln ? Es dauert zu lange, wenn wir den Versuch häufig wiederholen wollen, und wir können nicht garantieren, immer zu treffen. Wir müssen also anders vorgehen.

3.2 Wir machen Versuche (Experimente)

Einige Tage später spielen unsere Freunde „Mensch ärgere Dich nicht". Jan ist mit seinen Gedanken offenbar nicht ganz bei der Sache. Jetzt hat er schon zum dritten Mal nicht gemerkt,

dass er würfeln muss und auch übersehen, dass er Ankes Spielfigur herauswerfen konnte. „Ich muss noch einen Moment überlegen", sagt er und geht hinaus. Dabei murmelt er etwas vor sich hin. „Würfeln auf Dosen" meinen Anke und Michael gehört zu haben. Zu zweit macht ihnen das Spiel keinen Spaß mehr. Sie hören auf. Als Jan nach einiger Zeit wieder zurück kommt, erklärt er ihnen seine Idee : "Jeder von uns würfelt mit einem Würfel. Die Augenzahl zeigt uns, auf welche Dose wir geworfen haben." An den folgenden Beispielen machen wir uns klar, wie Jan Anke und Michael seine Idee erklärt hat : Wir würfeln dreimal, einmal für Anke, einmal für Jan und ein drittes Mal für Michael.
- Wenn wir die Augenzahlen 6, 3, 5 erhalten haben, bedeutet das : Anke hat auf Dose 6, Michael auf Dose 3 und Jan auf Dose 5 geworfen. Sie haben also 3 Dosen getroffen.
- Wir erhalten die Augenzahlen 1, 6, 1. Das bedeutet : Anke hat auf Dose 1, Michael auf Dose 6 und Jan auf Dose 1 geworfen. Die drei Freunde haben 2 Dosen getroffen.
- Wenn wir als Ergebnisse die Augenzahlen 5, 5, 5 erhalten, bedeutet das : Alle haben auf Dose 5 geworfen, es wurde 1 Dose getroffen.

Du hast sicher gemerkt, dass wir bei diesem Vorgehen voraussetzen, dass die drei Kinder immer treffen; denn beim Würfeln erhalten wir immer ein Wurfergebnis. Der Versuch „3 Personen werfen auf 6 Dosen" wird also mit drei Würfeln nachgebildet. Man sagt auch : Wir **simulieren** den Versuch mit dem Werfen von drei Würfeln. Ich lade Dich ein, Aufgaben zu bearbeiten :
Aufgabe 1 : a. Simuliere 25 mal das Werfen auf 6 Dosen : Würfle 25 mal mit drei Würfeln. Trage Deine Wurfergebnisse in eine Liste ein, die **Urliste** heißen soll. Ankes Urliste ist am Ende dieses Kapitels abgedruckt. Stelle selbst eine Urliste her. Zähle bei jedem Ergebnis, wie viele Dosen getroffen wurden. Trage diese Zahl in die letzte Spalte der Urliste ein.
b. Stelle eine **Strichliste** her. Gehe die letzte Spalte Deiner Urliste durch und mache in der Strichliste in der zum jeweiligen Ergebnis gehörenden Spalte einen Strich.

Anke erhält aus ihrer Urliste (siehe Anlage am Ende dieses Artikels) folgende Strichliste :

Zahl getroffener Dosen	1	2	3
Anzahl der Treffer		‖‖‖ ‖‖‖ ‖‖‖‖	‖‖‖ ‖‖‖ ‖

Wenn Du weniger als 25 Simulationen gemacht hast, hole jetzt die noch fehlenden nach.
c : Zähle in Deiner Strichliste, wie oft Du bei Deinen Simulationen die einzelnen Ergebnisse erhalten hast. Diese Anzahlen wollen wir die **absolute Häufigkeit** des Ergebnisses nennen. Stelle die absoluten Häufigkeiten Deiner Versuche in einer Tabelle nach dem Muster von Anke dar. Anke erhält folgende Tabelle :

Zahl getroffener Dosen	1	2	3
Anzahl der Treffer	0	14	11

Jan hat vor lauter Begeisterung 28 Simulationen gemacht. Er hat 15 mal das Ergebnis „2 Dosen getroffen" erhalten. Bei Anke ist dieses Ergebnis in 14 von 25 Versuchen eingetreten. Wer hat das Ergebnis „2 Dosen getroffen" häufiger erhalten ? 14 von 25 Versuchen können wir als Bruch $\frac{14}{25}$, 15 von 28 Versuchen als Bruch $\frac{15}{28}$ schreiben. Da 28 > 25 gilt, hat Michael das Ergebnis zwar absolut häufiger erhalten, dafür aber mehr Versuche gebraucht. Da $\frac{14}{25} > \frac{15}{28}$ gilt, hat Anke das Ergebnis dagegen bezogen auf ihre Versuchszahl, also relativ, häufiger erhalten. Wir dividieren die Anzahl der Versuche mit dem jeweiligen Ergebnis durch die Anzahl aller Versuche. Diesen Quotienten nennen wir die **relative Häufigkeit des Ergebnisses**. Wir können damit gut die Anteile bei unterschiedlichen Versuchszahlen vergleichen. Die Definition der relativen Häufigkeit eines Ergebnisses :

relative Häufigkeit eines Ergebnisses = $\frac{Anzahl\ der\ Versuche\ mit\ dem\ Ergebnis}{Gesamtzahl\ aller\ Versuche}$

A 1 d : Berechne für Deine Simulationen die relativen Häufigkeiten der drei Ergebnisse.

Anke erhält bei ihren 25 Simulationen :

Zahl getroffener Dosen	1	2	3
relative Häufigkeit	0	0,56	0,44

3.3 Wir machen Vorhersagen

Die drei Freunde sind nicht zufrieden. Ihre Ergebnisse weichen zu sehr voneinander ab. Vielleicht hast Du ja auch andere absolute und relative Häufigkeiten als Anke. Anke sagt : „Eigentlich müsste ich das Ergebnis „1 Dose" bekommen haben, es kommt doch vor." „Du hast nur zu wenig gewürfelt", meint Michael. „Wenn es vielleicht nur einmal bei 100 Versuchen vorkommt, kann es doch sein, dass Du es bei 25 Versuchen noch nicht beobachtet hast. Ich dagegen habe es einmal erhalten." Anke stellt sich vor, wie oft sie die drei Ergebnisse erhalten könnte, wenn sie viele Versuche (sie denkt an 100 oder sogar 1000 Experimente) machen würde.

Zahl getroffener Dosen	1	2	3
Wahrscheinlichkeit	0,01	0,55	0,44

Anke stuft das Ergebnis „1 Dose" als möglich, aber selten ein. „Dieses Ergebnis erhält man vielleicht einmal bei 100 Versuchen.", sagt sie zu ihrer Schätzung. Sie hält ihre geschätzten Anteile für wahrscheinlich und spricht von Wahrscheinlichkeiten. Anke macht sich ein Bild von der Wirklichkeit : Sie macht sich ein Modell des tatsächlichen Versuchs. In der Tabelle wird also ein **Wahrscheinlichkeitsmodell** dargestellt. Wir wollen auch vom Namen her ausdrücken, dass wir mit dieser Schätzung etwas anderes als relative Häufigkeiten darstellen.

Aufgabe 2 : Erstelle Dein Wahrscheinlichkeitsmodell für 3 absolut sichere Werfer auf 6 Dosen.

„Ich sehe noch nicht ein, wozu Deine Wahrscheinlichkeiten gut sind.", sagt Jan, „Wir können doch genauso gut die relativen Häufigkeiten nehmen." Dagegen spricht Ankes Erfahrung für das Ergebnis 1 Dose". „Ich orientiere mich an den relativen Häufigkeiten und werde die Wahrscheinlichkeiten nahe bei ihnen wählen." Das war Anke, die ihr Vorgehen verteidigte. „Aber jeder von uns wird andere Wahrscheinlichkeiten schätzen. unsere relativen Häufigkeiten sind doch nicht gleich", wendet Michael ein. „Ich kann mit meinen Anzahlen etwas beobachtet haben, was vielleicht selten vorkommt, aber woher soll ich das Wissen, wenn ich nur 25 Experimente gemacht habe ? Und wie sieht es mit Euren Ergebnissen aus ? Kommt Eure Beobachtung selten oder häufig vor ? Das wissen wir doch erst, wenn wir viele Beobachtungen haben." „Was passiert eigentlich, wenn wir unsere Ergebnisse zusammen tun oder sogar noch weitere Experimente machen ? Wissen wir dann mehr ?" „Ich habe eine Idee". Es ist wieder Jan. „Mit Deinen Wahrscheinlichkeiten muss man vorhersagen können, wie oft die Ergebnisse bei sagen wir 600 Versuchen eintreten werden. Wenn man mit Wahrscheinlichkeiten die Häufigkeit der Ergebnisse vorhersagen kann, kann ich etwas damit anfangen. Dann sind sie nützlich." Damit hat Jan gesagt, wie es weiter gehen soll.

Die Wahrscheinlichkeit 0,01 können wir lesen „einmal in 100 Fällen". Das bedeutet, dass wir bei 100 Versuchen einmal das Ergebnis „1 Dose" erwarten. Daher erwarten wir bei 600 Versuchen 6 (= 0,01·600) mit dem Ergebnis „1 Dose". Die Wahrscheinlichkeit 0,55 können wir lesen „in 55 von 100 Fällen". Das bedeutet, dass wir bei 100 Versuchen 55 mal das Ergebnis „2 Dosen" erwarten und folglich bei 600 Versuchen 330 mal (= 0,55·600) das Ergebnis „2 Dosen". Führe diese Überlegung selber für die Wahrscheinlichkeit 0,44. Wenn wir die Wahrscheinlichkeit eines Ergebnisses mit der Zahl der Versuche multiplizieren, gibt das Produkt an, wie oft wir dieses Ergebnis erwarten, wenn wir alle Versuche durchführen. Wir schreiben :

Wahrscheinlichkeit des Ergebnisses · Anzahl an Versuchen = erwartete absolute Häufigkeit des Ergebnisses.

Anke rechnet für die beiden anderen Ergebnisse weiter : Für das Ergebnis „2 Dosen" 0,55·600 = 330 und für das Ergebnis „"3 Dosen" 0,44·600 = 264. Ankes Vorhersagen lauten also :

Zahl getroffener Dosen	1	2	3
erwartete abs. Häufigkeit	6	330	264

Aufgabe 3 Mache Deine Vorhersagen für 600 Versuche mit Deinen Wahrscheinlichkeiten.

3.4 Wir überprüfen die Vorhersagen

Anke. Michael und Jan sind nun sehr gespannt, wie gut die Vorhersagen sind. Sie spannen noch einige Freunde ein, mit ihnen weitere Versuche zu machen, und bald haben sie alle zusammen insgesamt 600 Versuche gemacht. Hier sind die Ergebnisse :

Zahl getroffener Dosen	1	2	3
absolute Häufigkeit	18	258	324
relative Häufigkeit			

Aufgabe 4 Berechne die relativen Häufigkeiten in der letzten Tabelle.

„Das ist ja fast meine erste Schätzung," meint Jan. „Was machen wir nun ? Anke, Deine Vorhersagen sind zu schlecht." „Die Vorhersagen sind zu schlecht, weil wir die Wahrscheinlichkeiten noch nicht besser schätzen konnten. Ankes Wahrscheinlichkeiten müssen wir verbessern, weil wir jetzt mehr Erfahrung haben." Den drei Freunden wird also klar, dass ein Wahrscheinlichkeitsmodell überall dort, wo - bis auf kleine Abweichungen - die Ergebnisse gut vorhergesagt worden sind, nicht verändert zu werden braucht. In Ankes Modell sind bei allen Ergebnissen die Abweichungen zu groß. Daher müssen wir dort alle Wahrscheinlichkeiten neu schätzen. Das neue Modell könnte zum Beispiel so aussehen wie in der folgenden **Tabelle 1** :

Zahl getroffener Dosen	1	2	3
Wahrscheinlichkeit	0,03	0,43	0,54

„Und wenn wir Vorhersagen für 3 000 Versuche machen und stellen dann fest, dass die Abweichungen immer noch zu groß sind ?" fragt Jan. „Dann müssen wir wieder verbessern", sagt Michael. „Aber dann wissen wir nie, welche Wahrscheinlichkeiten wir tatsächlich wählen müssen und können uns nie auf exakte Wahrscheinlichkeiten einigen."

3.5 Was lernen wir aus Zwischenergebnissen ?

„Ich habe gerade eine Beobachtung gemacht", sagt Anke. „Die kann uns vielleicht weiter helfen." Sie schreibt die Wahrscheinlichkeiten auf, die jeder der drei Freunde nach 25 Versuchen geschätzt hat. Dies ist **Tabelle 2** :

Zahl der getroffenen Dosen	1	2	3
Ankes Wahrscheinlichkeiten	0,01	0,56	0,44
Jans Wahrscheinlichkeiten	0,03	0,48	0,49
Michaels Wahrscheinlichkeiten	0,04	0,39	0,57
Deine Wahrscheinlichkeiten			

Aufgabe 5 Trage Deine Wahrscheinlichkeiten aus Aufgabe 2 in diese Tabelle ein.

Anke zeigt auf ihren Zettel, wo sie in den Zeilen 2 bis 4 die Ergebnisse von jeweils 150 Versuchen eingetragen hat und fragt : „Welche Wahrscheinlichkeiten hätten wir hier geschätzt ?"
Dies ist **Tabelle 3** :

Zahl getroffener Dosen	1	2	3
absolute Häufigkeit	5	75	70
absolute Häufigkeit	4	53	93
absolute Häufigkeit	5	58	87
absolute Häufigkeit	4	72	74

Aufgabe 6 a. Berechne aus den absoluten Häufigkeiten in den 4 Zeilen die relativen Häufigkeiten, schätze die Wahrscheinlichkeiten und trage Deine Ergebnisse in eine **Tabelle 4** ein.
b. Vergleiche die Wahrscheinlichkeiten von Tabelle 1, 4 und 2 (in dieser Reihenfolge). Formuliere Deine Beobachtung, wie sich Schätzungen der Wahrscheinlichkeiten entwickeln, wenn die Anzahl an Versuchen zunimmt.

Du kannst deutlich sehen, was Anke gemeint hat. vergleiche die Schätzungen nach 25 Versuchen mit denen nach 150 Versuchen und dann mit der nach 600 Versuchen. Du siehst, dass sich die Schätzungen einander annähern. Die Unterschiede zwischen den (beobachteten) relativen Häufigkeiten werden mit wachsender Zahl an Versuchen geringer, auch die zwischen den (geschätzten) Wahrscheinlichkeiten. „Wenn wir immer mehr Versuche machen, werden unsere Schätzungen immer mehr aufeinander zugehen. Damit können wir der unbekannten Wahrscheinlichkeit immer näher kommen", erläutert Anke den beiden ihre Beobachtung.

3.6 Eine Computersimulation

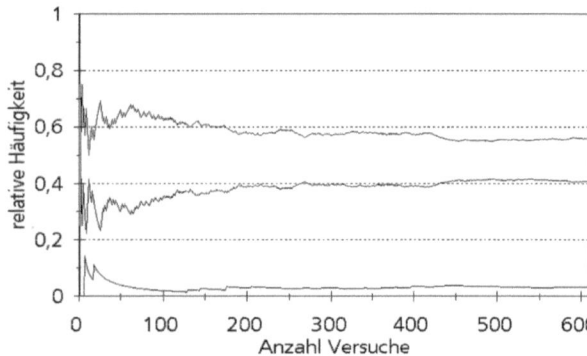

Die Abbildung zeigt eine Computersimulation des Zufallsversuchs „Drei Personen werfen auf 6 Dosen" für 600 Versuche. Auf der x-Achse wird die Anzahl der Versuche, auf der y-Achse werden die zugehörigen relativen Häufigkeiten der drei Ergebnisse (1 Dose, 2 Dosen, 3 Dosen) aufgetragen. Lässt man den Computer mehrfach nacheinander solche Graphen für 600 Simulationen erstellen, dann sind zwei Beobachtungen bemerkenswert :
Zum einen ähnelt im Bereich der ersten 100 bis 200 Versuche kein Graph dem anderen, zum anderen scheinen sich die relativen Häufigkeiten bei ständig größer werdender Anzahl an Simulationen immer mehr Werten zu nähern, die für alle Simulationen gleich bleiben. Dies sind die drei gesuchten Wahrscheinlichkeiten, mit denen wir Prognosen erstellen können. Bei realen

Versuchen werden die von uns experimentell erzielten Anzahlen in der Nähe dieser Prognosewerte liegen. Die obere Kurve im Bild stellt die Entwicklung der relativen Häufigkeiten für das Ergebnis „3 Dosen", die mittlere die für „2 Dosen" und die untere die für „1 Dose" in Abhängig-keit von der Anzahl der durchgeführten Simulationen bei maximal 600 Versuchen dar.

3.7 Zusammenfassung

Unsere Erfahrungen formulieren wir so : Wahrscheinlichkeiten bestimmen wir als Schätzwerte aus möglichst vielen Beobachtungen, relative Häufigkeiten ermittelt man aus Experimenten. Wahrscheinlichkeiten benutzt man zur Vorhersage der erwarteten absoluten Häufigkeiten von Ergebnissen. Wenn Wahrscheinlichkeiten schlechte Vorhersagen machen, müssen wir sie ändern. Wir können aber damit rechnen, dass unsere Schätzungen von Wahrscheinlichkeiten auf der Grundlage von relativen Häufigkeiten immer besser werden, je mehr Versuche wir gemacht haben, also je mehr Erfahrung wir haben.

Zwei Gleichungen wollen wir uns merken :

relative Häufigkeit eines Ergebnisses $= \dfrac{Anzahl\ der\ Versuche\ mit\ dem\ Ergebnis}{Gesamtzahl\ aller\ Versuche}$

erwartete absolute Häufigkeit eines Ergebnisses =

Wahrscheinlichkeit des Ergebnisses · Gesamtzahl aller Versuche

3.8 Anlage Die 25 Simulationen von Anke

Nr	Ergebnisse	getroffene Dosen	Nr.	Ergebnisse	getroffene Dosen
1	1 6 1	2	14	1 6 5	3
2	6 3 5	3	15	4 4 6	2
3	3 2 2	2	16	2 6 2	2
4	1 4 5	3	17	6 1 1	2
5	3 1 6	3	18	6 4 6	2
6	1 4 1	2	19	2 5 1	3
7	5 3 3	2	20	1 6 3	3
8	5 6 3	3	21	2 4 2	2
9	3 1 3	2	22	2 3 4	3
10	3 2 2	2	23	2 4 1	3
11	4 1 2	3	24	5 6 5	2
12	5 1 4	4	25	4 6 6	2
13	4 3 3	2			

Anke hat also bei der ersten Simulationen mit den drei Würfeln die Ergebnisse 1, 6 und 1 erhalten, bei der zweiten Simulation die Ergebnisse 6, 3 und 5, usw. Du wirst nun sicher die Urliste richtig lesen können, und Du verstehst, was die Ergebnisse bedeuten.

3.9 Methodisch-didaktische Bemerkungen

Soweit der Text für Lernende. Dieses Kapitel ist eine überarbeitete Erweiterung von Wirths (1993a). Die Simulation von Zufallsprozessen ist für Schülerinnen und Schüler interessant. Die Begriffe „absolute Häufigkeit" und „relative Häufigkeit" sind leicht zu motivieren und zu benutzen. Für Lehrende stellt sich in einer Unterrichtseinheit zum Zusammenhang und Zusammenspiel von relativer Häufigkeit und Wahrscheinlichkeit als zentrale Frage : „Wie mache ich der Lerngruppe klar, dass ich außer dem Begriff der relativen Häufigkeit einen weiteren Begriff, nämlich den der Wahrscheinlichkeit, unbedingt benötige ?" Den Begriff einfach nur vorzugeben, dürfte sich verbieten. Also muss das den Lernenden zugängliche Material so gestaltet sein, dass sie die Notwendigkeit selber erkennen können, und den neuen Begriff zunächst einmal mit ihren eigenen Worten umschreiben. Beim hier gewählten Beispiel erhalten viele Schüler – zum Glück aber nicht alle ! – nach 20 bis 25 Simulationen keinmal das Ergebnis „Alle 3 treffen die gleiche Dose." Es ist für alle offensichtlich, dass es so etwas wie eine Chance gibt, dieses Ergebnis zu erzielen. Diese Chance ist zwar sehr klein, aber eben nicht 0. Daher werden die Schüler nicht die relative Häufigkeit 0 für dieses Ergebnis als Chance schätzen, sondern vielleicht zum Beispiel 0,01. Damit haben die Lernenden selber entdeckt, dass ein neuer Begriff eingeführt werden muss, den wir als Chance verstehen wollen und Wahrscheinlichkeit nennen.

Damit klar wird, dass die hier vorgestellte Konzeption auch mit unseren anschaulichen Vorstellungen übereinstimmt, muss das „Stabil werden der relativen Häufigkeiten bei wachsender Anzahl an Versuchen" deutlich gemacht werden. In Ruprecht/Schupp (1994) wird eine Computersimulation für den hier betrachteten Zufallsversuch nachvollziehbar beschrieben. Nach Lektüre dieses Aufsatzes sollte man das zugehörige Rechenblatt leicht erstellen können. Weitere Simulationen können nach diesem Vorbild mühelos programmiert werden. Wichtige Gründe für den Einsatz eines Rechenblattes sind :

- Ich brauche nur den mathematischen Kern in den einzelnen Zellen zu programmieren. Die Simulation, deren Auswertung im Rechenblatt und vor allem die graphische Darstellung kann dem Rechner überlassen werden.
- In jeder Zeile werden neben den drei Simulationsergebnissen, die Auswertung, die absoluten Anzahlen und die relativen Häufigkeiten für jedes der drei Ergebnisse sowie die Anzahl der bereits durchgeführten Simulationen vom Rechner automatisch angegeben.
- Die Programmierung dieser Informationen in den einzelnen Zellen kann von Lernenden einer 6. Klasse leicht verfolgt und verstanden werden. In höheren Klassenstufen kann solch eine Programmierung auch von Lernenden selbst durchgeführt werden.
- Die erste Zeile des Rechenblattes kann so oft in die folgenden Zeilen kopiert werden, wie Simulationen benötigt werden. Wenn 600 Simulationen aus dem Beispiel in 3.6 nicht ausreichen, lassen sich problemlos weitere Zeilen anfügen, in die Auswertung und in die graphische Darstellung einbeziehen. Eine inzwischen mögliche schnelle Erweiterung auf 10 000 Simulationen oder mehr wird in Kapitel 10 in Wirths (2019) vorgestellt.
- Graphik und Rechenblatt können nebeneinandergestellt werden, so dass der Zusammenhang zwischen der graphischen Darstellung und der Darstellung im Rechenblatt mühelos verfolgt werden kann.
- Lernende können per Knopfdruck sekundenschnell eine neue Simulation mit der zugehörigen Graphik erzeugen.
- Alle relevanten Informationen werden im Rechenblatt offengelegt, die Lernenden müssen nichts unverstanden hinnehmen. Sie können sich ganz auf die Formulierung und die Interpretation ihrer Beobachtungen konzentrieren.

Eine zusätzliche Untermauerung für das Stabilwerden der relativen Häufigkeiten kann die in Abschnitt 3.5 beschriebene Beobachtung liefern : Vergleicht man die relativen Häufigkeiten nach 25 Versuchen mit denen nach 150 Versuchen und danach mit denen nach 600 Versuchen, sieht man, dass die Unterschiede zwischen den (beobachteten) relativen Häufigkeiten mit wachsender Zahl an Versuchen geringer werden, und damit auch die zwischen den (geschätzten) Wahrscheinlichkeiten. Am Ende einer Unterrichtsreihe, in die dieser Zufallsversuch eingebettet ist, sollen Lernende ein gewisses erstes Fingerspitzengefühl in der Auswahl und im Begründen von Hypothesen gewonnen haben, aber auch z. B. zu folgenden Aufgaben sinnvoll Stellung nehmen können :

1. Beim Mensch-Ärger-Dich-Nicht Spiel fiel dreimal hintereinander eine „6". Wie groß ist die Wahrscheinlichkeit, dass beim nächsten Wurf wieder eine „6" kommt ?
2. G. E. Lessing schrieb am 15.12.1770 an Madame König, er habe bei der Hamburger Lotterie auf Los Nr. 19 gewonnen und wieder Lose genommen, „nur nicht Nummer 19, wofür ich 7 gewählt habe : denn 19 wird doch nicht des Henkers sein und sich wieder ziehen lassen."
3. In einem großen Krankenhaus werden täglich im Mittel 60 Kinder geboren, in einem kleinen 10. In beiden Hospitälern wird registriert, an wieviel Tagen mehr als 60 % der Kinder Jungen waren. Ist diese Zahl im großen Krankenhaus größer oder kleiner als oder genau so groß wie im kleinen Krankenhaus ?

Grundlegend sind die beiden Begriffe „relative Häufigkeit" und „Wahrscheinlichkeit" :
1. Man erhält die „relative Häufigkeit eines Ergebnisses" r beim Auswerten von Experimenten
$$r = \frac{absolute\ Häufigkeit\ des\ Ergebnisses}{Gesamtzahl\ aller\ Experimente}$$
2. Die „Wahrscheinlichkeit eines Ergebnisses" p ist ein Modellbegriff und wird zum Vorhersagen der Häufigkeiten von Ergebnissen benutzt :
erwartete Häufigkeit des Ergebnisses = p · Gesamtzahl aller Versuche

Die Wahrscheinlichkeiten der Ergebnisse für Laplace-Geräte (Würfel, Münzen), bei Ziehungen aus einer Urne oder bei der Drehung eines Glücksrads können sofort angegeben werden. Dies darf im Unterricht nicht „zerredet" werden. Interessant ist die Unterscheidung, die Lernende zwischen Wahrscheinlichkeiten machen, die wir zum Beispiel bei Geräten mit Laplace-Eigenschaft exakt angeben können, und den Wahrscheinlichkeiten, die wir nur näherungsweise bestimmen können wie zum Beispiel bei gezinkten Würfeln.

Mathematik-Curricula sollten diesen Zusammenhang und das Zusammenspiel von relativer Häufigkeit und Wahrscheinlichkeit, also den Regelkreis von Modellbildung und der Überprüfung der im Modell gültigen Hypothesen mit Hilfe realer Experimente, vorsehen. Dieser früher eher stiefmütterlich behandelte Problemkreis ist es wert, dass man ihm eine eigene Unterrichtseinheit widmet. Mit der Behandlung von mehrstufigen Zufallsexperimenten, deren Darstellung in Baumdiagrammen sowie der Berechnung von Ereigniswahrscheinlichkeiten mit den beiden Pfadregeln wird dann der Unterricht fortgesetzt. Dann können die Wahrscheinlichkeiten für die Ergebnisse des in diesem Beitrag zugrunde liegenden dreifachen Würfelwurfs theoretisch ermittelt und so die hier erarbeiteten Wahrscheinlichkeitsmodelle optimiert werden. Wichtig ist, dass Lernende erfahren, dass diese Vorhersagen auf einer Modellebene entwickelt werden. Die Spannung, die aus dem Unterschied zwischen den im Modell errechneten Vorhersagen und den im realen Experiment ermittelten Ergebnissen entsteht, kann den Stochastikunterricht beleben.

Zu Beginn des Stochastikunterrichts wird mit dem Begriff „Abweichung" noch sehr intuitiv umgegangen. Gewisse Abweichungen erscheinen uns als zu groß, andere werden noch toleriert. Hier wird der Bogen zu den Stunden gespannt, in denen als Hilfen für die Bewertung oder Beurteilung von Abweichungen im Modell der Binomialverteilung $t \cdot \sigma$-Umgebungen um den Erwartungswert μ gebildet und die zugehörigen Bereichswahrscheinlichkeiten berechnet werden. Insgesamt werden Fähigkeiten im Auswerten und Interpretieren statistischer Daten entwickelt, die in anderen Fächern, aber auch von jedem mündigen Bürger, zum Orientieren in der „Datenflut" benötigt werden.

4. Unterrichtseinheiten zu einem Achteck

4.1 Zusammenfassung
In diesem Kapitel werden an Hand einer Aufgabe aus dem Geometrieunterricht Situationen aufgezeigt, in denen ein Unterricht möglich wird, der sich an den oben nach Steinberg (1984) zitierten Forderungen und Vorstellungen von Günter Steinberg orientiert.

4.2 Die Aufgabe

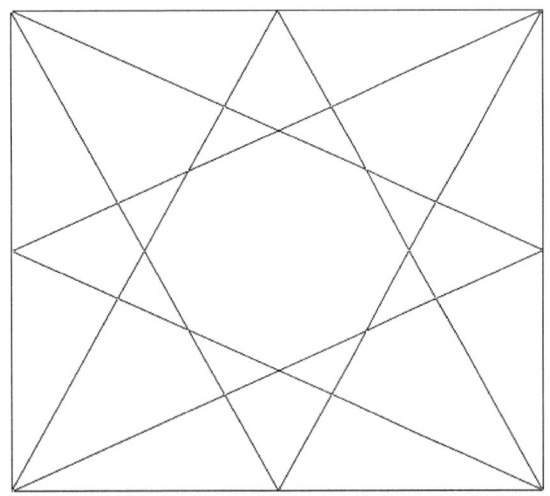

Es geht um folgende Problemstellung : „Zeichne ein Quadrat. Verbinde jede der vier Seitenmitten mit den beiden Eckpunkten der ihr gegenüberliegenden Quadratseite. Formuliere wesentliche Beobachtungen, Fakten, Fragen oder Probleme." Es geht um die nebenstehende Figur. Die Lernenden können einige Fragen selbständig entdecken. In der Mitte schließen 8 Strecken ein Achteck ein. Ist es regelmäßig ? Wir erkennen Dreiecke, die möglicherweise rechtwinklig sind, kleine und große. Ebenso kann man unterschiedlich große Vierecke erkennen. Handelt es sich dabei um Drachen ? Können die großen Dreiecke (entsprechend die großen Drachen) alle aufeinander abgebildet werden, sind sie kongruent ? Sind die kleinen Dreiecke (Drachen) ebenfalls kongruent ? Welchen Flächeninhalt haben die einzelnen Figuren ? So könnten Fragen lauten, die Lernende von sich aus stellen. Wir können uns auch mehrere nebeneinander liegende Figuren zu einer einzigen verschmolzen denken und so weitere interessante – die Lernenden interessierende und den Unterricht bereichernde – Fragen gewinnen.

4.3 Eine Unterrichtseinheit für Klasse 7
Hat man gute Konstruktionen erstellt oder setzt man Geometrie-Software ein, kann man Vermutungen über das Achteck gewinnen. Man kann die Streckenlängen ausmessen und erhält : Alle acht Seiten des Achtecks sind gleich lang. Das ist Anlass für weitere Diskussionen und zur Erinnerung. Beim Viereck gibt es zwei Typen, bei denen alle Seiten gleich lang sind : Das Quadrat als regelmäßiges Viereck und die Raute als nicht-regelmäßiges Viereck. Daher reicht die Eigenschaft, dass alle Strecken gleich lang sind, nicht aus, um die Frage nach der Regelmäßigkeit zu lösen. Schon beim Ausmessen von zwei benachbarten Innenwinkeln des Achtecks wird deutlich, dass sie verschieden groß sind. Damit ist endgültig geklärt, dass das Achteck nicht regelmäßig ist. Interessant ist eine weitere Strategie zur Beantwortung dieser Frage. Es wird ein Kreis um den Schnittpunkt der Quadratdiagonalen gezeichnet, auf dessen Rand vier der acht Eckpunkte liegen. Die übrigen vier liegen entweder weiter außen oder weiter innen, je nachdem, an welchen Eckpunkten man sich beim Kreisradius orientiert hat.

Es wäre schade, wenn sich die Aktivitäten nur auf die Frage, ob das Achteck regelmäßig ist, beschränken. Viel interessanter ist die Frage nach der Größe der Winkel und nach den Zusammenhängen zwischen den Winkelgrößen der gesamten Figur. Man erreicht so eine hervorragende Wiederholung der und Einübung in die Sätze zu Neben-, Stufen-, Scheitel- und Wechselwinkeln sowie zum Satz über die Summe der Größe aller Innenwinkel in einem beliebigen n-Eck. Ausgangspunkt der Überlegungen sei folgende Figur 1 :

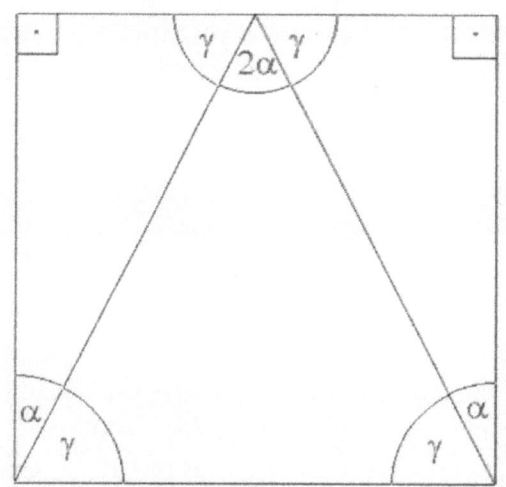

Unter den neun Winkeln von Figur 1 sind zwei rechte Winkel. Vier Winkel, alle γ genannt, sind gleich groß, ebenso sind zwei andere mit α bezeichnete Winkel kongruent. Wir nutzen in jedem Fall die Symmetrien in der Figur und den Satz über Wechselwinkel an geschnittenen Parallelen aus. Interessant für mich als Lehrender ist immer wieder die Beobachtung, wie Lernende die Größe des Winkels zwischen den beiden Strecken bestimmen, die am Mittelpunkt der oberen Quadratseite ausgehen und zu den gegenüberliegenden Eckpunkten führen. Die Größe beträgt 2α. Drei Strategien kommen vor : Zum einen der Satz über die Winkelsumme der Innenwinkel im Dreieck, zum anderen die Tatsache, dass am Mittelpunkt der oberen Quadratseite ein gestreckter Winkel ist sowie zum dritten die Sicht des halben Winkels als Wechselwinkel von α durch Einzeichnen oder Denken einer Parallelen zur rechten oder linken Quadratseite. Wenn wir die genauen Größen der Winkel wissen wollen, muss die Größe eines Winkels bekannt sein. Nehmen wir zum Beispiel das Maß von α. In Klasse 10 können wir α berechnen und erhalten α = arctan(0,5) ≈ 26,6°.

In Klasse 7 jedoch müssen wir α ausmessen und können die Größen der anderen fünf Winkel berechnen. Auch den Zusammenhang zwischen α und γ sehen wir : γ = 90° - α.

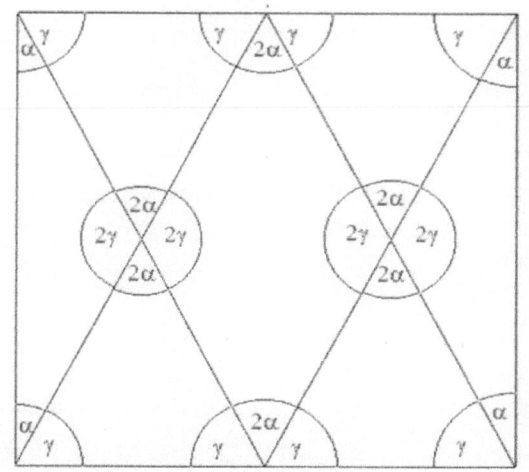

Als nächstes ergänzen wir Figur 1 um ein zweites Dreieck, dessen Spitze der Mittelpunkt der unteren Quadratseite ist. Wir erhalten Figur 2. Dort tragen wir alle Winkel ein, die nach unseren bisherigen Erkenntnissen zu α, γ oder 2α kongruent sind. Dann können wir acht gleich große Winkel mit γ, vier andere untereinander kongruente mit α sowie vier weitere Winkel mit 2α bezeichnen. Interessant sind die vier verbleibenden Winkel, die alle gleich groß sind, um die zwei Schnittpunkte mitten im Bild. Algebraisch orientierte Lernende werden die Größe jeweils zu 180° - 2α angeben. Wer wie in Figur 1 eine waagerechte Hilfslinie zieht oder sie sich denkt, erhält 2γ als Größe für diese Winkel. Beide Beschreibungen sind äquivalent. Wir können die gesamte Figur auch um 90° drehen oder gedreht denken. Wir erhalten so genug Informationen über die Winkel des Achtecks. Vier dieser Winkel, und zwar die, deren Scheitel am weitesten rechts, links, oben oder unten liegen, sind gleich groß, nämlich 2γ ≈ 126,9°. Bei einem regelmäßigen Achteck müssen alle Innenwinkel gleich groß sein, also 6·180°:8 = 135°. Damit können wir bereits begründen, dass das Achteck nicht regelmäßig ist. Für die vier verbleibenden Innenwinkel des Achtecks bleiben rund 572,4° übrig. Jeder einzelne ist also rund 143,1° groß. Diese vier Winkel sind daher fast 8,1° größer als 135°. Genau dieses Maß fehlt den vier anderen. Weitere interessante Informationen über Winkel in der gesamten Figur erhält an, wenn man Figur 3

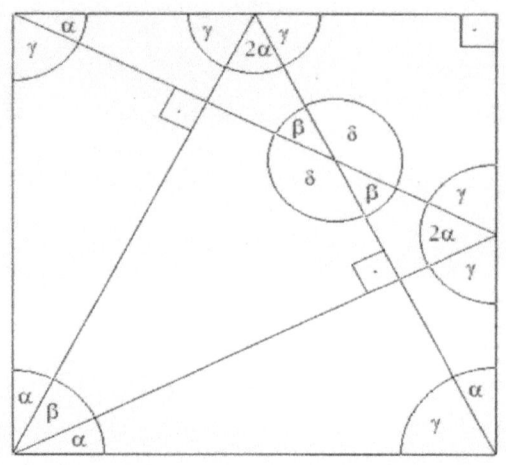

betrachtet: Zunächst trägt man alle auf Figur 1 bekannten Winkel ein, die zu α, γ oder 2α kongruent sind. In der rechten unteren Ecke entsteht ein Winkel β, für den β = 90° - 2α ≈ 36,8° gilt. Aus α + γ = 90° erschließt man die acht rechten Winkel in den beiden Geradenkreuzungen mitten in der Zeichnung. An der dritten Geradenkreuzung kommt δ vor. Er ist ein Innenwinkel des Achtecks. Da wir Figur 3 um 90°, 180° sowie um 270° drehen können, wissen wir, dass die restlichen vier Innenwinkel des Achtecks alle kongruent zu δ sind. Es gilt: δ = 360° - 90° - 90° - β = 180° - (90° - 2α) = 90° + 2α. Oder: δ = 360° - 2γ - 90° = 360° - 90° - 2·(90° - α) = 90° + 2α ≈ 143,1°, was wir bereits mit anderen Überlegungen erhalten haben. Nun steht einer Analyse der restlichen Winkel in der gesamten Figur nichts mehr im Weg. Diese Analyse und auch die Entdeckung, dass es zwei verschiedene Typen von rechtwinkligen Dreiecken und von Drachen gibt, soll dem Leser als weitere Vertiefung überlassen bleiben.

4.4 Eine Unterrichtreihe für Klasse 8

In dieser Unterrichtseinheit geht es bei der Behandlung dieser Aufgabe um den Zusammenhang zwischen Algebra und Geometrie. Wir führen ein Koordinatensystem ein. Die Eckpunkte des Quadrats A, B, C und D sollen die Koordinaten (0 | 0), (a | 0), (a | a) und (a | 0) mit a > 0 haben. Die Mittelpunkte E, F, G und H der Quadratseiten haben die Koordinaten ($\frac{a}{2}$ | 0), (a | $\frac{a}{2}$), ($\frac{a}{2}$ | a) und (0 | $\frac{a}{2}$). Wir stellen die Gleichungen der Geraden auf, auf denen die Seiten der Figur liegen.

g(A, F) : $y_1 = \frac{1}{2} \cdot x$
g(C, H) : $y_2 = \frac{1}{2} \cdot x + \frac{a}{2}$

g(B, G) : $y_3 = -2 \cdot x + 2a$
g(D, E) : $y_4 = -2 \cdot x + a$

g(A, G) : $y_5 = 2 \cdot x$
g(C, E) : $y_6 = 2 \cdot x - a$

g(B, H) : $y_7 = -\frac{1}{2} \cdot x + \frac{a}{2}$
g(D, F) : $y_8 = -\frac{1}{2} \cdot x + a$

Besonders eindrucksvoll gelingt die Darstellung, wenn man einen zumindest graphikfähigen Taschenrechner einsetzt, dort die acht Funktionsterme eingibt und so einstellt, dass jeweils zwei Paare von Parallelstreifen gezeichnet werden. Die Streifen in jedem Paar stehen senkrecht aufeinander, das zweite Paar ist gegenüber dem ersten gedreht. Drehpunkt ist der Schnittpunkt der Quadratdiagonalen. Ich mache gute Erfahrungen damit, diese Demonstration als Einstieg in und als Motivation für die gesamte Unterrichtsreihe einzusetzen. Die Lernenden erleben, dass die acht Funktionen für alle Zahlen definiert sind, also auch dort gezeichnet werden, wo sie für unser Problem uninteressant sind. Mit 0 ≤ x ≤ a wird der Bereich innerhalb des Quadrats festgelegt, in dem uns diese Funktionen tatsächlich interessieren. Ich nenne diesen Bereich daher gern „Interessenbereich". Die Frage nach den zugehörigen zweiten Koordinaten schließt sich ganz natürlich an. Man kann aber auch das Problem, wo uns diese Funktionen interessieren, noch weiter einschränken zur Forderung, den Rand oder das Innere des Achtecks durch diese Funktionen und die zugehörigen Intervalle für die beiden Koordinaten zu beschreiben.

Die Lernenden sehen jeweils zwei Geradenpaare, die senkrecht aufeinander stehen. Die Bedingung, dass das Produkt der beiden Steigungen für Geraden, die nicht parallel zu den Koordinatenachsen verlaufen, -1 ergeben muss, zu vermuten, und dann aus zwei um 90° gegeneinander gedrehten Steigungsdreiecken herzuleiten, ist nach dieser Vorbereitung kein großes Problem mehr.

Die Frage nach den Koordinaten aller Schnittpunkte führt zu folgenden Ergebnissen, in denen sich die große Symmetrie der gesamten Figur widerspiegelt. Die Eckpunkte des Achtecks haben die Koordinaten : ($\frac{1}{2}$a|$\frac{1}{4}$a), ($\frac{2}{3}$a|$\frac{1}{3}$a), ($\frac{3}{4}$a|$\frac{1}{2}$a), ($\frac{2}{3}$a|$\frac{2}{3}$a), ($\frac{1}{2}$a|$\frac{3}{4}$a), ($\frac{1}{3}$a|$\frac{2}{3}$a), ($\frac{1}{4}$a|$\frac{1}{2}$a), ($\frac{1}{3}$a|$\frac{1}{3}$a). Für die Koordinaten der anderen Schnittpunkte gilt : ($\frac{2}{5}$a|$\frac{1}{5}$a), ($\frac{3}{5}$a|$\frac{1}{5}$a), ($\frac{4}{5}$a|$\frac{2}{5}$a), ($\frac{4}{5}$a|$\frac{3}{5}$a), ($\frac{3}{5}$a|$\frac{4}{5}$a), ($\frac{2}{5}$a|$\frac{4}{5}$a), ($\frac{1}{5}$a|$\frac{3}{5}$a), ($\frac{1}{5}$a|$\frac{2}{5}$a). Wenn man von einem Eckpunkt des Achtecks zum nächsten Eckpunkt jeweils ein Steigungsdreieck zeichnet, stellt man fest : In allen Steigungsdreiecken hat die eine Kathete die Länge $\frac{1}{6}$a, die andere $\frac{1}{12}$a. Daher sind alle diese Steigungsdreiecke kongruent, was Lernende auch ohne einen Kongruenzsatz zu kennen, hier zum Beispiel sws akzeptieren. Die Hypotenusen aller Steigungsdreiecke sind gleich lang, so dass wir nun, ohne auf eine Messung zurückgreifen zu müssen, begründen können, dass alle Seiten des Achtecks gleich lang sind. Die Länge müssen wir in Klasse 8 immer noch ausmessen. In Klasse 9 können die Lernenden nach Erarbeitung der Satzgruppe des Pythagoras dann endlich die Länge durch $\frac{a}{12} \cdot \sqrt{5}$ ausdrücken. Aber nur wegen dieser Berechnungsmöglichkeit lohnt es nicht, auf die hier vorgestellte Behandlung in Klasse 8 zu verzichten.

Auf eine weitere interessante Beobachtung beim Einsatz eines zumindest graphikfähigen Taschenrechners möchte ich noch eingehen. Lernende versuchen häufig die in Abschnitt 4.2 dargestellte Figur auch zu plotten. Sie geben dazu die ersten Koordinaten in eine Liste L_1 und die zweiten in L_2 ein, wobei sie dabei beispielsweise a = 12 setzen. Wenn der Rechner tatsächlich diese Figur zeichnet, dann stellen Lernende fest, dass sich ihre Listen in der Länge unterscheiden. Daraus ergibt sich ein Wettstreit nach der kürzesten Liste. Wer sich daran beteiligt, entdeckt wie von selbst, dass man versuchen muss, die Figur möglichst in einem Zug ohne Absetzen zu zeichnen. Wenn ich Lernenden dann Material zum Königsberger Brückenproblem und verwandten Fragestellungen gebe, sind sie besonders motiviert, sich damit auseinanderzusetzen. Lernende erkennen dann eine Fragestellung, auf die sie bereits selber gekommen sind, die sie nun an einem neuen Material gern selbständig bearbeiten möchten. Wenn ich jedoch versuchen würde, ihnen diesen Problemkreis ohne eine solche Vorbereitung ans Herz zu legen, dann habe ich weniger Glück. Es kann durchaus vorkommen, dass es auch bei dieser quasi „par ordre de mufti" verordneten Beschäftigung glückt, dass sich Lernende das Problem zu eigen machen. Erfolgreicher bin ich jedoch mit der hier beschriebenen Vorbereitung.

Für die Fragestellung nach dem Flächeninhalt des Achtecks gibt es in MNU (1992) auf insgesamt 42 Seiten eine Fülle von Lösungsmethoden. Daher möchte ich hier nur darauf verweisen und keine weiteren Ausführungen zu diesem überaus lohnenden Problem machen.

5. Vom Rückwärtsschließen im Baumdiagramm zum Testen

5.1 Ein Spamfilter

Eine Unterrichtseinheit zu einem Curriculum-Baustein „Rückwärtiges Schließen im Baumdiagramm" soll mit folgender **Aufgabe** beginnen : „Till will Werbemüll (Spam) von seinem e-mail-Konto aussperren. Er installiert den von einer Computerzeitschrift ermittelten Testsieger, der 95 % aller Werbemails ausfiltert. Leider sortiert das Programm auch 1 % aller privaten e-mails und erwünschten Infomails als Spam aus. Beurteile die Qualität dieses Spam-Filters. Würdest Du ihn benutzen wollen ?"Wir können mit dieser Aufgabe unmittelbar an die mit in einer Unterrichtseinheit „Baumdiagramme" gemachten Erfahrungen anschließen. Im links abgebildeten Baumdiagramm bedeuten :

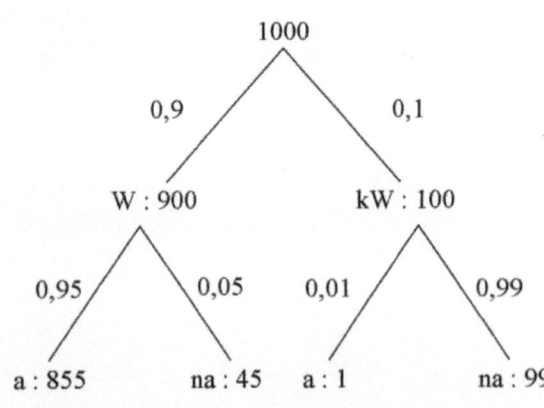

W : Werbe-mail (Spam);
kW : keine Werbe-mail
a : aussortiert, na : nicht aussortiert

Wenn Lernende ein Baumdiagramm anfertigen, stellen sie fest, dass eine Information noch fehlt, und zwar die über den Anteil der Werbemails an allen eingehenden E-Mails. Im Baumdiagramm gehen wir von 1000 in einer nicht näher festgelegten Zeiteinheit eingehenden E-Mails und einem Anteil an Werbemails von 90 % aus. Es kommen also 900 Werbemails und 100 andere E-Mails an, die kein Spam sind. Das wird in der ersten Stufe des Baumdiagramms dargestellt. In der zweiten Stufe wird nach den Prozentzahlen aufgeteilt. Diese Situation kann man übersichtlich in einer mit Erläuterungen erweiterten Vierfeldertafel darstellen, wobei die eigentliche Vierfeldertafel in der Mitte besonders hervorgehoben wird :

	Aussortiert	nicht aussortiert	Summe
Werbe-mail	855	45	900
Keine Werbung	1	99	100
Summe	856	144	1 000

Weitere Vierfeldertafeln zu anderen Anteilen von Werbemails an der Gesamtzahl der E-Mails ergänzen die Betrachtungen in den Lerngruppen. Parallel zum Baumdiagramm mit den natürlichen Anzahlen wird auch das übliche Baumdiagramm betrachtet, bei dem die Gesamtwahrscheinlichkeit 1 nach den Pfadwahrscheinlichkeiten auf alle vier Ergebnisse verteilt wird.

Grietje formuliert : „Ich bekomme zwei bis drei E-Mails pro Tag. Ich kann das Löschen unerwünschter Mails per Hand erledigen. Daher brauche ich keinen Spamfilter. Aber anders sieht es bei einer Firma aus, die 1000 E-Mails an einem Tag erhält. Hier sortiert der Filter die einen in einen Ordner „Posteingang", die anderen in „Spamverdacht". Aus dem Ordner „Posteingang" muss ich die nicht erkannten Werbemails entfernen, aus dem Ordner „Spamverdacht" die erwünschten in den Ordner „Posteingang" verschieben. Danach kann ich im Ordner „Spamverdacht" alle verbliebenen Werbe-mails markieren und mit einem Klick löschen. Darin sehe ich den einzigen Vorteil des Vorsortierens durch den Spamfilter bei großem Posteingang."

Bis jetzt war noch keine Rede von Wahrscheinlichkeiten, auch nicht in Grietjes Beitrag. Ich habe bewusst die Vorzüge des Baumdiagramms mit den natürlichen Anzahlen ausgenutzt. Und das soll auch im nächsten Schritt mit der folgenden **Aufgabe** beibehalten werden : „Wie groß ist die Wahrscheinlichkeit, dass die als Spam aussortierten E-Mails tatsächlich Spam sind ?"

Wir betrachten das auf der vorigen Seite oben links abgebildete Baumdiagramm. Von den 1000 eingegangenen E-Mails wurden 856 in den Ordner „Spamverdacht" aussortiert. 855 davon sind tatsächlich Spam. Also beträgt die gesuchte Wahrscheinlichkeit $\frac{855}{856} \approx 0{,}9988$. Unter diesen Bedingungen erweist sich der Filter als sehr wirksam.

Mit dieser Aufgabe gehen wir über die Fragestellungen aus vorhergehenden Klassen hinaus. Damals haben wir im Baumdiagramm von oben nach unten geschlossen, von den Teilwahrscheinlichkeiten auf die Wahrscheinlichkeiten von Ergebnissen und Ereignissen. Bei dieser Aufgabe kommt eine weitere Information hinzu : Wir wissen, wie viele E-Mails unter „Spamverdacht" abgespeichert sind. Damit wird ein Ereignis E definiert. Nun schauen wir von unten (von den Ergebnissen/Ereignissen) im Baumdiagramm zurück und schließen auf die Anteile der einzelnen Wege an E, die zu E führen.

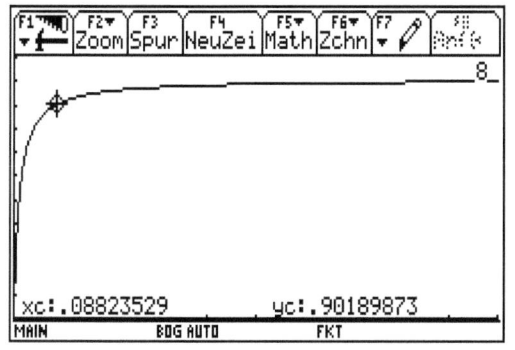

Wenn wir für den Anteil Werbemüll (Spam) an allen E-Mails die Variable p benutzen, erhalten wir folgen-den Term : $\frac{0{,}95 \cdot p}{0{,}95 \cdot p + (1-p) \cdot 0{,}01} = \frac{95 \cdot p}{94 \cdot p + 1}$. Diesen Term setzen wir in das „Y=Menü" eines zumindest graphikfähigen Taschenrechners ein. Nur müssen wir anstelle der Variablen p bei der Eingabe des Terms in den Rechner x wählen. Dann können wir uns sowohl den Verlauf für alle p ∈ [0;1] graphisch darstellen lassen als auch die Wertetafel anschauen.

Der Graph wird im obigen Bild dargestellt. Es ist nicht schwer zu begründen, dass der Graph streng monoton wächst; denn Zähler und Nenner wachsen, der Zähler schneller als der Nenner. Da der Nenner immer größer als der Zähler ist und beide positiv sind, ist der Quotient positiv und kleiner als 1. Wir lesen vom Graphen oder aus der Wertetafel ab, dass von einem Anteil p = 0,087 an der Anteil Spam an den aussortierten E-Mails größer als 90 % ist und mit steigendem p wächst. Dies wird auch von den Lernenden als eine gute Eigenschaft des Filters angesehen.

„Die Software löst Probleme, die man ohne Computer nicht hat.", sagt Malte. „Die Software schafft aber auch Probleme, die man ohne diese Software nicht hat.", ergänzt Katharina. Beide haben entdeckt, dass der Filter unter einem anderen Gesichtspunkt nicht sehr wirksam sein kann, und formulieren für alle in der Lerngruppe die **Aufgabe** : „Wie groß ist die Wahrscheinlichkeit, dass die nicht als Spam aussortierten E-Mails tatsächlich kein Spam sind ?"

Von den 1000 eingegangenen E-Mails sind 99 im Ordner „Posteingang" und 45 im Ordner

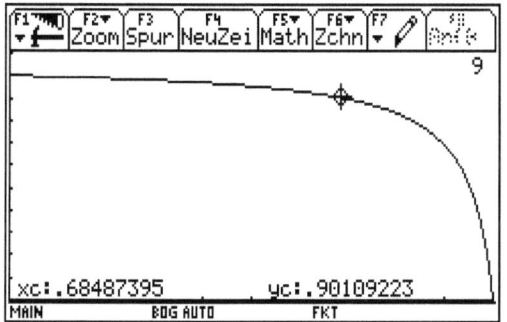

„Spamverdacht" keine Spam. Die gesuchte Wahrscheinlichkeit beträgt : $\frac{99}{99+45} = \frac{99}{144} \approx 0{,}6875$. Hier erweist sich der Filter als nicht besonders wirksam. Allgemein erhält man für diesen Fall bei einem Anteil p von Spam : $\frac{0{,}99 \cdot (1-p)}{0{,}99 \cdot (1-p) + 0{,}05 \cdot p} = \frac{99 - 99 \cdot p}{99 - 94 \cdot p}$. Von einem Anteil p = 0,688 ab sinkt der Anteil der erwünschten E-Mails (kein Spam) auf unter 90 %. Auch hier lässt sich elementar begründen, dass der Graph streng monoton fällt (siehe Bild).

Besonders motivierend für den Unterricht in einer Lerngruppe war die Tatsache, dass die Zeitschrift Computer-Bild in Ausgabe 22/2004 einen Spamfilter als Testsieger herausgestellt hat, der genau die Eigenschaften des hier betrachteten Filters hatte. Das verlieh dem Unterricht große Aktualität. Aber die Computerzeitschrift hatte nicht beschrieben : Es gibt zwei Gesichtspunkte, unter denen der Filter betrachtet werden kann. Die Lernenden sind stolz, dies entdeckt zu haben. Wenn mich der Anteil Spam an den als Spam deklarierten interessiert, dann arbeitet der Filter bereits bei geringem Spamanteil von 10 % gut. Interessiert mich aber der Anteil der erwünschten E-Mails (kein Spam) an den als Nicht-Spam aussortierten, dann wirkt er nur bis zu einem Anteil Spam von rund 68 % gut. Bei einem größerem Spam-Anteil wird die betrachtete Wirkung immer geringer, der Graph fällt rapide ab. Es muss also jeder Nutzer selbst sein Interesse definieren und entscheiden, ob ein Spamfilter Hilfe verspricht und eingesetzt werden soll.

„Setzen wir voraus, dass wir nie einen Filter bekommen, der 100 % exakt trennt." Unter dieser Leitlinie wurde in den Lerngruppen diskutiert, was eine Verbesserung von 95 % auf zum Beispiel 98 % bei sonst gleichen Bedingungen bringt. Die Enttäuschung, dass die Verbesserung minimal ist, möge jeder Leser bitte selbst durch eigenes Tun erleben.

5.2 Die Arbeit mit der Vierfeldertafel

Aus den beiden unterschiedlichen Gesichtspunkten sollen nun zwei völlig unterschiedliche Beschreibungen entwickelt werden, bei denen man auf den ersten Blick nicht erkennen kann, dass sie sich auf den gleichen Spamfilter beziehen. Hier ein Vorschlag aus einer Lerngruppe :

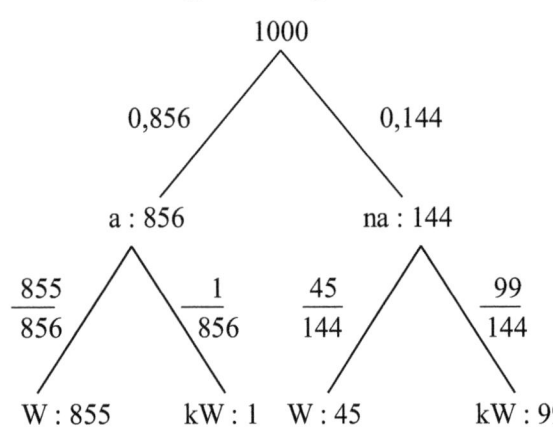

„Merle arbeitet in einem Betrieb, der täglich im Mittel 1000 E-Mails erhält. Sie ärgert sich über den neuinstallierten Spamfilter; nun muss sie mühsam alle für die Firma wichtigen E-Mails aus den beiden Ordnern „Eingang" und „Spamverdacht" herausfinden und in den Ordner „Zu bearbeiten" verschieben. Merle hat die Mails vom Wochenende gezählt. Im Ordner „Eingang" hat sie die nicht als Spam aussortierten 45 Werbemails von 99 für die Firma wichtigen Mails trennen müssen. Im Ordner „Spamverdacht" hat sie eine einzige für die Firma wichtige mail aus den insgesamt 856 dort befindlichen herausfinden müssen. Merle meint, es sei für sie einfacher, die eingehenden Mails der Reihe nach ohne Einsatz des Filters auf Spam oder Nicht-Spam zu untersuchen." Zu Merles Darstellung könnte das Baumdiagramm gehören, das links oben abgedruckt ist. Gegenüber dem Baumdiagramm aus Abschnitt 1 ist die Reihenfolge der Stufen vertauscht. Aber ansonsten erhalten wir aus diesem Baumdiagramm, das wir als zum ersten „dual" betrachten, die gleiche Vierfeldertafel.

Die andere Notiz lautete : „Selbst bei einem hohen Anteil von 90 % Spam an den eingehenden E-Mails schafft es der Spamfilter, nur 1 % der erwünschten E-Mails nicht im richtigen Ordner einzusortieren, die per Hand verschoben werden müssen. Von 900 eingehenden Werbe-Mails werden nur 5 % fehlsortiert." Zu diesem Text passt das Baumdiagramm aus Abschnitt 1 besser.

Man muss schon beide Baumdiagramme erstellen, um zu erkennen, dass beide Texte Aussagen über den gleichen Spamfilter machen. Bis hierher wurde aus einem gegebenen Kontext die Vierfeldertafel entwickelt. Nun wird der Spieß umgedreht. Es wird eine Vierfeldertafel vorgegeben, ohne dass den Zahlen irgendeine Bedeutung unterlegt wird und eine **Aufgabe** gestellt :

95	5
18	882

„Gegeben sei diese Vierfeldertafel : Schreibe zwei kurze Zeitungsnotizen, die beide auf dieser Vierfeldertafel beruhen, die aber mit so unterschiedlichen Zahlen argumentieren, dass man erst nach einer genauen mathematischen Untersuchung die gemeinsame Datenquelle entdeckt."

Annike schreibt zum Stichwort „Zwei-Klassen-Gesellschaft in der Medizin" : „Es wurde ein neues Verfahren zur Behandlung einer Krankheit entwickelt. Die Krankenkassen lehnen eine Übernahme der hohen Kosten ab, so dass bisher nur 10 % der Erkrankten dieses neue Verfahren in Anspruch nehmen konnten. Davon wurden 95 % geheilt. Wer mit herkömmlichen Methoden behandelt wird, hat dagegen nur eine 2 %-Chance auf Heilung."

Zum Stichwort „Zu wenig Erfolge bei der Krankheitsbehandlung" schreibt sie : „Es ist alarmierend, dass nur 11,3 % der Patienten, die ein bestimmtes Leiden haben, bisher geheilt werden. Dabei gibt es eine neue Behandlungsmethode, die bisher nur in 5 von 887 statistisch erfassten Fällen zu keinem Erfolg führte. Mit herkömmlichen Methoden konnten dagegen nach dieser Statistik nur 144 von 904 Erkrankten geheilt werden."

Wir erweitern die Vierfeldertafel. Zum ersten Artikel von Annike entwickeln wir das linke, zum zweiten das rechte Baumdiagramm :

	geheilt	nicht geheilt	Summe
neue Methode	95	5	100
alte Methode	18	882	900
Summe	113	887	1000

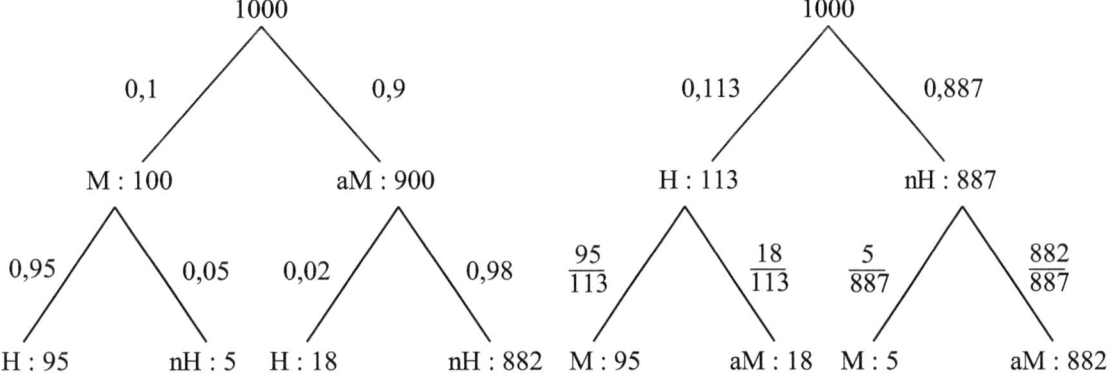

M : neue Methode   aM : alte Methode   H : geheilt   nH : nicht geheilt

An die Spitze der Baumdiagramme schreiben wir die Gesamtsumme der Vierfeldertafel 1000. An die Enden der Pfade der ersten Stufe des linken Baumdiagramms die beiden Zeilensummen 100 bzw. 900. Daraus berechnen wir die beiden Pfadwahrscheinlichkeiten 0,1 und 0,9. An die Enden der Pfade der zweiten Stufe schreiben wir die Elemente der ersten Zeile (95 und 5) sowie der zweiten Zeile (18 und 882). Daraus lassen sich wieder die Pfadwahrscheinlichkeiten (0,95; 0,05; 0,02; 0,98) als Anteile 95 von 100, 5 von 100, 18 von 900 beziehungsweise 882 von 900 berechnen. An die Enden der Pfade der ersten Stufe des rechten Baumdiagramms schreiben wir die beiden Spaltensummen 113 bzw. 887. Daraus berechnen wir die beiden Pfadwahrscheinlichkeiten 0,113 und 0,887. An die Enden der Pfade der zweiten Stufe schreiben wir die Elemente der ersten Spalte (95 und 18) sowie der zweiten Spalte (5 und 882). Daraus lassen sich wieder die vier Pfadwahrscheinlichkeiten als Anteile berechnen.

Damit ist auch das Verfahren beschrieben, wie Lernende die beiden Sichtweisen aus einer Vierfeldertafel entwickeln können : Einmal zeilen-, das andere Mal spaltenorientiert.

Es können leicht weitere Aufgaben aus dem Umfeld des Satzes von Bayes zum Interpretieren oder Erstellen von Vierfeldertafeln oder zum Rückwärtserschließen einer Wahrscheinlichkeit in Baumdiagrammen nach diesen Vorbildern erstellt werden.

5.3 Zwischenbilanz

In den beiden Abschnitten 5.1 und 5.2 wurde dargestellt, dass und wie mit dem Baumdiagramm und den beiden Pfadregeln als alleinigen Hilfsmitteln Probleme zu bedingten Wahrscheinlichkeiten gelöst werden können. Die bedingte Wahrscheinlichkeit gilt als schwieriger Begriff, der leicht Missverständnissen ausgesetzt ist. Aber in vielen interessanten Problemstellungen werden bedingte Wahrscheinlichkeiten angesprochen, das macht die Integration in den Unterricht so reizvoll. Lernende haben jedoch häufig vor allem bei offen formulierten Aufgabenstellungen Schwierigkeiten, bedingte Wahrscheinlichkeiten zu erkennen. Beim hier dargestellten Vorgehen haben Lernende an Hand der Baumdiagramme mit natürlichen Anzahlen eine gute Möglichkeit, das Vorgehen bei Problemstellungen im Umfeld des Satzes von Bayes selbst zu erkennen. Insbesondere ist es dann nicht erforderlich, eine Definition „bedingte Wahrscheinlichkeit" zu erarbeiten, den Satz von Bayes und den von der totalen Wahrscheinlichkeit zu formalisieren. Beim anderen Typ Baumdiagramm, bei dem nur mit Wahrscheinlichkeiten gearbeitet wird, ist das Erkennen eines Lösungswegs und das Entwickeln einer Lösung schon schwieriger.

5.4 Zum Alternativtest

Ein erster Übergang zu „Alternativtests" soll mit folgender **Aufgabe** erfolgen : „Martin wählt aus den beiden Zufallsgeräten Laplace-Würfel und langer U-Würfel eins aus. Er würfelt die Ergebnisse 5, 4, 3, 4, 4 in genau dieser Reihenfolge.

a. Welchen Würfel hat er gewählt ? Schreibe zuerst eine spontane Vermutung auf, ohne lange nachzudenken.

b. Untersuche, welchen Würfel er gewählt hat. Für den langen U-Würfel wird folgende aus einer langen Versuchsreihe entwickelte Wahrscheinlichkeitsverteilung angenommen :

Ergebnis	1	2	3	4	5	6
Wahrscheinlichkeit	0,12	0,06	0,22	0,42	0,06	0,12

c. Untersuche, was sich an den Ergebnissen aus Aufgabe b ändert, wenn die Reihenfolge der Wurfergebnisse nicht bekannt ist, es also lediglich heißt : Es wurde einmal die „3", dreimal die „4" und einmal die „5" gewürfelt."

Hinweis : Der lange „U-Würfel" gehört zu den sogenannten Riemer-Würfeln und ist in Riemer (1985) oder Riemer (1988) beschrieben. Aus einer im Querschnitt U-förmigen Profilleiste (das „U" ist 2 cm breit und 1,2 cm hoch) werden 2,5 cm lange Stücke ausgesägt. Die 6 Wurflagen werden wie beim normalen Würfel mit 1 bis 6 beschriftet.

Lösungsskizzen zu a : Anke schreibt : „Ganz spontan entscheide ich mich für den langen U-Würfel, weil für ihn die Ergebnisse „3" und „4" häufiger als beim L-Würfel auftreten."

Lösungsskizzen zu b : Anke schreibt : „E bedeutet das Ereignis „Es wurde zuerst eine „5", dann eine „4", danach „3", dann „4" und zuletzt „4" gewürfelt. Ich stelle mir 77 760 solcher Versuche vor. Als neutraler Beobachter erwarte ich, dass Martin 38 880 Mal den L-Würfel (L) und 38 880 Mal den langen U-Würfel (U) benutzt. Das ist in der ersten Stufe des Baumdiagramms (unten abgedruckt) ausgedrückt. Die Wahrscheinlichkeit für die beobachtete Ergebnisfolge beträgt beim L-Würfel $P_1 = (\frac{1}{6})^5 \approx 0{,}00013$. Bei 77 760 Versuchen ist das Ereignis 5 Mal zu erwarten. Beim langen U-Würfel beträgt die Wahrscheinlichkeit für die beobachtete Ergebnisfolge $P_2 = 0{,}06 \cdot 0{,}22 \cdot 0{,}42^3 \approx 0{,}00098$. Das ist bei 77 760 Versuchen rund 38 Mal zu erwarten.

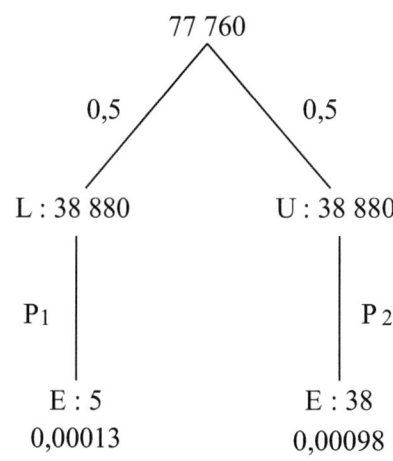

Das habe ich in der zweiten Stufe des Baumdiagramms dargestellt. Eingetreten ist das Ereignis E mit $P(E) = 0{,}5 \cdot (\frac{1}{6})^5 + 0{,}5 \cdot 0{,}06 \cdot 0{,}22 \cdot 0{,}42^3 = 0{,}5 \cdot P_1 + 0{,}5 \cdot P_2 \approx 0{,}00055$. Der Anteil der Wahrscheinlichkeit, dass der L-Würfel benutzt wurde, an P(E) ist $\frac{0{,}5 \cdot P_1}{P(E)}$ und beträgt $\frac{5}{43} \approx 0{,}12$, der Anteil der Wahrscheinlichkeit, dass der lange U- Würfel benutzt wurde, an P(E) ist $\frac{0{,}5 \cdot P_2}{P(E)}$ und beträgt $\frac{38}{43} \approx 0{,}88$. Ich behalte meine spontane Vermutung bei, dass der lange U-Würfel benutzt wurde. Dafür spricht eine Wahrscheinlichkeit von rund 88 %."

Lösungsskizzen zu c : Es gibt 5 Möglichkeiten, das Ergebnis „3" zu würfen. Danach gibt es nur noch 4 Möglichkeiten, „5" zu platzieren. Die Ergebnisse „4" werden an die restlichen Stellen gebracht. Also gibt es 5·4 = 20 Möglichkeiten für die von Martin angegebene Folge der Wurfergebnisse. Wir müssen daher P_1, P_2 und P(E) mit 20 multiplizieren. Bei den beiden Quotienten $\frac{0{,}5 \cdot P_1}{P(E)}$ und $\frac{0{,}5 \cdot P_2}{P(E)}$ kürzen sich der Faktor 20 und die Vorbewertung 0,5 heraus, so dass sich an den Ergebnissen aus Aufgabe b nichts ändert.

Kommentar : Diese Aufgabe bildet bei mir die Brücke zwischen Unterrichtseinheiten zum Thema „Rückwärtsschließen im Baumdiagramm" und „Testen von Hypothesen". Ich kann mit ihr den Unterricht zum ersten Thema abschließen oder den zum zweiten beginnen. Die Aufgabe wird bewusst so gestellt, dass zunächst die Reihenfolge der Wurfergebnisse vorgegeben wird. So sind zunächst keine kombinatorischen Überlegungen erforderlich. Erst in Teil c erfolgt der Übergang. Aber selbst hier ist es nicht erforderlich, vorher die Binomialverteilung zu erarbeiten; denn diese elementaren Überlegungen lassen sich auch ohne Kenntnis des Binomialkoeffizienten oder Behandlung der kombinatorischen Grundaufgaben anstellen. Wir müssen noch nicht einmal wissen, wie viele Wege im Baumdiagramm genau zu diesem Ereignis (einmal „3", dreimal „4" und einmal „5") gehören. Es reicht völlig aus, wenn wir z schreiben und z für die Anzahl der Wege im Baumdiagramm, die zu diesem Ereignis gehören, steht. Da sich diese Variable bei der Berechnung von $P(H_1)$ und $P(H_2)$ weg kürzt, ist bei diesem „Testen nach Bayes" genannten Verfahren eine vorhergehende Behandlung der Binomialverteilung nicht erforderlich. Dass das Wegkürzen des Binomialkoeffizienten aber auch zu Problemen mit dem CA-Rechner führen kann, und wie man bei diesen Problemen vorgeht, wird in Wirths (2019) beschrieben. Auch wenn ich mit dieser Aufgabe allein bereits das Thema „Alternativtests" voll erfüllen kann, soll noch eine weitere **Aufgabe** betrachtet werden : „Kai hat von seinem Onkel einen Würfel geerbt. Er weiß, dass alle Würfel seines Onkels bis auf eine Ausnahme L-Würfel waren. Nur ein Würfel ist gezinkt. Bei ihm kommt die „6" mit einer Wahrscheinlichkeit von 42 %. Leider sind die anderen Würfel verloren gegangen. Nun möchte Kai wissen, ob dies der gezinkte Würfel ist oder nicht.

a. Kai hat 18 Versuche gemacht und dabei 5 Mal die „6" gewürfelt. Untersuche, wie sich nach diesem Versuch die Situation darstellt.
b. Kai hat bei 180 Versuchen 50 Mal „6" gewürfelt. Arbeitsauftrag wie in Aufgabe a."

Lösungsskizzen zu a :

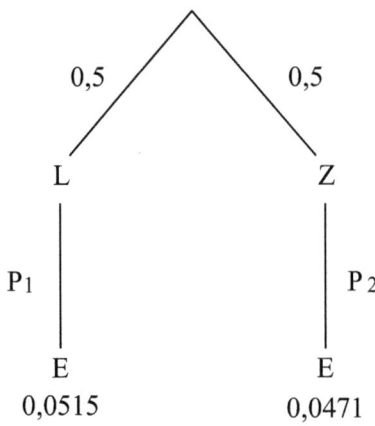

Hier soll nicht mehr das Baumdiagramm mit den natürlichen Anzahlen, sondern das sonst übliche betrachtet werden :
Als neutraler Beobachter erwarte ich, dass in der Hälfte der Fälle ein L-Würfel (L) und in der Hälfte der Fälle ein gezinkter Würfel (Z) vorliegt. Das wird in der ersten Stufe des Baumdiagramms ausgedrückt. Es gilt :
$P_1 = \binom{18}{5} \cdot (\frac{1}{6})^5 \cdot (\frac{5}{6})^{13} \approx 0{,}103$, $P_2 = \binom{18}{5} \cdot 0{,}42^5 \cdot 0{,}58^{13} \approx 0{,}094$. Die Pfadwahrscheinlichkeiten $0{,}5 \cdot P_1$ und $0{,}5 \cdot P_2$ wurden am Ende der beiden Pfade angegeben. Es ist ein Ereignis E (bei 18 Versuchen 5 Mal „6") eingetreten, für das gilt :
$P(E) = 0{,}5 \cdot P_1 + 0{,}5 \cdot P_2 \approx 0{,}0985$.

Der Anteil der Wahrscheinlichkeit an P(E) für den L-Würfel beträgt rund 52 %, der Anteil der Wahrscheinlichkeit an P(E) für den gezinkten Würfel 48 %. Kai kann genauso gut eine leicht unsymmetrischen Münze werfen, um zu entscheiden, welcher Hypothese er sein Vertrauen schenken soll. Eine klare Entscheidung für eine Hypothese ist hier nicht möglich.

Lösungsskizzen zu b :

$P_1 = \binom{180}{50} \cdot (\frac{1}{6})^{50} \cdot (\frac{5}{6})^{130} \approx 0{,}000064$ und $P_2 = \binom{180}{50} \cdot 0{,}42^{50} \cdot 0{,}58^{130} \approx 0{,}000026$. Der Anteil der Wahrscheinlichkeit, dass der L-Würfel vorliegt, an P(E) beträgt etwa 71 %, der Anteil der Wahrscheinlichkeit, dass der Würfel gezinkt ist, an P(E) rund 29 %. Kai kann sich jetzt dafür entscheiden, dass der Würfel nicht gezinkt ist. Die Unsicherheit ist mit rund 29 % jedoch immer noch recht hoch.

Es wird mit beiden Aufgabenteilen eine Tendenz deutlich, eine proportionale Vergrößerung der Anzahl an Versuchen und der Würfe mit Ergebnis „6" führen zu einer immer stärkeren Hinwendung zur Hypothese, dass der Würfel nicht gezinkt ist, was intuitiv von vornherein klar ist.

5.5 Abschluss

Wie mit den Themen „Rückwärtsschließen im Baumdiagramm" und „Alternativtests" gearbeitet werden kann, und welche stochastischen Voraussetzungen dazu benötigt werden, war Anliegen dieses Kapitels. Zu beiden Themenkreisen benötigt man nur Vorkenntnisse im Umgang mit Baumdiagrammen und den Pfadregeln. Sie sind daher gut geeignet, bereits in der Mittelstufe des Gymnasiums behandelt zu werden. Stochastisches Denken kann dort mit interessanten und motivationsstarken Beispielen entwickelt werden. Auf folgende Probleme, die bei einer Durchführung von Unterrichtsreihen zu diesen Themen bei ungeschickter didaktischer Aufbereitung auftreten können, muss ich jedoch aufmerksam machen. „Hypothesen und ihre Wahrscheinlichkeiten" machen nur beim Alternativtest nach Bayes Sinn, nicht aber beim klassischen Alternativtest. Der Alternativtest nach Bayes liefert auf vernünftig gestellte Fragen Antworten. Demgegenüber ist der klassische Alternativtest erfahrungsgemäß sehr zeitaufwändig und kann wegen seiner komplizierten und missverständlichen Ergebnisinterpretation dazu von Lernenden auch noch abgelehnt werden, was sie dann häufig sehr drastisch ausdrücken. In der Mittelstufe des Gymnasiums ist für mich klar, welche Fortsetzung ich nach Behandlung des Themas „Baumdiagramm und Pfadregeln" wähle. Genau das habe ich in diesem Kapitel beschrieben.

6. Gleichungssysteme und Taschencomputer

6.1 Eine Mischung von Wasser und Glycerin

Die folgende Problemstellung kann so oder ähnlich im Physikunterricht der Mittelstufe behandelt werden und kann eine Unterrichtseinheit „Gleichungssysteme" bei Einsatz eines zumindest graphikfähigen Taschenrechners im Mathematikunterricht enorm bereichern :

„Es werden m_w = 80 g Wasser mit einer Anfangstemperatur ϑ_w = 70 °C mit m_g = 60 g Glycerin mit einer Anfangstemperatur ϑ_g = 20 °C gut miteinander vermischt. Für die Wärmekapazitäten setzen wir an : $c_w = 4{,}2 \frac{J}{g \cdot K}$ und $c_g = 2{,}4 \frac{J}{g \cdot K}$. Welche Temperatur stellt sich nach der Mischung der beiden Flüssigkeiten ein, wenn von Energieverlusten abgesehen werden soll ?"

Energieaufnahme und -abgabe berechnen wir mit Hilfe der Gleichung W = c·m·ΔT. c ist dabei die spezifische Wärmekapazität des Körpers, die uns darüber informiert, wie viel Joule dem Körper zugeführt werden muss, um 1 g um 1 K ($\triangleq$ 1 °C) zu erwärmen oder entsprechend bei Abkühlung, wie viel Joule von 1 g bei einer Temperaturerniedrigung um 1 K abgegeben wird. m ist die Masse des Körpers, der Wärme aufnimmt oder abgibt. Mit ΔT beschreiben wir den Unterschied zwischen der Temperatur des Körpers zu Beginn und am Ende des Versuchs. Wenn wir von Energieverlusten absehen, dann sind bei unserer Aufgabe zwei Körper am Energieaustausch beteiligt, Wasser und Glycerin. Das warme Wasser gibt Energie an das kältere Glycerin ab, wobei gilt : $W_{ab} = 4{,}2 \cdot 80 \frac{J}{g \cdot K} \cdot (343 \text{ K} - T) = 115\,248 \text{ J} - 336 \frac{J}{K} \cdot T$.

Aus der Gleichung für W_{ab} lesen wir ab oder können wir interpretieren :

- Mit jeder Temperaturerniedrigung um 1 K ($\triangleq$ 1 °C) verliert das Wasser 336 J an Energie. Bei einer Erniedrigung um insgesamt 343 K, also auf den absoluten Nullpunkt, beträgt die verbleibende Energie 0 J.
- Im warmen Wasser ist also eine Energie von 115 248 K bezogen auf den absoluten Nullpunkt T = 0 K gespeichert. Wir fassen W_{ab} als eine Funktion der Temperatur T auf. Diese lineare Funktion hat als Graph eine fallende Gerade.

Das im Vergleich zum Wasser kalte Glycerin nimmt Energie aus dem wärmeren Wasser auf : $W_{auf} = 2{,}4 \cdot 60 \frac{J}{g \cdot K} \cdot (T - 293 \text{ K}) = 144 \frac{J}{K} \cdot T - 42\,192 \text{ J}$. Aus der Gleichung für W_{auf} lesen wir ab oder können wir interpretieren :

- Das Glycerin besitzt eine Energie von 0 J bei T = 293 K ($\triangleq$ 20 °C).
- Mit jeder Temperaturerhöhung um 1 K ($\triangleq$ 1 °C) erhalten 60 g Glycerin 144 J an Energie.
- Wir fassen W_{auf} als eine Funktion der Temperatur T auf. Diese lineare Funktion hat als Graph eine steigende Gerade.
- Interessant und lohnend ist auch die Interpretation des in diesem Falle negativen y-Achsenabschnitts der Geradengleichung.

Wir erwarten eine Mischungstemperatur T_m zwischen 293 K ($\triangleq$ 20 °C) und 343 K ($\triangleq$ 80 °C). Früher dauerte das Zeichnen der beiden Graphen mit Bleistift und Papier einige Zeit. Heute setze ich einen zumindest graphikfähigen Taschenrechner ein und kann mich auf mathematisch und physikalisch Wesentliches konzentrieren. Als Funktionsterme geben wir ein : : 115 248 - 336·x bei y_1 und bei y_2 : 144·x - 42 192 ein, die beiden eben erarbeiteten Funktionsterme. Dabei müssen wir beachten, dass der Taschencomputer bei Funktionstermen immer als unabhängige Variable x erwartet und nicht wie in der oben entwickelten physikalischen Modellierung T. Meist erleben wir zunächst eine Enttäuschung, weil die erwarteten Graphen nicht zu sehen sind.

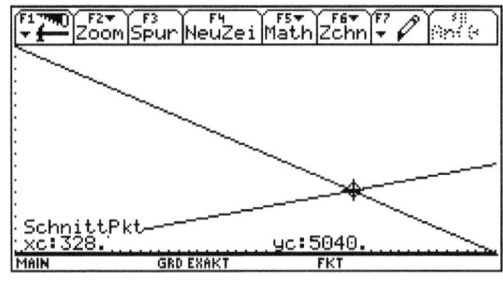

Wir müssen den für das Problem passenden Ausschnitt einstellen. Dabei können wir uns, wenn wir es systematisch machen wollen, zwei Strategien benutzen. Zum einen können wir den Taschencomputer als normalen Taschenrechner einsetzen, nach den obigen Gleichungen für W_{auf} und W_{ab} die Energien für die Temperaturen, berechnen, die unseren Interessenbereich begrenzen. Wir erhalten für 293 K und für 343 K :

Temperatur in K	Energie in J aus W_{ab}	Energie in J aus W_{auf}
293	16 800	0
343	0	7 200

Wir können uns diese Arbeit auch sparen und anders vorgehen. Wir lassen uns eine Wertetabelle vom Taschencomputer erstellen und schauen uns dort die Werte von y_1 und y_2 für alle x im Bereich von 293 bis 343 an. Wir entdecken nicht nur die Werte für die größte und die kleinste Energie in diesem Bereich. Uns wird außerdem auffallen, dass die Werte von y_1 und y_2 bei x = 328 gleich sind. Damit könnten wir die Aufgabe als gelöst betrachten. Ich habe aber die unterschiedlichen Vorgehensweisen der Lernenden berücksichtigt und weitere Lösungsmöglichkeiten angesprochen.

Bevor wir den Graphen zeichnen, geben wir den uns interessierenden Bereich ein und geben ein : X_{min} = 293, X_{max} = 343, X_{scal} = 1, Y_{min} = 0, Y_{max} = 16 800 sowie Y_{scal} = 1 000. Nach diesen Vorarbeiten sehen wir die beiden Geraden wie im obigen Bild. Interessant ist für uns der Schnittpunkt, der uns die Informationen über die vollständige Energieanpassung zwischen Wasser und Glycerin liefert. Bei dieser Temperatur T_m hat das Wasser so viel an Energie an das Glycerin abgegeben, die zum Erwärmen des Glycerin auf T_m benötigt wurde. Wir können den Graphen abtasten und zunächst erste Informationen über T_m erhalten oder wir lassen den Taschencomputer mit seinen eingebauten Routinen die Koordinaten des Schnittpunkts ermitteln und die Lage des Schnittpunkts anzeigen. (siehe obiges Bild)

Mit einem CAS-Rechner oder der Solve-Option eines graphikfähigen Taschenrechners, können wir einen Schritt weiter gehen. Wir geben ein „Löse(115 248 - 336·T = 144·T - 42 192,T)" und erhalten : T = 328. Das kann ein Lernender natürlich auch selber algebraisch ermitteln :

115 248 - 336·T = 144·T - 42 192 ⇔ 480·T = 157 440 ⇔ T = 328

Aus allen Lösungswegen folgt : Die Mischungstemperatur beträgt 328 K ($\hat{=}$ 55 °C)

6.2 Der glühende Nagel im kalten Wasser

Diese Erfahrungen können über die nächste **Aufgabe** abgesichert und vertieft werden : „Ein glühender Nagel (m = 4 g, ϑ_n = 1044 °C) wird in 100 g Wasser mit der Anfangstemperatur ϑ_w = 18 °C abgekühlt. Die Wärmekapazität des Nagels beträgt $c_n = 0{,}45 \frac{J}{g \cdot K}$. Welche Mischungstemperatur stellt sich ein, wenn wir von Energieverlusten absehen?"

Bevor wir eine Lösung erarbeiten, sollen die Lernenden Hypothesen über die Mischungstemperatur aufstellen. Im Gegensatz zum Problem aus 6.1, wo wir Hypothesen nahe bei der korrekten Lösung erwarten können, liegen hier die genannten Hypothesen meist weit auseinander. Es werden Temperaturen weit über 100 °C bis herab zu 50 °C genannt. Dies erhöht die Spannung enorm, eine Lösung zu finden. Entsprechend groß sind auch die Anstrengungen zur Lösung. Man muss sich genau überlegen, zu welchem Zeitpunkt man eine praktische Demonstration vornimmt; denn danach werden als Hypothesen nur noch Temperaturen weit unter 100 °C genannt und die vorher aufgebaute große Spannung bricht stark ein.

Analoge Überlegungen wie in 6.1. führen zu : y_1 = 2370,6 - 1,8·x und y_2 = 420·x - 122 200, y_1 beschreibt die Wärmeabgabe des heißen Nagels, y_2 die Wärmeaufnahme des kalten Wassers.

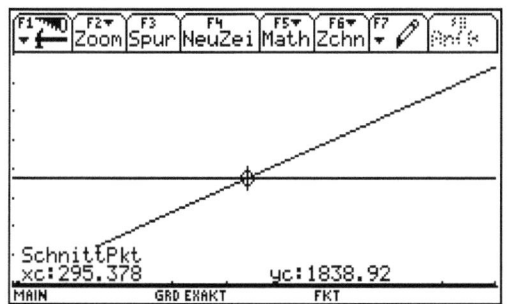 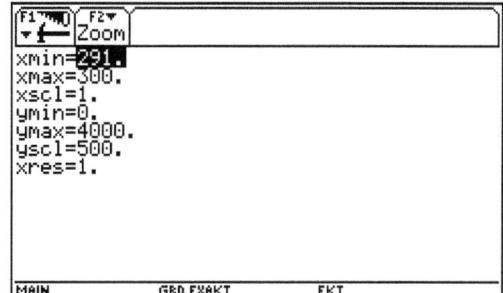

Wenn wir Glück haben, zeigt der Taschencomputer als Graph gerade mal eine Gerade. Von zwei Geraden, geschweige denn von einem Schnittpunkt, ist meist nichts zu sehen. Daher ist es hier enorm wichtig, genaue Einstellungen für das Window-Menü zu finden, also den Bereich, in dem wir die Lösung erwarten. Für den Lehrenden ist es interessant zu beobachten, welche individuelle Strategie die Lernenden jetzt einschlagen. Die beiden Graphen und ihr Schnittpunkt zeigt das linke Bild, die zugehörigen Window-Einstellungen das rechte Bild.

Um an geeignete Window-Einstellungen zu kommen, wird der mehr probierende Typ am ehesten mit einer Wertetafel zum Erfolg kommen und nach gezieltem Suchen die oben im rechten Bild gewählte Einstellung findet. Algebraisch ausgerichtete Lerner lösen dies Problem elegant und rechnen nach dem Vorbild von 6.1 einfach die Koordinaten des Schnittpunkts aus oder lassen das Computeralgebra-System diese Lösung erbringen. Wer sich an der in 6.1 vorgestellten Tabelle orientiert, erhält folgende Werte :

Temperatur in K	Energie in J aus W_{ab}	Energie in J aus W_{auf}
291	1 846,8	0
1317	0	430 920

Die Überraschung für alle Lernenden ist, dass die Mischungstemperatur „nur" rund 295,4 K (≙ 25,4 °C) beträgt. Dies provoziert die Frage „Hätten wir solche eine niedrige Mischungstemperatur nicht von Anfang an vermuten müssen?"

Beim Blick auf die beiden Geradengleichungen stellt man fest, dass der Graph von y_1, eine Gerade, von einem relativ niedrigen Niveau mit einer Steigung von -1,8 verhältnismäßig langsam abfällt, während im Vergleich dazu der Graph von y_2, ebenfalls eine Gerade, rasant ansteigt. Wenn man dies bedenkt, dann ist man von einem Schnittpunkt „ganz links im Interessenbereich" (so eine Schüleräußerung), also einer Mischungstemperatur wenige Grad über der Anfangstemperatur des Wassers, nicht mehr überrascht.

6.3 Die Tiefe des Brunnens

„Wirft man einen Stein in einen Brunnenschacht, hört man 4,1 Sekunden nach Beginn des freien Falls den Aufschlag des Steins auf die Wasseroberfläche. Wie tief ist der Brunnen?"

Lernende lächeln meist über diese Aufgabe. Was ist schon daran? Sie setzen 4,1 für t in die

Gleichung des freien Falls s = 0,5·g·t² ein mit g = 9,81 $\frac{m}{s^2}$ und erhalten s ≈ 82,45 m. So eine einfache Aufgabe, keine Herausforderung für eine gute Mittelstufenklasse. So die häufig beobachtete etwas voreilige Reaktion der Lernenden. Aber nun sollen sie beschreiben, was in den 4,1 Sekunden alles passiert, und wo das in ihrer Rechnung enthalten ist. Und langsam schlägt die Stimmung um in „Was für eine Zumutung, das ist zu schwer."

Überlegungen analog zu denen in 6.1 führen zu : y_1 = 0,5·g·x² und y_2 = 330· 4,1 - 330·x. y_1 beschreibt den Weg s, den der Stein im freien Fall für alle Zeitpunkte x ∈ [0; t_1] zurücklegt mit 0 ≤ t_1 < 4,1. y_2 beschreibt den Weg, den der Schall im Zeitintervall [t_1; 4,1] durchläuft. t_1 ist der Zeitpunkt, zu dem der Stein auf den Boden des Brunnens auftrifft. Für den Rechner habe ich t durch x ersetzt. Als Schallgeschwindigkeit wählen wir 330 $\frac{m}{s}$. Die beiden Graphen und ihr Schnittpunkt sehen wir im linken Bild, die zugehörigen Window-Einstellungen im rechten Bild.

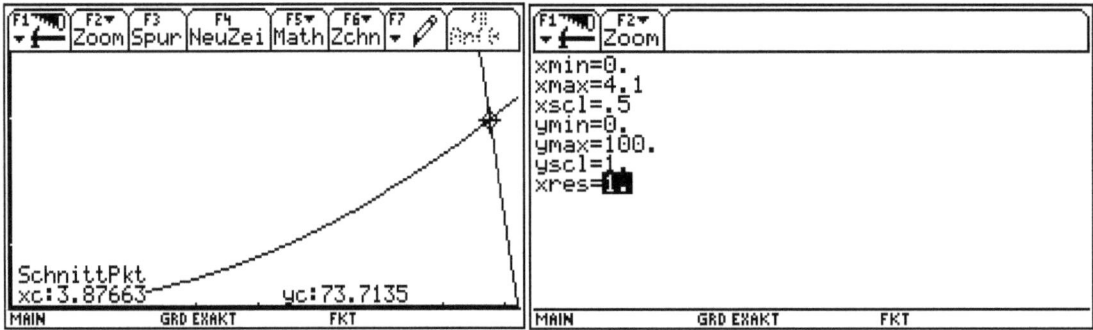

Hätten wir Y_{max} = 330·4,1 gesetzt, könnten wir zwar die Gerade gut sehen, aber die Parabel kaum als Parabel und den Schnittpunkt ganz unten rechts fast in der Ecke. Betrachtet man die quadratische Gleichung 0,5·9,81·t² = 330·4,1 - 330·t, versteht man die Reaktion der Lernenden. Wir lassen uns nicht abschrecken, auch nicht von der ersten Lösung im linken Bild. Wir lösen nach t auf und erhalten entweder per Hand oder vom CA-Sytem eines Rechners :

$$t = -\frac{330}{9,81} + \frac{1}{9,81} \cdot \sqrt{330^2 + 660 \cdot 4,1 \cdot 9,81} \lor t = -\frac{330}{9,81} - \frac{1}{9,81} \cdot \sqrt{330^2 + 660 \cdot 4,1 \cdot 9,81}.$$

Aus t ≈ 3,88 s und nach Einsetzen dieser Lösung in s = 0,5·9,81·t² folgt s ≈ 73,71 m. Die zweite Lösung für t verwerfen wir, da eine negative Zeit keine Lösung des Problems ist.

6.4 Abschlussbemerkungen

Ich habe physikalische Themen gewählt, die nach meinen Erfahrungen sowohl im Mathematik- als auch im Physikunterricht behandelt werden können. Zu den drei hier vorgestellten Aufgaben sind viele andere lohnende Probleme möglich. Der Unterrichtspraktiker hat keine Schwierigkeiten, geeignete zu finden. Wer mit Hilfe von graphischen Methoden charakteristische Eigenschaften entdecken will, musste sich auch schon früher Gedanken um einen passenden Maßstab und über einen geeigneten Ausschnitt machen. Wer Taschencomputer einsetzen möchte, muss sich also heute auf nichts grundsätzlich Neues einstellen. Nach Wahl eines geeigneten Ausschnitts nehmen uns die Taschencomputer aber die Zeichenarbeit ab. Wir können ihnen weitere mathematische Aufgaben übertragen. Zudem bieten sie die Möglichkeit eines stärker individualisierten Lernen, bei dem Lernende ihre Vorlieben mit einbringen und auch ihre Stärken einsetzen können. Dies im Unterricht zu realisieren, fällt jedoch nicht immer leicht.

7. Das Problem der Lücke - Zur Einführung der reellen Zahlen in Klasse 9

7.1 Vorbemerkungen

Eines der anspruchsvollsten Themen des Mathematikunterrichts in den Klassen 5 bis 10 ist die Einführung der reellen Zahlen. Wie soll auf die Lücken der rationalen Zahlengeraden aufmerksam gemacht werden ? Vom Schülerstandpunkt aus ist es (noch) nicht vorstellbar, dass auf der rationalen Zahlengeraden überall Lücken auftreten sollen. Ordnet man den rationalen Zahlen Punkte auf der Zahlengeraden zu, dann ist für Lernende einsichtig, dass diese Punkte dicht auf der Zahlengeraden liegen. Dicht soll heißen, dass es zwischen zwei beliebigen rationalen Punkten immer wieder einen - und damit als Folge sogar unendlich viele - rationalen Punkt gibt, der zwischen den beiden liegt. Die Tatsache, dass wir sehr einfach zum Beispiel eine Strecke der Länge $\sqrt{2}$ Längeneinheiten konstruieren können, rechtfertigt es, auf der Zahlengeraden den Punkt $\sqrt{2}$ anzunehmen. Wie kann man jedoch Lernenden klar machen, dass an der Stelle, wo wir dann $\sqrt{2}$ hinschreiben, eine Lücke ist, und dort kein rationaler Punkt liegt ? In diesem wird eine mehrfach erprobte Unterrichtseinheit zu diesem Problem beschrieben. Dieses Kapitel wurde vorher abgedruckt als Wirths (1991).

7.2 Die Lösung der Gleichung $x^2 = 2$

Die Länge x der Diagonalen im Einheitsquadrat genügt der Gleichung $x^2 = 2$. Ich lasse gern solche Gleichungen als Zahlenrätsel interpretieren. Gesucht wird also eine Zahl, die mit sich selbst multipliziert, 2 ergibt. Was ist $\sqrt{2}$, die Lösung dieser Gleichung, für eine Zahl ? Lernende präsentieren gern ihr mit dem Taschenrechner ermitteltes Ergebnis und behaupten $\sqrt{2}$ = 1,4142136. Als Beweis drücken sie dann noch die Quadrattaste, und der Taschenrechner zeigt tatsächlich 2 an. Ist $\sqrt{2}$ = 1,4142136 ? Wenn ja, ist $\sqrt{2}$ eine rationale Zahl und das Problem der Lücken an diesem Beispiel nicht motivierbar sowie die Erweiterung des Zahlbereichs in diesem Kontext nicht erforderlich.

7.2.1 Ein erster Widerspruch

Nehmen wir die Schülerantwort ernst und stellen die Behauptung auf die Probe. Kann das Quadrat einer an der 7. Nachkommastelle abbrechenden Dezimalzahl überhaupt 2 sein ? Rechnen wir das Produkt 1,4142136·1,4142136 doch aus : 1,4142136·1,4142136 = 2,00000010642496. Dass der Taschenrechner bei der Rechnung $(\sqrt{2})^2$, wo er als Ergebnis 2 anzeigt, tatsächlich rundet, konnte man früher Taschenrechnern (zum Beispiel meinem alten TI-30) so entlocken : $(\sqrt{2})^2 - 2 = 1 \cdot 10^{-10}$. Müssen wir heute wieder handschriftlich rechnen ? Aber könnte uns ein Taschenrechner, der 10 oder mehr Nachkommastellen anzeigen kann, eine exakte Lösung der Gleichung darstellen ? Lernende neigen dazu, solch eine Vermutung aufzustellen. Die folgenden Überlegungen liefern auch eine Antwort zu dieser Vermutung.

Wenn man die oben durchgeführte Multiplikation analysiert, stellt man fest, dass das Produkt der Ziffern an der letzten Stelle von x bereits entscheidend dafür ist, ob x^2 exakt 2, also 2,000..., ist oder nicht, alle anderen Rechenoperationen brauchen wir eigentlich nicht mehr durchzuführen. Wir können uns auf die Ziffer der letzten Nachkommastelle von $\sqrt{2}$, hier also 6, konzentrieren. $\sqrt{2}$ = 1,4142136 bedeutet doch, dass die Dezimalentwicklung nach 7 Nachkommastellen nur noch Nullen aufweist. Kann bei $\sqrt{2}$ an der 7. Stelle nach dem Komma überhaupt die Ziffer 6 stehen ? Wenn das so ist, dann muss bei $(\sqrt{2})^2$ an der 14. Nachkommastelle ebenfalls die Ziffer 6 stehen, denn $6^2 = 36$. Bei $x^2 = 2,000...$ steht aber an allen Nachkommastellen, also auch an der 14. Nachkommastelle, die Ziffer 0. Überlegt man weiter, welche Ziffer bei $\sqrt{2}$ an der 7. Nachkommastelle denn überhaupt stehen kann, dann bleibt nur die Ziffer 0 übrig. Fassen wir das Ergebnis dieser Überlegung zusammen :

Wenn x, die Lösung von $x^2 = 2$, eine 7-stellige Dezimalzahl ist, dann ist x bereits eine 6-stellige Dezimalzahl.

Damit ist ein erster Widerspruch erreicht. $\sqrt{2}$ kann also keine 7-stellige Dezimalzahl sein, erst recht kann also nicht gelten : $\sqrt{2}$ = 1,4142136.

7.2.2 Eine Verschärfung des Widerspruchs

Führen wir dieser Überlegung systematisch weiter. Aus den gleichen Gründen kann auch an der 6. Nachkommastelle von $\sqrt{2}$ nur die Ziffer 0 stehen, und dann ebenso an der 5., 4., 3., 2. und schließlich an der 1. Stelle: Jetzt haben wir den Widerspruch noch schärfer :

Wenn x, die Lösung von $x^2 = 2$, eine 7-stellige Dezimalzahl ist, dann ist x bereits eine natürliche Zahl. Das kann aber wegen $1^2 < 2 < 2^2$ und damit $1 < \sqrt{2} < 2$ aber nicht sein.

Die Überlegungen von 7.2.1 und 7.2.2 kann man für jede beliebige Anzahl an Nachkommastellen führen, so dass wir insgesamt als Ergebnis erhalten :

$\sqrt{2}$ ist keine abbrechende Dezimalzahl.

Hier zeigt sich, dass der Taschenrechner, so hilfreich er sonst auch ist, an den Grenzen seiner Leistungsfähigkeit angelangt ist. Eine Erhöhung der Anzeigekapazität des Taschenrechners bringt keine Verbesserung. Wir können nicht alle Nachkommastellen von $\sqrt{2}$ darstellen. Auch ein Taschenrechner, der „nur" 7 Nachkommastellen oder weniger anzeigt, reicht bereits völlig aus, um die oben gewonnen Ergebnisse zu erzielen. Bereits bei rationalen Zahlen kann ich auf die Rundungsproblematik von Taschenrechnern aufmerksam machen. Ich muss nur rationale Zahlen wählen, deren Dezimalentwicklung nicht abbricht. Bei einigen älteren Taschenrechnern - aber leider nicht bei allen ! - ist zum Beispiel $\frac{1}{3} \cdot 3 - 1 = -1 \cdot 10^{-11}$.

7.2.3 Ist die Lösung von $x^2 = 2$ eine rationale Zahl ?

Von den Zahlen, die den Lernenden bisher bekannt sind, bleiben also nur noch die rationalen Zahlen mit periodischer Dezimalentwicklung zur Darstellung von $\sqrt{2}$ übrig. Es gibt ohne den Nachweis der Nicht-Rationalität von $\sqrt{2}$ keinen Grund, von der Irrationalität von $\sqrt{2}$ auszugehen. Auch Lernende sehen dies so. An dieser Stelle können wir nun einen der bekannten Beweise führen :

Annahme : $\sqrt{2} = \frac{p}{q}$ mit $p \in \mathbb{N}$ und $q \in \mathbb{N}^*$, wobei der Bruch voll durchgekürzt ist.

Folgerung : Es ist $(\sqrt{2})^2 = (\frac{p}{q})^2 = \frac{p \cdot p}{q \cdot q} = \frac{2}{1}$. Da $\frac{2}{1}$ die einzige Art ist, die natürliche Zahl 2 voll durchgekürzt als rationale Zahl darzustellen, ist $q \cdot q = 1$. Aus $q \cdot q = 1$ folgt weiter, dass $\sqrt{2} = p$. Weil $p \in \mathbb{N}$, ist damit $\sqrt{2}$ eine natürlich Zahl im Widerspruch zu $1 < \sqrt{2} < 2$.

Erst nach diesem Beweis stehen wir vor dem Dilemma, dass $\sqrt{2}$ zu keiner der uns bisher bekannten Zahlenmengen gehört, dass an der mit $\sqrt{2}$ bezeichneten Stelle auf der rationalen Zahlengeraden eine Lücke vorliegt. Entsprechend kann man weitere, insgesamt unendlich viele, Lücken finden. Jetzt kann man die Menge $\mathbb{R}$ einführen als Menge aller Streckenlängen auf der Zahlengeraden und die Menge der rationalen Zahlen $\mathbb{Q}$ als Teilmenge von $\mathbb{R}$ entdecken. Erst jetzt ist geklärt, dass die Menge der reellen Zahlen mehr Zahlen umfasst als die der rationalen Zahlen. Zudem ist jetzt erst sichergestellt, dass Lernende mit der Menge $\mathbb{R}$ nicht eine andere

Sichtweise der Menge der rationalen Zahlen ℚ - „liegt auf der Zahlengeraden" anstelle von „lässt sich als Bruch darstellen" – erfahren. Dass man mit reellen Zahlen, vor allem mit den nicht-rationalen (irrationalen), rechnen kann wie mit den bisher bekannten rationalen Zahlen, das ist das Thema einer weiteren Unterrichtseinheit, auf die hier nicht mehr eingegangen werden soll. Man erleichtert sich für diese folgende Unterrichtseinheit die Arbeit erheblich, wenn für Addition, Multiplikation und Kleiner-Relation geometrische Interpretationen bisher bereits im Unterricht erarbeitet worden sind.

7.3 Abschlussbemerkungen

Der Nachweis in 7.2.3, dass $\sqrt{2}$ keine rationale Zahl ist, schließt natürlich die vorher in 7.2.1 und 7.2.2 behandelten Fälle mit ein. In einer leistungsfähigen Lerngruppe kann man diesen Beweis auch als einzigen führen, um die Nicht-Rationalität von $\sqrt{2}$ nachzuweisen und damit auf die Lücken der rationalen Zahlengeraden aufmerksam zu machen. Auch könnte man den klassischen Beweis, dass Diagonale und Kante im Einheitsquadrat inkommensurable Längen haben, als Ersatz für den oder als Ergänzung zum Beweis aus 7.2.3 führen. Für Lernende ist es ein schwerer Konflikt, dass sie Zahlen als Streckenlängen sehen, ihren Ort auf der Zahlengeraden bestimmen, aber zum Beispiel bei der Länge der Diagonalen des Einheitsquadrats den Endpunkt nicht mit den bisherigen Mitteln als Lücke erkennen können, auf der anderen Seite lernen und akzeptieren zu müssen, dass Lücken auf der Zahlengeraden existieren. In diesem Konflikt helfen nur überzeugende Argumente, wie sie Beweise darstellen. Jeder Mathematiklehrer, der durch seinen Mathematikunterricht und sein Mathematikstudium dies alles bereits weiß, muss aus seiner überlegenen Position heraus überzeugende und schülergemäße Argumente finden. Ein bloßes Berufen auf Autoritäten oder „Es ist eben so" reicht für mich nicht aus. Die hier vorgestellte Unterrichtseinheit greift Darstellungen zum Beispiel aus Schulbüchern auf und wurde mehrfach im Unterricht erfolgreich erprobt. Ich sehe die Vorteile vor allen darin, dass

- Schülerimpulse und -fragen, die durch Taschenrechnerbenutzung aufgeworfen werden können, aufgegriffen werden, und dass
- eine allmähliche Steigerung der Anforderung erfolgt. Von einer Multiplikation mit konkreten Zahlen wird langsam abstrahiert und das Wesentliche herausgestellt, Variablen werden erst in 7.2.3 eingeführt, wo sie unbedingt erforderlich werden, es werden erst einfache Widerspruchsbeweise in 7.2.1 und 7.2.2 eingeführt, bevor der schwierigere in 7.2.3 besprochen wird.

8. Von der kleinen Bahn, die hoch hinaus will
8.1 Einführung
„Gemächlich wie eine Straßenbahn zuckelt der Arosa Express durch Chur, vorbei an der Stadtmauer, dem Malteserturm und dem Obertor, dem Wahrzeichen der Bündner Hauptstadt. Doch bald schon ist's vorbei mit dem Stadtbummel auf Schienen. An der Stadtgrenze wandelt sich der leuchtend blaue Arosa Express nämlich zur Gebirgsbahn und windet sich durchs wilde Schanfigger Tal hinauf zum bekannten Ferienort Arosa. Auf der nur 26 Kilometer langen Strecke klettert der Zug in einer Stunde über tausend Meter hoch." Mit diesen Worten preist ein Prospekt der Rhätischen Bahn die Fahrt mit der Schmalspurbahn auf Meterspur von der Hauptstadt des Schweizer Kantons Graubünden zu dem im Hochgebirge gelegenen Ausflugsort Arosa an. Diese wenigen Informationen provozieren erste Abschätzungen : Der Zug bummelt mit einer Reisegeschwindigkeit von 26 $\frac{km}{h}$. Er gewinnt mehr als 1000 m Höhe in etwa 1 Stunde. Das sind als $16\frac{2}{3}$ m pro Minute, mehr als $27\frac{7}{9}$ cm pro Sekunde. Die Bahnstrecke hat eine mittlere Steigung von rund 3,8 %. Dieses Kapitel wurde vorher abgedruckt in Wirths (2000b).

8.2 Die Steigung und das Profil
Eisenbahnhauptstrecken haben meist nur eine Steigung bis zu 1 %. Die mittlere Steigung der Strecke von Chur nach Arosa ist schon bemerkenswert, vor allem weil auf Aufstiegshilfen verzichtet wird, der Antrieb nur durch Haftreibung erreicht wird. Mit dem errechneten Überschlagswert könnten wir uns zufriedengeben, wenn die Bahntrasse gleichmäßig ansteigen würde. Aber das ist nicht der Fall, wie ein Blick in eine Landkarte (zum Beispiel Landeskarte der Schweiz 1 : 25 000, Blatt 1195 Reichenau, Blatt 1196 Arosa, Verlag Kümmerly + Frey, Bern) zeigt. Zunächst fährt der Zug in der Stadt Chur im Tal der Plessur über Straßen. Erst ab der Station Sassal (ab 2005 nicht mehr in Betrieb) hat er eine eigene Trasse. Er verlässt dort den Talboden der Plessur, um am Hang Höhe zu gewinnen. Daher wollen wir im Intervall von Chur bis Arosa weitere Stützstellen zur Beschreibung des Bahnverlauf heranziehen. Hierzu eignen sich die einzelnen Bahnstationen gut, die Höhe über Normal-Null (NN) ist am jeweiligen Stationsgebäude angegeben. Wanderbüchern, Karten und Unterlagen der Rhätischen Bahn (RhB) entnehme ich für die einzelnen Stationen die jeweilige Höhe über NN und die vom Ausgangsbahnhof in Chur aus gemessenen Fahrstrecke x in m :

Stationsname	Chur	Chur Stadt	Sassal	Lüen-Castiel
Höhe h in m	584,3	595,4	620,3	938,1
Fahrstrecke x	0	762	2 239	8 277
Stationsname	St.Peter-Molinis	Peist	Langwies	Litzrüti	Arosa
Höhe h in m	1156,7	1243,7	1316,7	1452,3	1738,7
Fahrstrecke x	12 722	14 353	17 900	20 685	25 681

Wir erstellen mit diesen Informationen eine graphische Darstellung in einem x-y-Koordinatensystem. Auf der x-Achse tragen wir den ab Chur zurückgelegten Weg in km und auf der y-Achse die erreichte Höhe über NN (Normal-Null) in m ein (siehe Bild auf der folgenden Seite).

Wir sehen unsere Vorstellung von einem relativ flachen Anstieg zu Beginn bestätigt. Man könnte auch noch den ersten und den letzten Punkt miteinander über ein Steigungsdreieck verbinden, um so die mittlere Steigung zu veranschaulichen. Im linken Bild verzichte ich darauf. In Prospekten der Rhätischen Bahn wird als Höchststeigung 6 % angegeben.

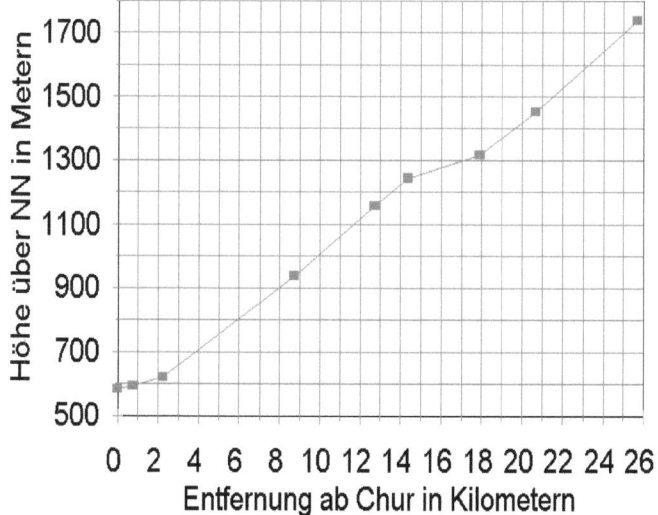

Dem Graphen entnehmen wir, dass die Strecken mit dem größten Anstieg zwischen Sassal und St. Peter-Molinis sowie zwischen Langwies und Arosa liegen. Ein Blick in Landkarten zeigt weitere Besonderheiten : Zwischen Peist und Langwies gibt es ein kurzes Stück mit wesentlich stärkerem Anstieg als dem errechneten. In der Karte werden mehrere Höhenlinien dicht aufeinanderfolgend von der Eisenbahntrasse geschnitten. Ein längeres (fast) ebenes Stück ist in Langwies zwischen dem Bahnhof und dem Ende des Viadukts über die Plessur.

Zwischen Litzirüti und Arosa muss der Zug zwei Kehrschleifen durchfahren. Ohne diese Kehrschleifen wäre bei Fahrt auf direkter Strecke die Steigung für eine Adhäsionsbahn offenbar zu groß. Durch die Kehrschleifen wird die Trasse so verlängert, dass der Höhenunterschied bei noch akzeptabler Steigung überwunden werden kann. Wir gewinnen den Eindruck, dass der Graph der Bahntrasse im mathematischen Sinne monoton, aber nicht streng monoton steigt.

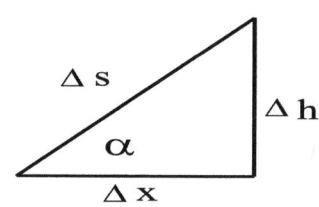

Aber Martin erhebt Einwände gegen die bisherige Argumentation. Er bemängelt, dass einige die Steigung des Graphen als Steigung der Bahn interpretieren und den Graphen als Profil der Bahn ansehen. Er erläutert seinen Standpunkt an einer Zeichnung. Wir haben die Steigung zwar formal korrekt als Quotient der Längen der Katheten in den Steigungsdreiecken des s-h-Diagramms berechnet, also als Quotient aus dem Höhenunterschied Δh und dem zurück-gelegten Weg Δs. Wir müssen aber, so Martin, auf der waagerechten Achse eine andere Größe auftragen, die er waagerechten Vortrieb nennt und mit Δx bezeichnet. Der zurückgelegte Weg Δs muss Hypotenuse im rechtwinkligen Dreieck mit den Katheten Δh und Δx sein. Δx lässt sich daher aus Δh und Δs berechnen : $\Delta x = \sqrt{\Delta s^2 - \Delta h^2}$. Erst in diesem x-h-Koordinatensystem können wir die Steigung der Bahn mit der Steigung des Graphen identifizieren und von einer Darstellung des Profils der Bahntrasse reden. Mit seiner spitzfindigen Überlegung ebnet Martin den Weg zur Einsicht, dass es zwei verschiedene Möglichkeiten gibt, die Steigung einer geraden Strecke zu definieren, die beide auch in der Praxis benutzt werden :

- Bahnbauer setzen die zu überwindende Höhe Δh ins Verhältnis zum zurückgelegten Weg Δs. Sie definieren die Steigung $m_b := \frac{\Delta h}{\Delta s}$, für den Steigungswinkel α gilt $\sin \alpha = m_b$.
- Mathematiker und Straßenbauer vergleichen Δh mit dem erforderlichen „waagerechten Vortrieb" Δx. „Die bohren wohl gerne Stollen in den Berg.", drückte das ein Schüler aus. Hier wird die Steigung m durch $m := \frac{\Delta h}{\Delta x}$ definiert und für den Steigungswinkel α gilt : $\tan \alpha = m$. Dies ist auch die Definition, mit der wir im Mathematikunterricht arbeiten.

Ich beziehe zusätzlich zu den neun Stationen noch zwei Stellen in die Überlegungen mit ein. Es sind dies Untersax zwischen Sassal und Lüen-Castiel sowie Haspelgrund zwischen Litzirüti und Arosa. Die Daten für diese Stellen werden in Abschnitt 8.3 angegeben. Durch die verfeinerte Unterteilung hoffen wir, noch genauere Angaben über die Steigung machen zu können. Als Streckenabschnitte mit der größten Steigung mittleren Steigung ermitteln wir :

Streckenabschnitt	Untersax - Lüen-Castiel	Lüen-Castiel – St. Peter-Molinis	St. Peter-Molinis – Peist
Steigung in % nach Bahndefinition	5,38	5,47	5,33
Steigung in % nach üblicher Definition	5,39	5,48	5,34
Steigungswinkel in °	3,08	3,14	3,06
Streckenabschnitt	Langwies - Litzirüti	Litzirüti – Haspelgrube	Haspelgrube – Arosa
Steigung in % nach Bahndefinition	4,87	5,81	5,67
Steigung in % nach üblicher Definition	4,87	5,82	5,68
Steigungswinkel in °	2,79	3,33	3,25

Wir ermitteln aus der Karte als Länge der Bahnstrecke vom Bahnhof Langwies bis zum Ende des Viadukts über die Plessur rund 460 m, das Viadukt allein ist schon 287 m lang. Die Karte wie auch Bilder vermitteln den Eindruck einer ebenen Trasse. Wenn wir dies berücksichtigen, errechnen wir als mittlere Steigung für den restlichen Teil der Bahnstrecke von Langwies nach Litzirüti 5,83 %. Die Bahntrasse muss sich den topographischen Gegebenheiten so weit wie möglich anpassen, so dass sie mal mehr, mal weniger ansteigt. Nach unseren Untersuchungen sind wir überzeugt, dass vor allem in den Abschnitten zwischen Langwies und Haspelgrund Teile der Bahntrasse eine Höchststeigung bis zu 6 % haben, vermuten vor allem bei anderen in der obigen Tabelle erwähnten Abschnitten mehr oder weniger größere Teile mit dieser Eigenschaft und verzichten auf weitere Untersuchungen. Wir haben bei diesen Überlegungen erfahren, dass wir mit einer feineren Unterteilung der Strecke individuellere Aussagen über die Steigung der Bahntrasse machen können.

Lernende sind immer wieder überrascht, dass die beiden unterschiedlichen Definitionen der Steigung bei diesen kleinen Steigungswinkeln zu fast übereinstimmenden Ergebnissen führen. Nach unseren Untersuchungen liegt bereits genug Material vor, um die Näherung $\tan \alpha \approx \sin \alpha$ für kleine Winkel α vermuten zu können.

Ich konfrontiere Lernende gern noch mit folgenden Anschlussproblemen :

1. In Arosa steigt Martin in die Kabinen der Weisshornbahn, die in zwei Sektionen zum Gipfel des Weisshorns fährt. Für die beiden Sektionen gilt :
    Sektion I : Höhenunterschied 261 m, Länge 1 236 m.
    Sektion II : Höhenunterschied 625 m, Länge 1 963 m.

Hier modellieren wir die Länge der Fahrstrecke als Hypotenuse in einem rechtwinkligen Dreieck, also als gerade Strecke. Als Weiterführung sehr reizvoll wäre eine genauere Modellierung der Bahnkurve unter Berücksichtigung der Stützpfeiler der Weisshornbahn und der Durchbiegung der Stahlseile zwischen den Stützpfeilern. Ich verzichte auf eine lohnende Diskussion.

2. Martin steigt in seinem Hotel in einen Aufzug, der ihn senkrecht nach oben befördert.

Beide Aufgaben führen uns dazu, den Unterschied zwischen den beiden Steigungsdefinitionen zu erkennen. Ein Beispiel : Für den Bahnbauer ist die Steigung 100 % dann vorhanden, wenn $\Delta h = \Delta s$ ist, es also senkrecht nach oben geht, Bahnbauer kennen Steigungen zwischen 0 % und 100 %. Für Straßenbauer ist die Steigung 100 % für $\Delta h = \Delta x$, also bereits bei einem Steigungswinkel von 45°, erreicht. Straßenbauer kennen auch Steigungen über 100 %.

8.3 Wie viele Züge sind für den Betrieb erforderlich ?

Man könnte einen ganzen Tag den Bahnbetrieb beobachten und die Zahl der eingesetzten Zuggarnituren ermitteln. Hier wollen wir Modelle entwickeln, wobei wir uns zunächst nicht auf den konkreten Fahrplan stützen. Wir gehen von folgenden Informationen aus : Eine Fahrt von Chur nach Arosa dauert eine Stunde. An den Endstationen müssen die Lokomotiven umgesetzt werden; denn außer dem blauen Arosa-Express sind die roten Züge nicht auf Pendelbetrieb eingestellt. Außerdem müssen die Züge mal einen offenen Aussichtswagen, mal Güterwagen mit befördern, die am Endbahnhof ab- und erst nach Stunden an einen Zug der Gegenrichtung wieder angehängt werden. Nach dem in der Schweiz geltenden Motto „Jede Stunde – jede Richtung" können wir uns einfache Modellierungen ausdenken :

Modell 1 : Bei der Einfahrt eines Zuges in einen der beiden Endbahnhöfe steht ein anderer Zug zur Abfahrt in der Gegenrichtung bereit. Nach dessen Abfahrt wird der gerade eingefahrene Zug dann für die folgende Abfahrt bereitgestellt.

Dieses Modell gestattet einen ganz einfachen Fahrplan, zum Beispiel die Abfahrt zu jeder vollen Stunde ab Chur und ab Arosa. In diesem Fall werden nur an einer Station in der Mitte der Strecke zwischen Chur und Arosa Ausweichgleise für die Begegnung des bergaufwärts und des talwärts fahrenden Zuges benötigt. Sollten die Abfahrtszeiten der Züge an den Endbahnhöfen etwas gegeneinander versetzt sein, muss eine Begegnung an zwei Stationen der Strecke eingeplant werden. Interessant ist, dass vor Jahren die nach diesem Modell erforderlichen vier Zuggarnituren den Betrieb auf der Chur-Arosa-Bahn aufrecht halten. Zwischenzeitlich führten offenbar Rationalisierungsmaßnahmen auf

Modell 2 : Der in Arosa einfahrende Zug fährt nach kurzem Aufenthalt wieder zurück nach Chur. Aber diese zum Ab- und Ankoppeln von Wagen und zum Umsetzen der Lokomotive zwingend erforderliche Aufenthaltsdauer führt dazu, dass in Chur der nach Arosa abfahrende Zug bereits vor der Rückkehr des von Arosa kommenden Zuges abfahren muss. Nach diesem Modell sind nur drei Zuggarnituren erforderlich. Zugbegegnungen finden jetzt an zwei verschiedenen Stellen zwischen Chur und Arosa statt. Ein Fahrplan zu diesem Modell wird im Anhang abgedruckt. Man kann diesen Fahrplan nehmen, um die modellhaften Überlegungen nachzuvollziehen und den einzelnen Fahrten einer der drei eingesetzten Züge zuzuordnen. Besonders gut ist hierfür die Darstellung in einem graphischen Fahrplan geeignet.

Modell 3 : Es fahren zwei Züge in ständigem Pendelverkehr. Die Fahrt, das Ein- und Aussteigen sowie das An- und Abkoppeln von Wagen sowie das Umsetzen der Lokomotive an einem der Endbahnhöfe darf insgesamt höchstens eine Stunde dauern. Dieses Modell kann bei der Chur-Arosa-Bahn nicht praktiziert werden.

Die Bahntrasse ist eingleisig. Mit Ausnahme von Chur Stadt und Sassal (die Station ist 2005 aufgelöst) sind an allen anderen Stationen mindestens zwei Gleise vorhanden, so dass sich dort ein bergaufwärts und ein talwärts fahrender Zug begegnen und aneinander vorbeifahren können. Analysiert man den konkreten Fahrplan, entdeckt man eine Besonderheit : Solche Begegnungen finden tatsächlich an den Stationen Langwies, Peist, St. Peter-Molinis und Lüen-Castiel statt sowie außerdem an einer Stelle im Stadtgebiet von Chur zwischen Sassal und Chur

Stadt, an der kein Haltepunkt der Bahn ist. Diese Stelle ist Chur Sand, an der sich eine Werkstatt der Chur-Arosa-Bahn befindet. Besonders überzeugend gelingt die Entdeckung dieser zusätzlichen Begegnung mit Hilfe eines graphischen Fahrplans. Die insgesamt drei zusätzlichen Stellen, an denen sich die Züge außerhalb der Stationen begegnen können, sind :

Name	Chur Sand	Untersax	Haspelgrube
Höhe h in Metern	600,8	782,1	1582,3
Entfernung ab Chur in m	1 415	5 826	22 923

Ein weiteres Problem kann durch genaue Analyse des Fahrplans, aber auch durch Informationen über die Zahl der Fahrten zwischen Chur und Arosa für jeden einzelnen der drei Züge gelöst werden. Morgens muss der Betrieb mit zwei Zügen in Chur und einem Zug ab Arosa aufgenommen werden. Diese Züge müssen dann an den Endbahnhöfen auch bereitstehen. Ist der Fahrplan so angelegt, dass dies ohne zusätzliche im Fahrplan nicht verzeichnete Leerfahrten möglich ist ?

8.4 Weitere Probleme

1. Die Chur-Arosa-Bahn hat bergaufwärts eine Reisegeschwindigkeit (definiert als Quotient aus Gesamtstrecke und Gesamtfahrzeit, also einschließlich Haltezeiten an den Stationen) von rund 26,5 $\frac{km}{h}$ sowie von etwa 25 $\frac{km}{h}$ talwärts. Außerdem steigt die Bahn in jeder Sekunde im Mittel rund 33 cm in die Höhe. Genau wie bei den Steigungen können auch Aussagen über die mittlere Geschwindigkeit und den mittleren Höhengewinn zwischen den einzelnen Stationen gemacht werden. Das soll dem Leser als Übung überlassen bleiben wie die Lösung der Frage :
2. Wann passiert die Bahn die Stellen Chur Sand, Untersax und Haspelgrube ?
3. Zusätzlich zum Zug 635 (vgl. Fahrplan im Anhang) soll ein Sonderzug von Chur nach Arosa fahren. Für diesen Sonderzug soll ein Fahrplan für eine Fahrt mit möglichst geringer Fahrtdauer erstellt werden. Rahmenbedingungen sind :
   - In einem Streckenblock darf immer nur ein einziger Zug fahren. Streckenblöcke sind zwischen benachbarten Stationen (Ausnahme : Sassal) sowie zwischen jeder der drei möglichen Begegnungsstellen (Chur Sand, Untersax, Haspelgrube) und den dazu benachbarten Stationen eingerichtet.
   - Der Sonderzug darf die Fahrt der nach dem Fahrplan verkehrenden Züge nicht beeinträchtigen. Der Sonderzug kann nach dem Zug 635, aber auch vor diesem Zug fahren.
4. Wer Aufgabe 3 bewältigt hat, für den ist diese Erweiterung ein besonderes Schmankerl : Neben dem Sonderzug zum Zug 635 von Chur nach Arosa soll zusätzlich zum Zug 640 auch ein Sonderzug von Arosa nach Chur fahren.
5. Warum fährt die kleine Bahn so langsam ? Eine Untersuchung erfordert eine genaue Modellierung der Zugfahrt, Kenntnis der Größe der Kurvenradien, Betrachtung der auf die Passagiere einwirkenden Zentralbeschleunigungen, Diskussion des zumindest teilweisen Ausgleichs dieser Beschleunigungen durch Überhöhung der Kurven. Im nächsten Kapitel wird eine Modellierung zu diesen Fragen versucht.

Anhang : Der im Sommer 1999 werktags gültige Fahrplan der Chur-Arosa-Bahn

Zug / Station	605	611	621	625	631	636	641	645	651
Chur	5.28	6.15	7.50	8.56	9.56	10.50	11.50	12.50	13.50
Chur Stadt	5.31	6.18	7.53	8.59	9.59	10.53	11.53	12.53	13.53
Sassal	5.35	6.24	7.58	9.04	|	10.58	11.58	12.58	13.58
Lüen-Castiel	5.48	6.37	8.10	9.17	|	11.10	12.10	13.10	14.10
St.Peter-Mo	5.58	6.48	8.19	9.25	|	11.19	12.19	13.19	14.19
Peist	6.05	6.52	8.23	9.29	|	11.24	12.24	13.24	14.24
Langwies	6.16	7.00	8.31	9.37	10.35	11.32	12.32	13.32	14.32
Litzirüti	6.22	7.09	8.37	9.43	10.41	11.38	12.38	13.38	14.38
Arosa	6.32	7.20	8.47	9.53	10.51	11.48	12.48	13.48	14.48

Zug / Station	655	661	665	671	675	681	685	691
Chur	14.50	15.50	16.50	18.00	19.00	20.00	21.00	23.00
Chur Stadt	14.53	15.53	16.53	18.03	19.03	20.03	21.03	23.03
Sassal	14.58	15.58	16.58	18.08	19.08	20.08	21.08	23.08
Lüen-Castiel	15.10	16.10	17.10	18.20	19.20	20.20	21.20	23.20
St.Peter-Mo	15.19	16.19	17.19	18.29	19.29	20.29	21.29	23.29
Peist	15.24	16.24	17.24	18.33	19.33	20.33	21.33	23.33
Langwies	15.32	16.32	17.32	18.40	19.40	20.40	21.40	23.40
Litzirüti	15.38	16.38	17.38	18.47	19.47	20.47	21.47	23.47
Arosa	15.48	16.48	17.48	18.57	19.57	20.57	21.57	23.57

Zug / Station	605	611	621	625	631	636	641	645	651
Arosa	6.00	6.43	7.34	8.55	10.00	11.00	12.00	3.00	14.00
Litzirüti	6.11	6.54	7.45	9.06	10.11	11.11	12.11	13.11	14.11
Langwies	6.17	7.01	7.51	9.13	10.18	11.18	12.18	13.18	14.18
Peist	6.25	7.09	7.58	9.22	10.25	11.25	12.25	13.25	14.25
St.Peter-Mol	6.30	7.14	8.03	9.26	10.30	11.30	12.30	13.30	14.30
Lüen-Castiel	6.39	7.23	8.12	9.34	10.39	11.39	12.39	13.39	14.39
Sassal	6.52	7.36	8.25	9.47	10.52	11.52	12.52	13.52	14.52
Chur Stadt	6.57	7.40	8.29	9.50	10.57	11.57	12.57	13.57	14.57
Chur	7.00	7.44	8.33	9.55	11.02	12.02	13.02	14.02	15.02

Zug / Station	655	661	665	671	675	681	685	691
Arosa	15.00	16.00	17.00	18.00	19.00	20.00	21.00	0.00
Litzirüti	15.11	16.11	17.11	18.11	19.11	20.11	21.11	0.11
Langwies	15.18	16.18	17.18	18.18	19.18	20.18	21.18	0.17
Peist	15.25	16.25	17.25	18.25	19.25	20.25	21.25	0.25
St.Peter-Mol	15.30	16.30	17.30	18.30	19.30	20.30	21.30	0.30
Lüen-Castiel	15.39	16.39	17.39	18.39	19.39	20.39	21.39	0.39
Sassal	15.52	16.52		18.52	19.52	20.52	21.52	0.52
Chur Stadt	15.57	16.57	17.54	18.57	19.57	20.57	21.57	0.57
Chur	16.02	17.02	17.58	19.00	20.00	21.00	22.00	0.58

9. Warum fährt die kleine Bahn so langsam ?

9.1 Eine erste Modellierung

Die Bahn von Chur nach Arosa fährt gemächlich. In Kapitel 8 wurde die Reisegeschwindigkeit auf rund 26 $\frac{km}{h}$ abgeschätzt. Ist das ein besonderer Service für die Touristen, oder muss die Bahn tatsächlich so langsam fahren ? Die Bahntrasse besteht überwiegend aus links- und rechtsgekrümmten Bogenelementen, aber nur aus wenigen geraden Teilen. Diesen letzten Eindruck können die benutzten Karten (Landeskarte der Schweiz 1 : 25 000, Blatt 1195 Reichenau, Blatt 1196 Arosa, Bern 1994 : Kümmerly + Frey) nicht so deutlich vermitteln wie eine Bahnfahrt.

Wir stellen uns die Fahrt zwischen zwei Bahnhöfen so vor : Nach einem Halt beschleunigt der Zug, bis er eine bestimmte Geschwindigkeit erreicht, die er bis kurz vor dem nächsten Bahnhof beibehält, vor dem er zum Anhalten abbremst. Fahrten mit der kleinen Bahn zeigen, dass der Fahrtverlauf so angemessen beschrieben wird. Allerdings bleibt eine Frage : Bis zu welcher maximalen Geschwindigkeit darf der Zugführer auf dieser kurvenreichen Strecke überhaupt beschleunigen ? Um diese Frage zu beantworten, benötigen wir einige Kenntnisse aus der Physik. Bei Kurvenfahrten treten Beschleunigungen auf, die, da sie zur Seite der Wagen hin wirken, auch Seitenbeschleunigungen genannt werden. Nach dem Newtonschen Grundgesetz F = m·a gehört zu jeder Beschleunigung a immer eine Kraft F, die auf alle Körper einwirkt, die die Beschleunigung a erfahren. Die Kraft F und die Beschleunigung a weisen immer in die gleiche Richtung. Den Zusammenhang zwischen der Seitenbeschleunigung a_z, der in der Kurve gefahrenen Geschwindigkeit v und dem Kurvenradius R beschreibt die Gleichung $a_z = \frac{v^2}{R}$. Je schneller die Kurvenfahrt und je enger die Kurve sind, desto größer wird die Seitenbeschleunigung und damit auch die Kraft, die auf alle an der Kurvenfahrt Beteiligten (Mensch und Material) einwirkt.

In diesem Aufsatz werden Kräfte und Beschleunigungen aus der Sicht des Bahnfahrers beschrieben. Daher wird die bei der Kurvenfahrt nach außen wirkende Fliehkraft auch Zentrifugalkraft genannt. Damit eine Kurvenfahrt nicht als zu unangenehm empfunden und das Material nicht zu hohen Belastungen ausgesetzt wird, hat man Höchstgrenzen für die Seitenbeschleunigung definiert. Die auf einen Körper einwirkende Kraft darf ca. 8,7 % von seiner Gewichtskraft (0,087g) nicht überschreiten. Wie man auf diesen Wert gekommen ist, und warum man ausgerechnet diesen Wert nimmt, ist mir nicht bekannt. Bei der Rhätischen Bahn - wie bei anderen Bahnen auch - bedeutet dies konkret : a_z darf höchstens 0,85 $\frac{m}{s^2}$, bei einer Kurvenfahrt über eine nicht überhöhte Weiche sogar höchstens 0,65 $\frac{m}{s^2}$ betragen. Damit gilt : $\frac{v^2}{R} \leq 0,85 \frac{m}{s^2}$ bzw. 0,65 $\frac{m}{s^2}$. Daraus folgt für die Höchstgeschwindigkeit v_{max} bei Fahrten durch eine Kurve mit dem Radius R : $v_{max} = \sqrt{0,85 \frac{m}{s^2} \cdot R}$.

Im folgenden werden der besseren Lesbarkeit und der größeren Übersichtlichkeit halber in den benutzten Gleichungen die physikalischen Einheiten weggelassen. Die eben dargestellte Gleichung lautet dann : $v_{max} = \sqrt{0,85 \cdot R}$. Wenn man wie in der Physik üblich in dieser Gleichung den Radius R in der Einheit „Meter" eingibt, erhält man die Geschwindigkeit in der Einheit „Meter pro Sekunde". Zum Umrechnen der Geschwindigkeit in die Einheit „Kilometer pro Stunde" dienen die beiden Gleichungen $v_{max} = 3,6 \cdot \sqrt{0,85 \cdot R}$ oder für eine Weichenfahrt $v_{max} = 3,6 \cdot \sqrt{0,65 \cdot R}$, bei denen der Radius R in der Einheit „Meter" eingegeben werden muss.

Der kleinste Kurvenradius eines Kurvenstücks der Strecke von Chur bis Arosa beträgt 60 m. Allein auf dem Teilstück von Sassal bis Lüen-Castiel kommen 28 Kurvenstücke mit diesem Radius vor. In allen diesen Kurvenstücken darf die Höchstgeschwindigkeit v_{max} nach der obigen Darstellung nur etwa 25,7 $\frac{km}{h}$ betragen. Würde der Zug mit dieser Geschwindigkeit gleichförmig von Sassal bis Lüen-Castiel fahren, würde er mehr als 15 Minuten benötigen. Wenn man noch die Zeit für den Halt an jeder der beiden Stationen, für das Beschleunigen aus dem Stillstand in Sassal und für das Abbremsen zum Halt in Lüen-Castiel mit einkalkuliert, dann kommen erheblich mehr als die 12 Minuten heraus, die im Fahrplan tatsächlich vorgesehen sind. Insgesamt durchfährt der Zug die 25 681 m lange Strecke von Chur bis Arosa in 58 Minuten. Er hat eine Reisegeschwindigkeit von rund 26,6 $\frac{km}{h}$. Darin sind auch die Zeiten für Halte mit eingerechnet. Daher muss die tatsächliche Geschwindigkeit zwischen den Stationen deutlich höher als die Reisegeschwindigkeit sein.

Fazit : Da der Zug ein recht gleichmäßiges Tempo fährt, nicht vor jeder Kurve abbremst und dann wieder beschleunigt, und wir davon ausgehen, dass alle Sicherheitsvorkehrungen eingehalten werden, erfassen die bisherigen Überlegungen noch nicht alle wesentlichen Merkmale.

9.2 Die Überhöhung von Kurven

Die Frage heißt offenbar nicht mehr „Warum fährt die kleine Bahn so langsam ?", sondern muss überraschenderweise lauten : „Warum fährt der Zug schneller als er nach den Überlegungen von Abschnitt 9.1 fahren darf ?"

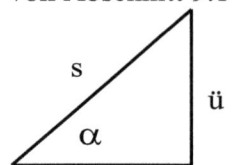

Die in Abschnitt 9.1 vorgenommene Einschränkung betraf die Seitenbeschleunigung a_z. Deshalb soll nun überlegt werden, wie die Wirkung der in den Kurven auf alle Reisenden nach außen wirkenden Zentrifugalkraft und der zugehörigen Seitenbeschleunigung ausgeglichen werden kann. Es bieten sich zwei Möglichkeiten an : Der Ausbau der Gleise in den Kurven durch Überhöhung oder die Anwendung der Neigetechnik bei den Zügen. Wir betrachten hier die Methode der Gleisüberhöhung. In der Zeichnung bedeutet s die Spurweite (Abstand der Schienen). Die Chur-Arosa-Bahn ist eine Schmalspurbahn, bei der s = 1 m gilt. Mit ü wird die Überhöhung der einen Schiene gegenüber der anderen bezeichnet. Den Zusammenhang zwischen der Überhöhung ü, der Spurweite s und dem Neigungswinkel α der durch Überhöhung entstandenen schiefen Ebene können wir durch folgende Gleichung beschreiben : $\sin \alpha = \frac{ü}{s}$ (*).

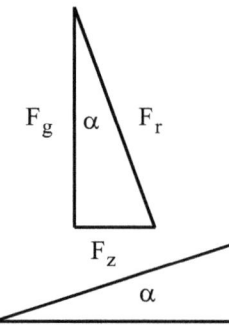

Die Überhöhung der Kurve soll im Idealfall bewirken, dass sich die zum Erdmittelpunkt hin gerichtete Gewichtskraft des Zuges F_g und die horizontal nach außen wirkende Zentrifugalkraft F_z so überlagern, dass ihre Resultierende F_r senkrecht zur schiefen Ebene gerichtet ist. Dies wird in der nebenstehenden Abbildung dargestellt. Reisende erfahren in diesem Fall keine zu einer der beiden Wagenseiten hin gerichtete Seitenkraft mehr, sondern werden nur etwas stärker in den Sitz hineingedrückt. Zwischen Rad und Schiene treten keine seitlichen Kräfte mehr auf. Bei Zügen mit Neigetechnik neigt sich der Wagen so, dass der Boden die Rolle der schiefen Ebene einnimmt. Dabei soll sich der Zug den jeweiligen Verhältnissen (Geschwindigkeit, Kurvenradius, Überhöhung der Gleise) optimal anpassen. Für die Fahrt durch solch eine ausgleichend überhöhte Kurve gilt : $\tan \alpha = \frac{F_z}{F_g} = \frac{m \cdot \frac{v^2}{R}}{m \cdot g} = \frac{v^2}{R \cdot g}$ (**).

Die durch (**) beschriebene Zuordnung ist aus folgenden Gründen interessant :

- Bei gegebenem Neigungswinkel α und Kurvenradius R gibt es genau eine Geschwindigkeit $v = \sqrt{R \cdot g \cdot \tan \alpha}$, bei der die Wirkung von F_z durch die Überhöhung ausgeglichen wird.
- Geben wir umgekehrt die Geschwindigkeit v und den Radius R vor, können wir den Neigungswinkel für den idealen Ausgleich bestimmen.

Die Überhöhung für den vollständigen Ausgleich nennen wir $ü_0$. Wir dividieren Gleichung (*) durch Gleichung (**). Unter Beachtung von $\tan \alpha = \frac{\sin \alpha}{\cos \alpha}$ und $ü = ü_0$ erhalten wir :

$\cos \alpha = \frac{ü_0 \cdot R \cdot g}{s \cdot v^2}$. Daraus folgt $ü_0 = \frac{s \cdot v^2}{R \cdot g} \cdot \cos \alpha$.

Für kleine Winkel α ist $\cos \alpha \approx 1$, so dass auch die Näherung $ü_0 \approx \frac{s \cdot v^2}{R \cdot g}$ benutzt werden kann.
Die Überhöhung einer Kurve mit R = 60 m bei vollständigem Ausbau beträgt :

Geschwindigkeit in km/h	22,5	25,7	30	40	50
Neigungswinkel α in °	3,8	4,9	6,7	11,8	18,1
Überhöhung $ü_0$ in cm	6,6	8,6	11,7	20,5	31,1

Wenn ein Zug in einer Kurve anhalten muss und still steht, wirkt nur die durch die Gewichtskraft F_g erzeugte Hangabtriebskraft $F_h = F_g \cdot \sin \alpha$ auf die Schienen, den Zug und alles, was er transportiert. Fährt der Zug ein sehr langsames Tempo, wie es zum Beispiel an Baustellen vorgeschrieben ist, wirkt im Wesentlichen diese Hangabtriebskraft auf ihn ein. Aus Sicherheitsgründen hat man daher Maximalgrenzen für die Überhöhung festgelegt. Bei der Rhätischen Bahn ist $ü_{max} = 10,5$ cm. Wir versuchen eine Modellierung mit $v_{max} = 30 \frac{km}{h}$, die zum Beispiel durch die obige Tabelle nahegelegt wird, mit der wir aber auch die Reisegeschwindigkeit besser darstellen können. Für durch Überhöhung vollständig ausgeglichene Kurven gilt :

Kurvenradius in m	60	80	100	120	140
Neigungswinkel α in °	6,7	5,1	4,0	3,4	2,9
Überhöhung $ü_0$ in cm	11,7	8,8	7,1	5,9	5,0

9.3 Zur nicht vollständig ausgleichenden Überhöhung von Kurven

Nach Gleichung (*) gehört zur maximal zulässigen Überhöhung von 10,5 cm ein Neigungswinkel α mit $\alpha \approx 6°$. Setzt man den genauen Wert von α in (**) ein, errechnet man, dass alle Kurven mit einem Radius R > 67 m für die Geschwindigkeit $30 \frac{km}{h}$ vollständig ausgleichend ausgebaut werden können. Alle Kurven mit einem kleineren Radius, also insbesondere Kurven mit R = 60 m, sind für v_{max} nicht vollständig ausgleichend überhöht. Ein mit einer Geschwindigkeit von 30 Kilometern pro Stunde fahrender Zug ist für diese Kurven zu schnell.

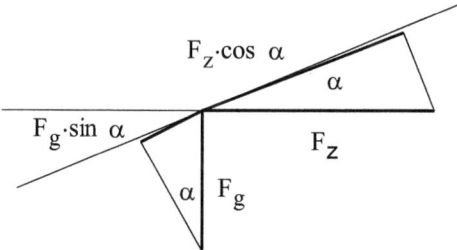

Wir wollen die bei einer Kurvenfahrt auftretenden Kräfte noch einmal von einem anderen Gesichtspunkt aus betrachten. Durch die Neigung der schiefen Ebene um den Winkel α erfährt der Zug eine Hangabtriebskraft mit dem Betrag $F_g \cdot \sin \alpha$ nach unten. Ihr nach außen entgegengesetzt gerichtet ist die parallel zur schiefen Ebene wirkende Komponente der Zentrifugalkraft mit dem Betrag $F_z \cdot \cos \alpha$. Insgesamt wirkt auf den Zug die Kraft ΔF mit dem Betrag $| F_z \cdot \cos \alpha - F_g \cdot \sin \alpha | =$

$\left| \frac{m \cdot v^2}{R} \cdot \cos \alpha - m \cdot g \cdot \sin \alpha \right|$. Für $\Delta F = 0$ N erhalten wir Gleichung (**) auch über diesen Ansatz. Fährt der Zug aber eine andere Geschwindigkeit als die nach (**) bestimmte Normgeschwindigkeit, wirkt ΔF als Seitenkraft. An den Schienen und den Rädern führt sie zu Verschleiß. Fährt der Zug schneller als die Normgeschwindigkeit, wirkt die Seitenkraft nach außen, bei langsamerer Fahrt überwiegt die Hangabtriebskraft nach innen. Der Betrag der zur Kraft ΔF gehörenden Beschleunigung Δa beträgt:

$$\left| \Delta a \right| = \left| \frac{\Delta F}{m} \right| = \left| \frac{v^2}{R} \cdot \cos \alpha - g \cdot \sin \alpha \right|.$$

Wir betrachten nun den Fall, dass eine überhöhte Kurve zu schnell befahren wird. Dann ist die nach außen wirkende Komponente der Zentrifugalkraft größer als die nach innen wirkende Hangabtriebskraft. Es gilt: $\Delta a = \frac{v^2}{R} \cdot \cos \alpha - g \cdot \sin \alpha = \frac{v^2}{R} \cdot \cos \alpha - g \cdot \frac{ü}{s}$. Wir lösen die Gleichung nach ü auf und erhalten: $ü = \frac{s \cdot v^2}{g \cdot R} \cdot \cos \alpha - \frac{\Delta a \cdot s}{g} = ü_0 - ü_f$. Dabei bedeuten ü die tatsächliche Überhöhung, $ü_0 = \frac{s \cdot v^2}{g \cdot R} \cdot \cos \alpha$ die zum vollständigen Ausgleich erforderliche Überhöhung und $ü_f = \frac{\Delta a \cdot s}{g}$ den Überhöhungsfehlbetrag, also den Unterschied zwischen der vollständig ausgleichenden Überhöhung und der tatsächlichen Überhöhung.

Wir wenden dies auf die Problemkurven mit $R = 60$ m an. Hier gilt $ü_0 = 11{,}7$ cm, $ü = 10{,}5$ cm, also $ü_f = 11{,}7$ cm $- 10{,}5$ cm $= 1{,}2$ cm und aus $\Delta a = \frac{g \cdot ü_f}{s}$ schließlich $\Delta a = \frac{9{,}81 \cdot 0{,}012}{1} \frac{m \cdot m}{s^2 \cdot m} \approx 0{,}12 \frac{m}{s^2}$. Diese Beschleunigung nach außen erfahren alle an der Kurvenfahrt Beteiligten. Nun können wir an die Überlegungen in Abschnitt 9.1 anschließen. Der Maximalwert für die nicht ausgeglichene Seitenbeschleunigung Δa ist $0{,}85 \frac{m}{s^2}$, bei nicht überhöhten Weichen sogar nur $0{,}64 \frac{m}{s^2}$. Davon sind wir mit der hier vorgenommenen Modellierung noch weit entfernt.

9.4 Abschluss

Die hier vorgenommenen Betrachtungen sind statisch. Es wird nur die Fahrt durch eine der Problemkurven betrachtet. An den dabei ermittelten Werten wird die gesamte Zugfahrt ausgerichtet. Dabei ist eine Fahrt mit der kleinen Bahn ein sehr dynamischer Vorgang. Die Bahningenieure müssen die Bahntrasse als Folge von Streckenteilen sehen, zum Beispiel: Zuerst x Meter Linkskurve mit $R = 60$ m, dann y Meter Rechtskurve mit $R = 120$ m und anschließend z Meter gerade Strecke, ... Auf dieser Streckenfolge müssen die Bahningenieure den zeitlichen Ablauf der Zugfahrt betrachten. Dazu gehört auch, dass die Überhöhung in aufeinanderfolgenden Kurven nicht ruckweise von einem Kurvenstück zum anderen vorgenommen werden darf, sondern, dass vom Beginn des Kurvenstücks ein kontinuierlicher Übergang von ü = 0 cm zur Überhöhung und am Ende wieder zu ü = 0 cm zurück erfolgen muss. Dieser Wechsel der Überhöhungen muss so vorgenommen werden, dass dieses Anwachsen und Abschwellen „sanft" und nicht zu heftig erfolgt. Auf solch eine lohnende, aber sehr aufwändige Untersuchung wird hier verzichtet.

Insgesamt sind die Angaben aus den Materialien der Rhätischen Bahn verträglich mit der hier vorgenommenen Modellierung. Nur in Bezug auf die tatsächlich vorgenommene Überhöhung der Gleise wurde bisher zu sehr die Sicht des die Bequemlichkeit und Annehmlichkeit liebenden Reisenden betont. Eine harmlose Gleichung aus Blatt 410.2 des Handbuchs für den Bau und die Instandhaltung der Fahrbahn verrät dies. Sie lautet $ü = \frac{4{,}55 \cdot v^2}{R}$. Wenn man v in $\frac{km}{h}$ und R in Meter eingibt, erhält man ü in Millimeter. Es wird nach dieser Gleichung tatsächlich weniger überhöht als bisher angenommen. Machen wir uns das für eine Fahrt mit v = 30 $\frac{km}{h}$ durch eine der Problemkurven mit R = 60 m klar. Eine solche Kurve wird nach der obigen Gleichung mit ü = 68,25 mm überhöht, nach Abschnitt 9.3 sind aber 117 mm zum vollständigen Ausgleich erforderlich. Der Überhöhungsfehlbetrag beträgt $ü_f$ = 48,75 mm. Daraus ergibt sich eine nicht ausgeglichene Seitenbeschleunigung Δa ≈ 0,478 $\frac{m}{s^2}$. Die Reisenden, das rollende Material und die Schienen müssen diese nicht ausgeglichene Seitenbeschleunigung aushalten. Damit sind wir der Höchstgrenze von 0,85 $\frac{m}{s^2}$ bei einer Fahrt über ein normales Gleis oder bei einer Weichenfahrt von 0,65 $\frac{m}{s^2}$ allerdings schon erheblich näher gekommen. Dieses Kapitel wurde vorher abgedruckt in Wirths (2000c).

10. Der Turm von Hanoi

10.1 Einführung

Einige Aktivitäten aus dem Problemfeld der Folgen und Reihen habe ich schon lange in eine Unterrichtsreihe „Wachstumsprozesse" in die 10. Jahrgangsstufe vorgezogen. Inzwischen haben alle Lernenden einen Taschencomputer. Daher sollen vor allem dessen neue Möglichkeiten ausgenutzt werden, insbesondere das Generieren von Wertetafeln für Folgen, das Erstellen von graphischen Darstellungen von rekursiv definierten Folgen und das Abtasten der Graphen im Spur-Modus. In dieser Unterrichtsreihe stellte ich folgende **Aufgabe** : „Beim „Turm von Hanoi" sind n Scheiben der Größe nach auf einem von drei Pflöcken gestapelt. Der Turm soll auf einem der beiden freien Pflöcke nach folgenden Regeln neu aufgebaut werden :

- Die Scheiben werden einzeln transportiert.
- Eine größere Scheibe darf nie über eine kleinere gelegt werden.
- Es dürfen beim Umbau alle drei Pflöcke benutzt werden.

Untersuche, wie viele Transporte man bei n Scheiben mindestens benötigt."

10.2 Erste Erfahrungen

Zur Unterstützung der Anschauung und als Experimentiergerät hatte ich ein Modell für dieses Spiel mitgebracht. Einige Lernende versuchten durch Überlegen erste Ergebnisse zu erhalten, andere spielten. Zunächst ging es den Spielern einfach nur darum, die Aufgabe ohne erkennbaren Plan zu lösen, es kamen auch überflüssige Umsetzungen vor. Dann aber wurde das Spielen immer zielgerichteter auf die Bestimmung der Minimalzahl an Umsetzungen hin ausgerichtet. In der Lerngruppe hatten schließlich alle eine Wertetafel für 3 Scheiben mit einer Zeichnung über die erforderlichen Umsetzungen, wenige hatten sich mit 4 Scheiben beschäftigt.

10.3 Die rekursive Darstellung

Die meisten der Lernenden fanden die rekursive Darstellung für die Anzahl der Transporte T(n), in einigen Fällen allerdings erst nach einer Reihe von Versuchen mit dem Spielgerät :

(*) $T(n) = 2 \cdot T(n-1) + 1$ mit den Anfangswerten $T(1) = 1$ oder $T(0) = 0$

„Zuerst bauen wir den Turm mit den oberen (n - 1) Scheiben auf einem der beiden Pflöcke auf. Dafür benötigen wir T(n - 1) Transporte. Dann müssen wir die unterste Scheibe auf den einzigen freien Pflock umlegen. Das erfordert eine Umsetzung. Nun müssen wir den Turm aus den oberen (n - 1) Scheiben über der untersten Scheibe wiederaufbauen. Das sind T(n - 1) Transporte wie oben." Zunächst wurde diese von mir gerade in der endgültigen Fassung zitierte Begründung mit konkreten Zahlen genannt, es schälte sich dann im Unterrichtsgespräch immer mehr die allgemeine Betrachtung heraus. Bis zum Erkennen der rekursiven Darstellung hatten einige Lernende den Taschencomputer nur für einfache Rechnungen eingesetzt. Jetzt setzten ihn alle im Folgenmodus ein und nun konnte die Wertetabelle abgelesen werden :

N	1	2	3	4	5	6	7
T(n)	0	1	3	7	15	31	63

Die explizite Darstellung $T(n) = 2^n - 1$ wurde bald gefunden. Einige sahen die explizite Darstellung unmittelbar ein, andere definierten $v(n) = 2\wedge n - 1$, betrachteten die vom Taschencomputer generierten Wertetafeln für u(n) und v(n) und waren dann von der Wertegleichheit überzeugt.

10.4 Annes Sicht

Anne arbeitete ganz anders. Immer wenn jemand mit dem Holzgerät spielte, beobachtete sie interessiert die Bewegung der Scheiben. Außerdem bewegte sie ihre Hände in der Luft als wolle sie imaginäre Scheiben umsetzen. Anfangs diskutierte sie noch mit ihrer Nachbarin Julia, bis diese sich abkapselte und auf einen eigenen Weg konzentrierte. Anne zögerte, uns ihre Lösung mitzuteilen. Sie schien ihr nach der Diskussion der auf rekursivem Weg gefundenen Lösung nicht mehr zu trauen. Schließlich schrieb sie an die Tafel: „$T(n) = 1 + 2 + 4 + ... + 2^{n-1}$".

Annes Begründung verblüffte und irritierte die anderen. „Für die größte Scheibe benötigt man nur eine Umsetzung, für die darüber liegende 2 und für jede weitere Scheibe immer die doppelte Anzahl gegenüber der Vorgängerscheibe." Aus der Lerngruppe wurde für Annes Lösungsweg die rekursive Darstellung $B(n) = 2*B(n-1)$ mit $B(1) = 1$ genannt. Da der Summand „+1" fehlte, wurde diese Darstellung als Widerspruch zur rekursiven Darstellung (∗) angesehen. Aber nach und nach mehrten sich die Stimmen, die für eine Anerkennung von Annes Lösung plädierten:
- Zuerst hatte Anne 2^n als letzten Summanden hingeschrieben, während der Diskussion wurde dies auf 2^{n-1} abgeändert.
- $B(n)$ zählt die Anzahl der Umsetzungen für die n. Scheibe von unten, also etwas anderes als $T(n)$. $T(n)$ stellt die Summe über alle $B(n)$ dar.
- Andere hatten die Summe über alle $B(n)$ ausgewertet und erkannt, dass sie auf die bereits bekannten Zahlen aus der Tabelle von Abschnitt 10.3 führt.
- Martin verwies auf die bereits von einer anderen Aufgabe her bekannte Gleichung $1 + 2 + 4 + ... + 2^{n-1} = 2^n - 1$.
- Bei der Diskussion über die Zahl der Umsetzungen der untersten Scheibe konnte ebenfalls die rekursive Darstellung (∗) für $T(n)$ entwickelt werden.

Einige waren bereit, an dieser Stelle die Aufgabe als vollständig gelöst zu betrachten. Aber dann setzte sich doch eine Gruppe durch, die Annes Behauptung nicht nur einfach akzeptieren, sondern auch erklären wollten. Solch eine Erklärung entwickelte sich wie folgt. Für die beiden untersten Scheiben konnte sehr einfach die Zahl der Bewegungen nachvollzogen werden, schließlich gelang dies auch für die dritte Scheibe von unten. Aber bereits bei der vierten Scheibe von unten kam es zum Bruch in der Lerngruppe. „Wir können doch nicht immer weiterzählen. Das Weiterzählen wird immer schwieriger." „Wir müssen das Verdoppeln der Anzahl der Bewegungen allgemein begründen." „Mit der Formel, die Martin genannt hat, kommt das gut hin. Aber woher wissen wir, dass Annes Behauptung die Anzahl an Transporten zum Beispiel der 10. Scheibe von unten immer noch richtig beschreibt?" Dies war der Grundtenor der Argumentationen. In der Lerngruppe setzten sich schließlich diejenigen durch, die Annes Behauptung für alle Scheiben begründen wollten. Das Zählen gestaltete sich immer schwieriger. Der Durchbruch gelang, als einige anfingen, die oberste Scheibe zu betrachten. Diejenigen, die die rekursive Darstellung aus 10.3 zuerst entdeckt hatten, gaben auch hier den Ton an. Wie sich die Begründungen gleichen: „Zuerst bauen wir den Turm mit den oberen (n-1) Scheiben auf einem der beiden Pflöcke auf. Dabei wird die oberste Scheibe $B(n-1)$ Mal bewegt. Dann müssen wir die unterste Scheibe auf den einzigen freien Pflock umsetzen. Dabei bleibt die oberste Scheibe liegen. Nun müssen wir darüber den Turm aus den oberen (n-1) Scheiben wieder aufbauen. Dafür benötigen wir wieder $B(n-1)$ Transporte für die oberste Scheibe." Zunächst wurde auch die Begründung mit konkreten Zahlen genannt, aber es schälte sich dann die allgemeine Betrachtung immer mehr heraus. Nun wurde aus der rekursiven Darstellung $B(n) = 2*B(n-1)$ mit dem Anfangswert $B(1) = 1$ die explizite Darstellung $B(n) = 2^{n-1}$ entwickelt. Einige sahen diesen Übergang von der rekursiven Darstellung zur expliziten sofort ein. Andere benötigten den Rechner und generierten ähnlich wie in 10.3 die zugehörige Zahlenfolge. Schließlich waren alle überzeugt, dass wir die Zahl der Bewegungen für die oberste

Scheibe eines Turms aus insgesamt n Scheiben mit $B(n) = 2^{n-1}$ richtig beschreiben und diese Gleichung auch korrekt begründen können. „Wir sind endlich fertig." Mit diesem Schülerausspruch endete die Unterrichtsstunde zu Annes Sicht.

Weit gefehlt. In der nächsten Stunde formulierte eine Gruppe einen neuen Einwand : „Wir haben nur etwas über die oberste Scheibe eines Turms überlegt. Gilt diese Überlegung auch für eine Scheibe mitten drin ?" Gilt $B(k) = 2^{k-1}$ auch für irgendeine Scheibe. die sich an der Stelle k von unten befindet ? Interessant, wie aktiv eine Klasse werden kann, wenn die Frage aus der Lerngruppe herausgestellt wird. Ich bezweifle, dass sie auch so aktiv wäre, wenn ich diese Frage aufgeworfen hätte. Und wie schnell das Problem gelöst wurde. „Die uns interessierende Scheibe wird erst dann zum ersten Mal bewegt, wenn alle darüber befindlichen auf einem Pflock gestapelt sind, also, wenn sie selbst oberste Scheibe des Restturms ist." Damit war die zentrale Idee genannt. In der Tat : Die Anzahl der Bewegungen der k. Scheibe hängt überhaupt nicht von den darüber befindlichen Scheiben ab. Immer dann, wenn eine der darüber befindlichen Scheiben bewegt wird, ruht die uns interessierende Scheibe. Die Anzahl der Bewegungen der k. Scheibe hängt daher nur von der Anzahl der unter ihr befindlichen Scheiben ab. Daher brauchen wir nur den Rest-Turm aus k Scheiben zu betrachten, für den die uns interessierende Scheibe die oberste ist. Für die oberste Scheibe eines Turms hatten wir bereits eine konkrete Aussage bewiesen. Es gilt also auch $B(k) = 2^{k-1}$ für alle k mit $1 \leq k \leq n$. Damit war Annes Behauptung endgültig bewiesen. Die Lernenden waren stolz, weil sie den Beweis selbständig gefunden hatten. Mindestens genauso wichtig war ihnen - wie schon an vielen anderen Stellen des Unterrichts vorher -, dass sie ihn verstanden hatten, ihn anderen vermitteln konnten, aber auch begründen konnten, warum sie sich mit Teilergebnissen nicht zufrieden geben.

10.5 Abschluss

Aufgaben über Wachstumsprozesse sind schon immer im Mathematikunterricht gestellt worden. Auch das „Turm von Hanoi"-Problem gehört zu diesem Standard. Als in den 70er Jahres des vorigen Jahrhunderts der einfache Taschenrechner eingeführt wurde, konnten endlich komplexere Aufgabenstellungen in angemessener Zeit bearbeitet werden. Rekursive Ansätze wurden früher aber nur für die ersten Folgenwerte ausgenutzt, das „Hochhangeln" auf spätere Folgenwerte wurde als viel zu zeitaufwändig angesehen. Daher war die Erarbeitung einer expliziten Darstellung für den jeweils betrachteten Wachstumsvorgang wichtig. Beim Einsatz moderner Taschencomputer reicht jetzt der rekursive Ansatz für Differenzengleichungen 1. Ordnung völlig aus, um eine Fülle von interessanten - und für mich noch wichtiger auch Lernende interessierende ! - Problemen zu lösen. Dies verringert den theoretischen Aufwand beträchtlich und erleichtert die Durchführung einer Unterrichtseinheit „Wachstumsprozesse" in Klasse 10 erheblich. Taschencomputer bieten zudem die Möglichkeit zu einem stärker individualisierten Lernen, bei dem die Lernenden ihre Vorlieben und Stärken einsetzen können. In einem solchen Unterricht muss man aber dann auch die Gesichtspunkte der anderen Ernst nehmen und mit in die Überlegungen einbeziehen. Dies Verfolgen unterschiedlicher Ideen belebt den Unterricht enorm und erweitert den mathematischen Horizont der Lernenden. Wertetafeln können nach eigenen Ideen erstellt werden, der Taschencomputer berechnet Folgenwerte für die von uns gewünschten n auf Knopfdruck. Dies ist für Lernende immer wieder eine eindrückliche Erfahrung. Einige Lernende stellten sich selbständig weitere Aufgaben. Ich fühle mich entlastet, weil ich Ziele nicht mehr vorgeben muss, ja, ich strebe die explizite Darstellung nicht mehr um jeden Preis an. Und dennoch machen einige die Suche nach einer solchen Darstellung zu ihrem eigenen Problem. Das ist für mich eine eindrückliche bereichernde Erfahrung.

11. Lineare Differenzengleichungen 1. Ordnung

Eine Unterrichtseinheit „Folgen und Reihen"

11.1 Vorbemerkungen

Der Unterricht zum Thema „Folgen und Reihen" bietet zum einen viele Anknüpfungspunkte für Mathematisierungsprozesse, andererseits dient er auch als Vorbereitung und zur Bereitstellung aussagekräftiger Beispiele zur Einführung des Grenzwertbegriff. In diesem Kapitel sollen Elemente einer erprobten Unterrichtseinheit vorgestellt werden, bei der eine Einführung in die Modellierung diskreter Vorgänge unter dem Oberbegriff Differenzengleichungen vorgenommen wird. Dieses Kapitel ist eine Überarbeitung von Wirths (1993).

Allgemein versteht man nach Dürr/Ziegenbalg (1984) unter einer Differenzengleichung n. Ordnung eine Gleichung, in der eine Beziehung einer Folge $<a_n>$ an je n + 1 aufeinanderfolgender Stellen $a_k, ..., a_{k+n}$ hergestellt wird. Bei einer Differenzengleichung 1. Ordnung beschreibt also die Funktionalgleichung eine Beziehung zwischen den Folgenwerten an zwei aufeinander folgenden Stellen. Es soll hier dargestellt werden, wie zum Beispiel arithmetische oder geometrische Folgen unter dem gemeinsamen Begriff Differenzengleichung 1. Ordnung mit einer einheitlichen Theorie in den Anfang des Analysisunterrichts integriert werden können.

11.2 Beispiele

Zu Beginn der Unterrichtsreihe sollen einige praxisnahe Aufgaben in das Gebiet einführen.

Aufgabe 1: Frau Spar erbt 100 000 €. Sie legt diesen Betrag mit 5 % Jahreszinsen fest. Wie entwickelt sich das Guthaben im Laufe der Jahre?

Kommentar: Am Ende jedes Jahres kommen 5 % des alten Guthabens hinzu. Das Guthaben zu Beginn des neuen Jahres beträgt also das 1,05-fache des alten. Bezeichnen wir mit K_n das Guthaben nach n Jahren, dann lässt sich das neue Guthaben nach n+1 Jahren K_{n+1} rekursiv durch die Gleichung $K_{n+1} = K_n + 0{,}05 \cdot K_n = 1{,}05 \cdot K_n$ mit dem Anfangskapital $K_0 = 100\,000$ € darstellen. Die explizite Darstellung dieses Vorgangs $K_n = 1{,}05^n \cdot K_0$ lässt sich daraus unmittelbar entwickeln. Ein erster Erfahrungsaustausch innerhalb der Lerngruppe über Vor- und Nachteile der beiden Darstellungsarten beim Berechnen von Folgenwerten ist schon hier möglich.

Aufgabe 2: Herr Spar zahlt einmalig 10 000 € zu Jahresbeginn auf ein Sparbuch und jedes Jahr zu Jahresbeginn 1 000 € dazu. Das Kapital wird mit 5 % jährlich verzinst. Wie entwickelt sich sein Guthaben im Laufe der Jahre?

Kommentar: Zum alten Guthaben kommen zum Jahresbeginn 5 % des alten Guthabens und zusätzlich 1 000 € hinzu. Das neue Guthaben beträgt das 1,05-fache des alten plus 1 000 €. Mit den Bezeichnungen von Aufgabe 1 lässt sich das neue Guthaben nach n+1 Jahren K_{n+1} rekursiv durch $K_{n+1} = 1{,}05 \cdot K_n + 1\,000$ darstellen mit dem Anfangskapital $K_0 = 10\,000$ €. Der allgemeinen Form dieser Gleichung nennen wir wie Dürr/Ziegenbalg (1984) „Ratensparformel".

Aufgabe 3: Herr Rent erbt 100 000 € und legt sie mit 5 % Jahreszinsen fest. Zu Jahresbeginn hebt er 9 000 € ab.

Kommentar: Herr Rent lebt von der „Substanz", das Guthaben wird langsam weniger. Die Frage, wie lange das Guthaben reicht, drängt sich geradezu auf. Die Entwicklung des Guthabens von Herrn Rent lässt sich mit den Bezeichnungen von Aufgabe 1 rekursiv durch die Gleichung $K_{n+1} = 1{,}05 \cdot K_n - 9000$ und $K_0 = 100\,000$ € darstellen. Herr Rent lässt sich 9 000 € Jahr für Jahr auszahlen. Diese Verrentung entspricht einer negativen Sparrate. Daher handelt es sich auch um eine „Ratensparformel".

Eine explizite Darstellung kann unmittelbar für die Aufgaben 2 und 3 entwickelt werden. Es brauchen nur die Überlegungen für den Allgemeinfall aus 11.3 auf diese konkreten Beispiele angewandt zu werden. Ich verschiebe diese Herleitung in der Regel zugunsten der Behandlung weiterer Beispiele, lasse daran weitere rekursive Darstellungen erarbeiten und leite die explizite Darstellung dann allgemein wie in 11.3 beschrieben her. Ausgehend von dieser allgemeinen Herleitung können dann die expliziten Darstellungen der Einzelfälle gewonnen werden. Es können in einer Unterrichtsreihe „Folgen und Reihen" noch weitere Aufgaben angesprochen werden, insbesondere zu arithmetischen und geometrischen Folgen und Reihen. Die einschlägigen Schulbücher bieten hierzu eine Fülle von Material. In 11.6 werden weitere Beispiele angeführt, von denen einige auch für die Einstiegsphase geeignet sind.

Alle hier vorgestellten Vorgänge lassen sich mathematisch ähnlich beschreiben. Die gemeinsame Form aller rekursiven Darstellungen dieser Aufgaben ist

$x_{n+1} = A \cdot x_n + B$ mit $A, B \in \mathbb{R}$.

Dies ist die allgemeine Form einer linearen Differenzengleichung 1. Ordnung mit konstanten Koeffizienten. Es handelt sich um eine Differenzengleichung

- der Ordnung 1, weil in der rekursiven Darstellung nur Folgenwerte der Folge $<x_n>$ an zwei aufeinanderfolgenden Stellen x_n und x_{n+1} vorkommen,
- die linear ist, weil die Folgenwerte in der rekursiven Darstellung nur in der ersten Potenz enthalten sind,
- mit konstanten Koeffizienten, weil A und B konstante reelle Zahlen sind.

11.3   Lineare Differenzengleichungen 1. Ordnung mit konstanten Koeffizienten

Arbeitet man mit einem Computer oder einem zumindest graphikfähigen Taschenrechner, könnte man sich mit den rekursiven Darstellungen begnügen, der Rechner liefert auf Knopfdruck die von uns gewünschten Folgenwerte. Darauf wird im zwölften Kapitel näher eingegangen. Aber auch explizite Darstellungen haben ihre Vorzüge, auf die man im Mathematikunterricht der gymnasialen Oberstufe nicht verzichten sollte.

Zum Gewinnen einer expliziten Darstellung nutzen wir ein Verfahren aus, mit dem bereits in den Aufgaben des Einführungsteils Folgenwerte mit konkreten Zahlen berechnet wurden. Wir stellen der Reihe nach die ersten drei Folgenglieder in Abhängigkeit von x_0, A und B dar:

$x_1 = = A \cdot x_0 + B$

$x_2 = A \cdot x_1 + B = A^2 \cdot x_0 + A \cdot B + B$

$x_3 = A \cdot x_2 + B = A^3 \cdot x_0 + A^2 \cdot B + A \cdot B + B$

In der letzten Darstellung von x_3 erkennt man, dass vom zweiten Summanden an der Faktor B ausgeklammert werden kann, und dass in der Klammer eine Summe von Potenzen mit der Basis A steht. Mit dieser Beobachtung kann die explizite Darstellung für das n. Folgenglied aufgestellt werden: $x_n = A^n \cdot x_0 + B \cdot (A^{n-1} + ... + A + 1)$

Die Summe der Potenzen von A steht einer schnellen Auswertung noch im Wege. Beim Weiterrechnen müssen wir eine Fallunterscheidung in Bezug auf A vornehmen. Wir summieren in Klammer n-mal die Zahl 1, wenn A = 1 ist. Für A ≠ 1 ersetzen wir die geometrische Reihe durch die bekannte Summenformel, so dass wir folgende explizite Darstellung für lineare Differenzengleichungen 1. Ordnung mit konstanten Koeffizienten erhalten :

$$x_n = \begin{cases} x_0 + n \cdot B & A = 1 \\ A^n \cdot x_0 + B \cdot \dfrac{1 - A^n}{1 - A} & A \neq 1 \end{cases}$$

Die explizite Darstellung der linearen Differenzengleichung 1. Ordnung (lDgl) mit konstanten Koeffizienten kann man für $A \neq 1$ auch so schreiben :

$$x_n = A^n \cdot (x_0 - \frac{B}{1-A}) + \frac{B}{1-A}$$

Die Summenformel für geometrische Reihen $1 + A + A^2 + \ldots + A^{n-1} = \dfrac{1 - A^n}{1 - A}$ wird hier vorausgesetzt. Ab Klasse 8 lasse ich sie in meinem Unterricht über stochastische Fragestellungen erarbeiten nach dem Beispiel von Aufgabe 6 in Kapitel 4 in Wirths (2020). Sollte sie beim Unterrichten der hier vorgestellten Unterrichtsreihe aber noch nicht bekannt sein, dann bietet sich hier eine interessante Erweiterung zum Entdecken und Beweisen an.

11.4 Eigenschaften von lDgl 1. Ordnung mit konstanten Koeffizienten

Die linearen Differenzengleichungen, kurz lDgl, 1. Ordnung mit konstanten Koeffizienten vereinen eine Fülle von interessanten Eigenschaften :

a. Mit Ausnahme der Konstantenfolge beschreiben sie ein Wachstum, bei dem das Verhältnis der absoluten Zuwächse konstant ist : Für alle $n \in \mathbb{N}$ gilt : $\dfrac{x_{n+2} - x_{n+1}}{x_{n+1} - x_n} = A$

Beweis : Für den Nenner gilt : $x_{n+1} - x_n = A \cdot x_n + B - x_n$

Für den Zähler gilt : $x_{n+2} - x_{n+1} = A \cdot x_{n+1} + B - x_{n+1} = A \cdot (A \cdot x_n + B) + B - (A \cdot x_n + B)$
$= A \cdot (A \cdot x_n + B - x_n)$

Für den Quotienten folgt : $\dfrac{x_{n+2} - x_{n+1}}{x_{n+1} - x_n} = \dfrac{A \cdot (A \cdot x_n + B - x_n)}{A \cdot x_n + B - x_n} = A$

b, Ist $A = 0$, sind alle Folgenwerte gleich B, es handelt sich um eine konstante Folge.

c. Für $A = 1$ ist die Differenz aufeinanderfolgender Folgenglieder gleich B, es ist also eine arithmetische Folge.

d. Ist $B = 0$, dann ist der Quotient aufeinanderfolgender Folgenglieder konstant, falls $A \neq 0$ und das erste Folgenglied $x_0 \neq 0$ sind. Es liegt in diesem Fall eine geometrische Folge vor.

e. Für $B = 0$ ist die relative Änderungsrate der Folgenglieder $r = \dfrac{x_{n+1} - x_n}{x_n} = \dfrac{A \cdot x_n - x_n}{x_n} = \dfrac{(A - 1) \cdot x_n}{x_n} = A - 1$. r ist also eine Konstante.

f. Für $|A| < 1$ konvergiert die Folge. Es ist $\lim\limits_{n \to \infty} x_n = \dfrac{B}{1 - A}$. Die Folgenglieder beschreiben ein Wachstum mit asymptotischer Annäherung an eine Schranke.

11.5 Eine besondere Aufgabe

Hier soll noch eine vierte Aufgabe vorgestellt werden. Diese Aufgabe muss man nicht unbedingt in einer Unterrichtsreihe „Folgen und Reihen" behandeln. Ich stelle sie hier vor, weil meine Schülerinnen und Schüler solch eine umfangreiche Bearbeitung lohnenswert gefunden haben. Diese Aufgabe bietet einen Einstieg in das interessante Gebiet der Markow-Ketten, das in Kapitel 12 in Wirths (2020) dargestellt wird. Es können außerdem die Vorteile der Entwicklung einer allgemeinen Theorie demonstriert werden : Statt für sechs rekursive Darstellungen einzeln jeweils die expliziten Darstellungen zu erarbeiten, braucht dies nur einmal allgemein durchgeführt zu werden.

Aufgabe 4 : Im Schweizer Kanton Wallis entsteht der Dôle-Wein als Mischung von Wein aus der Blauburgundertraube (Pinot noir) und der Gamaytraube. Ein Winzer füllt Blauburgunder in ein Fass mit der Aufschrift „Rebblut" (R) und Gamay in ein Fass mit der Aufschrift „Traubenfeuer" (T). Stellen wir uns vor, dass der Winzer den Wein aus beiden Fässern mehrmals mischt, wobei jeder Mischvorgang durch folgende Matrix A beschrieben wird :

$$\begin{array}{cccc} \text{von} & R & T & \text{nach} \\ A = & \begin{pmatrix} 0{,}5 & 0{,}6 \\ 0{,}5 & 0{,}4 \end{pmatrix} & & \begin{array}{c} R \\ T \end{array} \end{array}$$

Kommentar : Den in der Matrix beschriebenen Umfüllvorgang kann man so beschreiben : Wir stellen uns vor, dass beim Umfüllen 50 % des Inhalts aus Fass R in ein Gefäß A und 60 % des Inhalts aus Fass T in ein Gefäß B zwischenlagernd gefüllt werden. Dann wird der Inhalt von A nach T und von B nach R gefüllt. Zuerst kann man einige Fragen erarbeiten lassen, zu denen auf anschaulicher Basis erste Antworten oder Tendenzaussagen gefunden werden können :
- Wie viel Liter Wein sind insgesamt nach n Umfüllungen in Fass R, wie viel in Fass T ?
- Wie viel Liter Blauburgunder sind nach n Umfüllungen in Fass R, wie viel in Fass T enthalten ?
- Wie viel Liter Gamay sind nach n Umfüllungen in Fass R, wie viel in Fass T ?
- Darf man die beiden Fässer zu Beginn vollständig füllen ?

Will man diese Fragen quantitativ beantworten, muss eine Mathematisierung der in der Aufgabenstellung beschriebenen Situation erfolgen. Wir veranschaulichen uns den durch die Übergangsmatrix A beschriebenen Mischungsvorgang an folgendem Übergangsdiagramm :

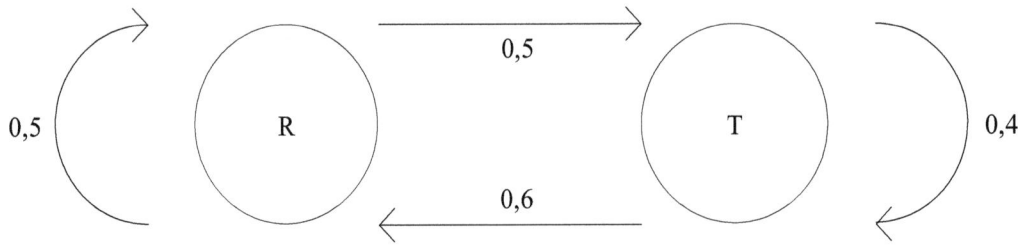

Wir führen folgende Abkürzungen ein :

R_n	Flüssigkeitsvolumen in R	T_n	Flüssigkeitsvolumen in T
Rb_n	Blauburgundervolumen in R	Tb_n	Blauburgundervolumen in T
Rg_n	Gamayvolumen in R	Tg_n	Gamayvolumen in T

Der Index n zählt die Anzahl der Umfüllungen.

Benutzt man diese Abkürzungen und nimmt die Aussagen des Übergangsgraphen zu Hilfe, gewinnt man diese sechs Beschreibungen der Aufgabensituation in rekursiver Darstellung :

$$R_{n+1} = 0{,}5 \cdot R_n + 0{,}6 \cdot T_n \qquad T_{n+1} = 0{,}5 \cdot R_n + 0{,}4 \cdot T_n$$

$$Rb_{n+1} = 0{,}5 \cdot Rb_n + 0{,}6 \cdot Tb_n \qquad Tb_{n+1} = 0{,}5 \cdot Rb_n + 0{,}4 \cdot Tb_n$$

$$Rg_{n+1} = 0{,}5 \cdot Rg_n + 0{,}6 \cdot Tg_n \qquad Tg_{n+1} = 0{,}5 \cdot Rg_n + 0{,}4 \cdot Tg_n$$

Schon jetzt können wir unter Benutzung eines Taschenrechners Wertetafeln erstellen und damit auch die oben formulierten Fragen beantworten. Aber die Rechnungen werden noch vereinfacht, wenn man weitere Umformungen vornimmt. Wir setzen voraus, dass kein Wein beim Umfüllen und Mischen verloren geht, und dass beide Fässer zu Beginn gleich viel Wein mit dem Volumen V enthalten. Es soll also für alle $n \in \mathbb{N}$ gelten :

$Rb_n + Tb_n$ = $Rg_n + Tg_n$ = const = 1 hl
$R_n + T_n$ = const = 2 hl = V

Löst man diese Gleichungen jeweils nach R_n, Rb_n, Rg_n, oder T_n, Tb_n, Tg_n auf und setzt in die oberen Gleichungen ein, erhält man :

R_{n+1} = $0{,}5 \cdot R_n + 0{,}6 \cdot (V - R_n)$ = $-0{,}1 \cdot R_n + 0{,}6 \cdot V$

T_{n+1} = $0{,}5 \cdot (V - T_n) + 0{,}4 \cdot T_n$ = $-0{,}1 \cdot T_n + 0{,}5 \cdot V$

Rb_{n+1} = $0{,}5 \cdot Rb_n + 0{,}6 \cdot (1 - Rb_n)$ = $-0{,}1 \cdot Rb_n + 0{,}6$

Tb_{n+1} = $0{,}5 \cdot (1 - Tb_n) + 0{,}4 \cdot Tb_n$ = $-0{,}1 \cdot Tb_n + 0{,}5$

Rg_{n+1} = $0{,}5 \cdot Rg_n + 0{,}6 \cdot (1 - Rg_n)$ = $-0{,}1 \cdot Rg_n + 0{,}6$

Tg_{n+1} = $0{,}5 \cdot (1 - Tg_n) + 0{,}4 \cdot Tg_n$ = $-0{,}1 \cdot Tg_n + 0{,}5$

Mit diesen rekursiven Darstellungen lassen sich die oben formulierten Fragen schnell quantitativ beantworten, schneller als mit den zuerst erarbeiteten Darstellungen. Es wird deutlich : Alle betrachteten Wachstumsvorgänge werden durch gleichartige lDgl 1. Ordnung mit konstanten Koeffizienten beschrieben, die sich lediglich im zweiten Summanden (B) und im ersten Folgenglied unterscheiden. Der Zugang zur elementaren Bestimmung der expliziten Darstellungen ist damit geschaffen. Weitere Ausführungen zu dieser Aufgabe können in Kapitel 12 in Wirths (2020) nachgelesen werden.

11.6 Weitere Aufgaben

Um ein wenig die große Bandbreite von Aufgaben zu Differenzengleichungen aufzuzeigen, seien vier weitere Beispiele mit den zugehörigen Differenzengleichungen angegeben :

Aufgabe 5 : Beim „Turm von Hanoi" sind n Scheiben der Größe nach auf einem von drei Pflöcken gestapelt. Der Turm soll auf einem der beiden freien Pflöcke nach folgenden Regeln neu aufgebaut werden :
- Die Scheiben werden einzeln transportiert.
- Eine größere Scheibe darf nie über eine kleinere gelegt werden.
- Es dürfen beim Umbau alle drei Pflöcke benutzt werden.

Untersuche, wie viele Transporte T_n man bei n Scheiben mindestens benötigt.

Lösungsskizzen : $T_{n+1} = 2 \cdot T_n + 1$ und $T_0 = 0$ (rekursiv) sowie $T_n = 2^n - 1$ (explizit).

Aufgabe 6 : Ein Quadrat mit der Kantenlänge a wird durch seine Diagonale in zwei Dreiecke zerlegt. In eins der beiden Dreiecke wird wieder ein Quadrat einbeschrieben und dieser Vorgang wiederholt.
a. Wie entwickeln sich die Flächeninhalt A_n ($n \geq 1$) der Dreiecke ?
b. Wie entwickelt sich die Summe S_n aller Dreiecksflächen ?

Lösungsskizzen : a. $A_{n+1} = \frac{1}{4} \cdot A_n$ und $A_1 = \frac{1}{2} \cdot a^2$ (rekursiv) sowie $A_n = \left(\frac{1}{4}\right)^{n-1} \cdot A_1$ (explizit)

b. $S_{n+1} = S_n + \left(\dfrac{1}{4}\right)^{n-1} \cdot A_1$ und $S_1 = A_1$ (rekursiv) sowie $S_n = \dfrac{4}{3} \cdot A_1 \cdot (1 - \left(\dfrac{1}{4}\right)^n)$ (explizit)

Aufgabe 7 : Gegeben sei ein gleichseitiges Dreieck mit der Seitenlänge a. Jede Seite wird in drei gleich große Teile geteilt. Über dem mittleren Drittel wird ein gleichseitiges Dreieck nach außen errichtet. Die Reste der nun innen liegenden alten Dreiecksseiten werden ausradiert. Dieses Verfahren wird mit der neuen Figur fortgesetzt. Es entsteht die „Kurve von Koch", auch Schneeflockenkurve genannt.
  a. Wie entwickelt sich der Umfang U_n der Kochschen Kurve ?
  b. Was gilt für den Flächeninhalt A_n der von der Kochschen Kurve eingeschlossenen Fläche ?

Lösungsskizzen :

a. $U_{n+1} = \dfrac{4}{3} \cdot U_n$ und $U_0 = 3 \cdot a$ (rekursiv) sowie $U_n = \left(\dfrac{4}{3}\right)^n \cdot U_0$ (explizit)

b. $A_{n+1} = A_n + \left(\dfrac{4}{9}\right)^n \cdot \dfrac{A}{3}$ und $A_0 = A = \dfrac{1}{4} \cdot a^2 \cdot \sqrt{3}$ (rekursiv), wobei A_0 der Flächeninhalt des ersten gleichseitigen Dreiecks ist, sowie $A_n = \dfrac{8}{5} \cdot A - \dfrac{3}{5} \cdot A \cdot \left(\dfrac{4}{5}\right)^n$ (explizit)

Aufgabe 8 : Aus je einem Eimer mit weißer (y_0) und schwarzer Farbe (y_1) werden „Grautöne" y_i auf folgende Art hergestellt :

Mischung y_2 : Mische einen Löffel y_1 und einen Löffel y_0

Mischung y_3 : Mische einen Löffel y_2 und einen Löffel y_1

usw.
Wie entwickelt sich der Anteil schwarzer Farbe in den „Grautönen" ?

Lösungsskizzen :

$y_{n+2} = \dfrac{1}{2} \cdot y_{n+1} + \dfrac{1}{2} \cdot y_n$ für $n \geq 0$ sowie $y_0 = 0$ und $y_1 = 1$ (rekursiv). Die explizite Gleichung für diesen Vorgang wird in Kapitel 14 ausführlich hergeleitet.

Die Herleitung der rekursiven wie der expliziten Darstellungen seien dem Leser als Übung überlassen. In den Differenzengleichungen 1. Ordnung der Aufgaben 6b und 7b ist der 2. Summand auf den rechten Seiten abhängig von n. Es handelt sich daher um lDGL 1. Ordnung mit nicht-konstanten Koeffizienten. Diese Erweiterung ist hier unproblematisch; denn in beiden Fällen enthält die explizite Darstellung eine geometrische Reihe, die auf übliche Art durch einen Quotienten ersetzt werden kann. Beide Aufgaben eignen sich gut als Einstieg in die Grenzwertproblematik. Die Kochsche Kurve bietet Paradoxa, die Lernende immer wieder überraschen : Der Umfang übersteigt alle Grenzen, der eingeschlossene Flächeninhalt ist endlich; die Kurve ist stetig, die Zahl an Knickstellen nimmt von Stufe zu Stufe zu, die Grenzkurve ist stetig und nirgends differenzierbar. Das Problem von Aufgabe 8 wird durch eine lDGL 2. Ordnung mathematisiert. Wie man in die Theorie der Differenzengleichungen höherer als 1. Ordnung einführen kann, wird in Kapitel 14 dargestellt.

11.7 Eine Klausuraufgabe

Es wird eine **Klausuraufgabe** vorgestellt, die für 120 Minuten Arbeitszeit konzipiert ist :

„Durch eine Befragung von 50 000 deutschen Urlaubern, bei denen für ihren Sommerurlaub sowohl das Gebirge (G) als auch das Meer (M), aber sonst keine andere Urlaubsregion, in Frage kommt, hat man folgendes Wahlverhalten festgestellt : 40 % (a), die ihren Urlaub dieses Jahr am Meer verbringen, fahren auch im nächsten Jahr wieder ans Meer. 80 % (b) der diesjährigen Gebirgsurlauber werden auch das nächste Jahr wieder im Gebirge verbringen. Zu Beginn des Beobachtungszeitraums soll die Hälfte ans Meer fahren.

a. Stellen Sie die Wahl der Urlaubsregion in einem Übergangsgraphen dar.
b. Zeigen Sie : Das Verhalten der Urlauber am Meer lässt sich durch eine lDgl 1. Ordnung mit konstanten Koeffizienten beschreiben. Zeichnen Sie einen n-a_n-Graphen.
c. Leiten Sie aus der rekursiven Darstellung der allgemeinen Form einer lDgl 1. Ordnung mit konstanten Koeffizienten die explizite Darstellung her.
d. Für französische Urlauber seien die entsprechenden Daten a = 40 % und b = 50 %. Alle anderen Daten sind die für deutsche Urlauber. Untersuchen Sie, wie die Entwicklung des Urlaubsverhaltens in beiden Modellen beschrieben wird. Stellen Sie vor allem die Unterschiede dar."

Lösungsskizzen zu a :

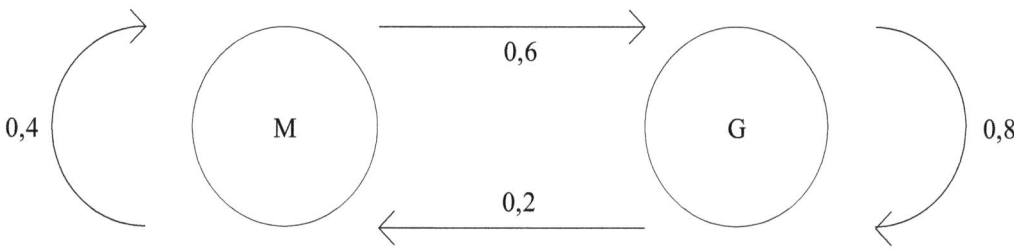

Lösungsskizzen zu b :
S bedeuten : M_n : Anzahl der Urlauber am Meer, G_n : Anzahl der Urlauber im Gebirge
n : Anzahl der Beobachtungsjahre

Für alle n ∈ ℕ gilt : $M_{n+1} = 0{,}4 \cdot M_n + 0{,}2 \cdot G_n$ sowie $M_n + G_n = 50\,000$. Daraus folgt :

$M_{n+1} = 0{,}2 \cdot M_n + 10\,000$.

Es liegt eine lDgl 1. Ordnung mit konstanten Koeffizienten vom Typ $M_{n+1} = A \cdot M_n + B$ vor, wobei für die Koeffizienten gilt : A = 0,2 und B = 10 000. Startwerte sind : $M_0 = G_0 = 25\,000$.

Lösungsskizzen zu c : Siehe die Ausführungen in Abschnitt 11.3.

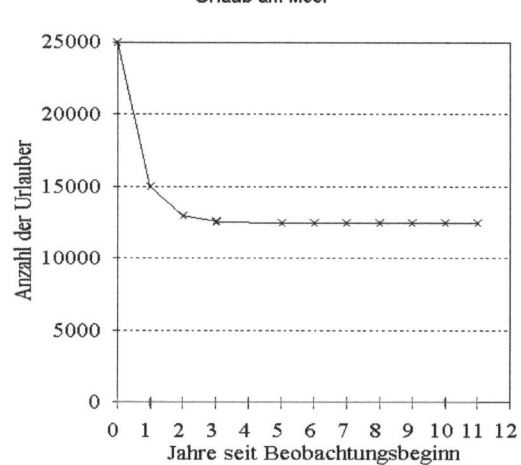

Lösungsskizzen zu d : Im Modell der französischen Urlauber sind die Koeffizienten A = −0,1 und B = 25 000. Der für die französischen Urlauber modellierte Vorgang unterscheidet sich von dem für die deutschen durch
- anderes Grenzverhalten. Von der Anfangsverteilung (25 000 | 25 000) strebt die Folge bei den französischen Urlaubern gegen den Grenzwert (22 727 | 27 273), im Modell der deutschen Urlauber dagegen gegen den Grenzwert (12 500 | 37 500).
- Die Folgenwerte bei französischen Urlaubern oszillieren um den Grenzwert mit kleiner werdender Schwankungsbreite, im Modell der deutschen Urlauber fällt die Folge streng monoton.

- Falls wir uns einen anderen, kontinuierlich verlaufenden Vorgang vorstellen und die Einbettung in eine reelle Funktion betrachten, dann gilt : Die Folge für die französischen Urlauber lässt sich nicht in eine reelle Funktion f vom Typ $f : t \to c \cdot e^{k \cdot t} + d$ mit $c, d \in \mathbb{R}$ einbetten, die der deutschen wohl.

11.8 Eine Aufgabe für das mündliche Abitur

Zum Abschluss soll eine Aufgabe aus dem mündlichen Abitur zeigen, welche Bandbreite an anwendungsreichen Problemen mit lDgl 1. Ordnung bearbeitet werden kann. Die Situationsbeschreibung wurde Kittler (1983), Seite 30/1 entnommen und in Wirths (1989) veröffentlicht.

Aufgabe : m(t) stelle die Menge Nikotin im Blut dar (m in mg, t in Tagen). Wir stellen uns einen Raucher vor, der seinem Blutkreislauf täglich 0,02 mg Nikotin zuführt. Tag für Tag wird 1 % des im Blut bereits vorhandenen Nikotins bis zum nächsten Tag wieder abgebaut. Zu Beginn seien 0 mg Nikotin im Blut (Nichtraucher).

a. Zeigen Sie, dass das Anwachsen der Nikotinmenge im Blut durch eine lineare Differenzengleichung 1. Ordnung mit konstanten Koeffizienten beschrieben werden kann.

b. Untersuchen Sie die Funktion $m : t \to m(t)$, $t \in \mathbb{R}$, auf charakteristische Eigenschaften. Begründen Sie Ihre Aussagen.

c. Entwickeln Sie aus der rekursiven Darstellung der linearen Differenzengleichung 1. Ordnung $m_{t+1} = A \cdot m_t + B$ die explizite Darstellung $m_t = m_0 \cdot A^t + \dfrac{B}{1-A} - \dfrac{B}{1-A} \cdot A^t$.

Lösungsskizzen zu a :

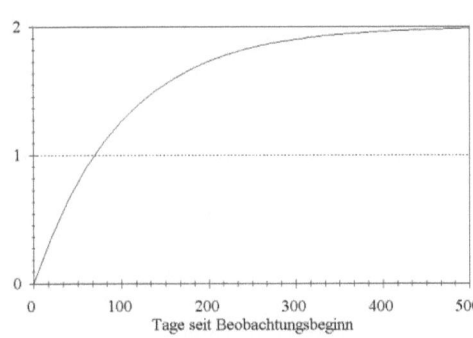

$m_{t+1} = 0{,}99 \cdot m_t + 0{,}02$ mit $m_0 = 0$

Lösungsskizzen zu b :

Aus Aufgabe c folgt $m_t = 2 - 2 \cdot 0{,}99^t$, also $e^k = 0{,}99$
$\Leftrightarrow k = \ln 0{,}99$, $m : t \to 2 - 2 \cdot e^{-0{,}01 \cdot t}$,
$m' : t \to 0{,}02 \cdot e^{-0{,}01 \cdot t}$, $m'' : \to -0{,}0002 \cdot e^{-0{,}01 \cdot t}$,
Graph streng monoton steigend, da $m(t) > 0$ für alle $t \in \mathbb{R}$, keine Extrema, keine Wendestellen, keine besondere Symmetrie, Nullstelle bei $t = 0$,
$\lim\limits_{t \to \infty} m(t) = 2$.

Lösungsskizzen zu c : $t \to \dfrac{B}{1-A} - \dfrac{B}{1-A} \cdot A^t$ ist eine spezielle Lösung der inhomogenen linearen Differenzengleichung, während $t \to m_0 \cdot A^t$ eine allgemeine Lösung der homogenen linearen Differenzengleichung ist. Der gegebene Term ist die Summe einer partikulären Lösung der inhomogenen linearen Differenzengleichung und der allgemeinen Lösung der homogenen linearen Differenzengleichung.

Eine alternative Lösung von Aufgabe c, die allerdings nicht so hochwertig ist, besteht im Hochrechnen auf dem in Abschnitt 11.3 durchgeführten Weg.

Im Prüfungsgespräch sind folgende direkten Anknüpfungspunkte möglich :
- zur Modellbildung (diskret, kontinuierlich, Funktionsanpassung, Abweichung, ...)
- Eigenschaften von linearen Differenzengleichungen 1. Ordnung
- zur linearen Differenzengleichung 2. Ordnung
- zur zugehörigen Differentialgleichung
- zu Verfahren und Definitionen der Analysis

- zu Verfahren und Definitionen der linearen Algebra

11.9 Schlußbemerkungen

Mit diesem Beitrag soll ein erster Einblick in den Umgang mit Differenzengleichungen am Beispiel der lDGl 1. Ordnung mit konstanten Koeffizienten gegeben werden. Für den Reiz dieser Unterrichtsreihe sprechen verschiedene Gründe :

- Es lassen sich einige der bisher immer schon im Unterricht behandelten Folgen wie zum Beispiel arithmetische, geometrische oder alternierende unter einem gemeinsamen Oberbegriff wiederfinden, und das ohne zusätzlichen Zeitaufwand.
- Ich kann beziehungshaltige Mathematik mit vielen heuristischen Elementen vorstellen.
- Ich kann eine in sich geschlossene Theorie erarbeiten lassen, in der neben induktivem Vorgehen auch die Deduktion nicht zu kurz kommt.
- Ich kann Probleme der Modellbildung ansprechen. Besonders viele Anregungen erhält man beim Auswerten von Messreihen. Darüber wird im zwölften Kapitel berichtet.
- Ich kann mit Hilfe verschiedener Darstellungsarten die Frage nach einem Grenzwert für lineare Differenzengleichungen 1. Ordnung mit $|A| < 1$ geradezu provozieren. Bezüglich der suggestiven graphischen Darstellungen, wie sie a_{n+1}-a_n-Diagramme bieten, sei zum Beispiel auf Dürr/Ziegenbalg (1984) verwiesen.
- Von Differenzengleichungen aus kann man in der Abiturstufe auch in die Theorie der Differentialgleichungen einführen. Das wird im zwölften Kapitel vorgeführt.
- Bei Differenzengleichungen höherer als erster Ordnung fügt sich organisch eine Brücke zur Linearen Algebra hin ein. Über diese Möglichkeit wird im vierzehnten Kapitel berichtet.

Mit einem Einstieg über eine Unterrichtsreihe zu Differenzengleichungen kann ich eine gute Fundierung der Analysis erreichen. Die Möglichkeiten, die uns ein zumindest graphikfähiger Taschenrechner bietet, können dazu ausgenutzt werden, bereits in Klasse 10 eine interessante Unterrichtsreihe zu Wachstumsprozessen durchzuführen. Am Beispiel des bekannten „Turm von Hanoi"-Problems wurden diese Möglichkeiten exemplarisch in Kapitel 10 vorgestellt.

12. Auswerten von Messreihen   im Modell der lDglen 1. Ordnung

12.1 Vorbemerkungen

Es wird eine Unterrichtsreihe vorgestellt, in der die Auswertung von Messreihen im Modell der linearen Differenzengleichungen 1. Ordnung behandelt wird. Eine Einbettung in verschiedene Jahrgangsstufen ist möglich. Ein Teil kann bereits in Klasse 9 behandelt werden. In der gymnasialen Oberstufe ist eine Unterrichtseinheit „Differentialgleichungen" auch im Grundniveau möglich. Dieses Kapitel ist eine Überarbeitung von Wirths (2000).

12.2 Eine Messreihe zum Forellenwachstum

In meiner Unterrichtseinheit hat sich neben anderen Problemen folgende **Aufgabe** bewährt :
Aus Erfahrung weiß ein Forellenzüchter, dass ausgewachsene Forellen im Mittel 25 cm lang sind. Jeden Monat t wird die mittlere Länge L_t der Forellen gemessen :

Zeit in Monaten	0	1	2	3	4	5
Länge L_t in cm	5	9	12,2	14,8	16,8	18,4

Kommentar : Die allgemeine Darstellung einer linearen Differenzengleichung 1. Ordnung mit konstanten Koeffizienten hat hier folgende Form : $L_{t+1} = A \cdot L_t + B$ mit $A, B \in \mathbb{R}$.
Setzen wir die ersten drei Messwerte ein, erhalten wir ein Gleichungssystem von A und B :

$\quad\quad 9 \;=\; 5 \cdot A + B$ $\quad\quad\quad\quad\quad$ (Einsetzen des ersten und zweiten Messwerts)
$\wedge\;\; 12{,}2 \;=\; 9 \cdot A + B$ $\quad\quad\quad\quad$ (Einsetzen des zweiten und dritten Messwerts)

Lösung dieses Gleichungssystems ist : $A = 0{,}8 \wedge B = 5$. Als konkrete lineare Differenzengleichung 1. Ordnung, die den ersten drei Messwerten der Tabelle genügt, erhalten wir :

(1) $\quad L_{t+1} = 0{,}8 \cdot L_t + 5$.

Um zu überprüfen, ob diese rekursive Darstellung das beobachtete Wachstum der Forellen angemessen beschreibt, errechnen wir die nächsten drei Prognosewerte :

Prognosewert für den Zeitpunkt $t = 3$: $L_3 = 0{,}8 \cdot 12{,}2 + 5 = 14{,}76$
Prognosewert für den Zeitpunkt $t = 4$: $L_4 = 0{,}8 \cdot 14{,}76 + 5 = 16{,}608$
Prognosewert für den Zeitpunkt $t = 5$: $L_5 = 0{,}8 \cdot 16{,}608 + 5 = 18{,}4464$

In der Messtabelle sind die mittleren Längen auf Millimeter genau angegeben. Wenn wir die Prognosewerte auch auf Millimeter runden, dann akzeptieren wir die lineare Differenzengleichung (1) als ein in etwa passendes Modell für das Wachstum dieser Forellen akzeptieren.

Zuwachs	Absoluter Zuwachs
vom Startglied zum 1. Glied	4 cm
vom 1. zum 2. Glied	3,2 cm = 4·0,8 cm
vom 2. zum 3. Glied	2,56 cm = 3,2·0,8 cm = 4·0,8² cm
vom 3. zum 4. Glied	2,048 cm = 2,56·0,8 cm = 4·0,8³ cm
vom 4. zum 5. Glied	1,6384 cm = 2,048·0,8 cm = 4·0,8³ cm
...	...
vom (t - 1). zum t. Glied	$4 \cdot 0{,}8^{t-1}$ cm

Beim Auflösen des Gleichungssystems nach der Variablen A sollte uns aufgefallen sein : Die absoluten Zuwächse bilden eine Folge, bei der der Quotient q von je zwei aufeinander folgenden Gliedern immer konstant ist; es handelt sich um eine geometrische Folge mit dem Quotienten q = 0,8. Es handelt sich um eine lineare Differenzengleichung 1. Ordnung mit den konstanten Koeffizienten A = 0,8 und B = 5. Zeichnet man den Graphen dieser Folge, fällt auf, dass die Zuwächse immer geringer werden, der Graph also in eine Kurve mit Rechtskrümmung eingebettet werden kann. Betrachten wir daher in der auf der vorigen Seite abgedruckten Tabelle die absoluten Zuwächse der Folgenglieder der Folge. Genau diese Eigenschaft nutzen wir nun aus, um eine explizite Gleichung für L_t aufzustellen, die dieses Wachstum beschreibt.

Es gilt : $L_1 = L_0 + (L_1 - L_0)$

$L_2 = L_0 + (L_1 - L_0) + (L_2 - L_1)$

...

$L_t = L_0 + (L_1 - L_0) + (L_2 - L_1) + ... + (L_t - L_{t-1})$

Also ist : $L_t = 5 + 4 + 4 \cdot 0,8 + ... + 4 \cdot 0,8^{t-1} = 5 + 4 \cdot (1 + 0,8 + 0,8^2 + ... + 0,8^{t-1})$

$= 5 + 4 \cdot \dfrac{1 - 0,8^t}{1 - 0,8} = 5 + \dfrac{4}{1 - 0,8} \cdot (1 - 0,8^t) = 5 + 20 - 20 \cdot 0,8^t = 25 - 20 \cdot 0,8^t$

(2) $L_t = 25 - 20 \cdot 0,8^t$ ist die gesuchte explizite Gleichung für dieses Wachstum.

Der Erfahrungswert des Züchters wird in diesem Modell angemessen wiedergegeben; denn es gilt für alle $t \in \mathbb{R}$: $L_t < 25$ cm und $\lim\limits_{t \to \infty} L_t = 25$ cm.

Lernende fragen : „Gibt es einen Wert L, für den sich die Folgenwerte nicht mehr ändern ?" Sie versuchen also den Erfahrungswert des Züchters statt über eine Grenzwertüberlegung über eine Fixwertuntersuchung zu überprüfen. Nach Einsetzen in (1) und Umformen folgt :

$L = 0,8 \cdot L + 5 \Leftrightarrow L = 25$.

Hier kristallisieren sich weitere interessante Fragen heraus : „Ist jeder Fixwert einer Folge auch Grenzwert ?" und „Ist jeder Grenzwert auch Fixwert ?"

Aus der Auswertung dieser Aufgabe folgt eine erste Erfahrung : Falls es sich nicht um eine konstante Folge handelt, können wir aus drei aufeinander folgenden Messwerten die beiden Koeffizienten A und B der lDgl 1. Ordnung berechnen. Weitere Messwerte geben uns die Gelegenheit zu überprüfen, ob der Vorgang auch über diese drei Messwerte hinaus im Modell der lDgl 1. Ordnung angemessen beschrieben werden kann. Bei der Herleitung wird die Gleichung zur Berechnung von Potenzsummen für $A \neq 1$ benutzt :

$\sum\limits_{i=0}^{n-1} A^i = 1 + A + A^2 + ... + A^{n-1} = \dfrac{1 - A^n}{1 - A} = \dfrac{A^n - 1}{A - 1}$.

Diese Gleichung kann schon in Klasse 9 bei der Behandlung von Potenzen algebraisch oder mittels stochastischer Überlegungen, wie sie in Aufgabe 6 von Kapitel 4 in Wirths (2020) dargestellt werden, hergeleitet werden und den Unterricht über „Potenzen" bereichern.

Die bisherigen Überlegungen sind durchaus schon in der Mittelstufe des Gymnasiums möglich und können dort den Unterricht um interessante Wachstumsprobleme bereichern. Auch die Grenzwertbetrachtung lässt sich anschaulich führen. In der gymnasialen Oberstufe können wir über den bisher vorgestellten Rahmen hinausgehen. Stellen wir uns vor, dass wir mit der Messtabelle nur einen in regelmäßigen Abständen erstellten Bericht über ein tatsächlich kontinuierlich verlaufendes Wachstum betrachten. Wir betten dann die Folge $<L_t>$ in die zugehörige reelle Funktion L ein, für die gilt : $L : t \to L(t)$ mit $L(t) = 25 - 20 \cdot 0,8^t$ und $t \in \mathbb{R}$, wobei t als Variable weiterhin die Anzahl der Monate beschreibt. Sobald die e-Funktion bekannt ist, können wir L(t) auch schreiben als $L(t) = 25 - 20 \cdot (e^{\ln 0,8})^t = 25 - 20 \cdot e^{-0,223 \cdot t}$.

Betrachtet man den Graphen dieser Funktion L, stellt man anhand der Steigungen fest, dass die Wachstumsgeschwindigkeit zu Beginn relativ groß ist, dann aber immer mehr abnimmt. Bisher haben uns die absoluten Zuwächse lediglich Informationen über die Wachstumsgeschwindigkeit der Forellen in einem bestimmten Zeitraum (Monat) geliefert. Im Modell der reellen Funktion L können wir anstelle dieser mittleren monatlichen nun auch die momentanen Wachstumsgeschwindigkeiten betrachten. Wir leiten L einmal nach t ab und erhalten :

$L'(t) = -20 \cdot (-0,223) \cdot e^{-0,223 \cdot t}$. Hieraus folgt ein interessanter Zusammenhang zwischen der Funktion L und ihrer ersten Ableitung L', eine Differentialgleichung 1. Ordnung :

$$L(t) = 25 + \frac{1}{\ln 0,8} \cdot L'(t) \Leftrightarrow 25 - L(t) = -\frac{1}{\ln 0,8} \cdot L'(t) \Leftrightarrow L'(t) = \ln 0,8 \cdot L(t) - \ln 0,8 \cdot 25.$$

Aus diesen Umformungen folgt, dass L'(t) proportional zu 25 - L(t) ist.

Vergleicht man die mit Hilfe einer lDgl 1. Ordnung mit konstanten Koeffizienten vorgenommene Modellbildung unseres Problems mit der über Differentialgleichungen (zum Beispiel nach Lambacher (1983a)), fällt ein entscheidender Unterschied auf : Im Modell der Differenzengleichung benötigt man weniger - und auch einfachere - Voraussetzungen als bei der entsprechenden Differentialgleichung. So ist etwa die Aussage, dass die Wachstumsgeschwindigkeit proportional zum noch verbleibenden Unterschied zur Wachstumsgrenze ist, im Modell der Differenzengleichungen eine Folgerung, während sie zur Aufstellung der entsprechenden Differentialgleichung als Modellvoraussetzung formuliert werden muss. Vor Jahren stellten Lernende die Fragen : „Woher weiß man, dass 25 die Wachstumsgrenze ist ?" sowie „Kann man das überhaupt schon an den ersten Werten erkennen ?" Sie zitierten das Beispiel des Forellenwachstums aus Lambacher (1983) Seite 13 und Lambacher (1983a) Seite 184/5, und provozierten so eine Einbettung in eine Unterrichtseinheit „Differenzengleichungen".

12.3 Eigenschaften von linearen Differenzengleichungen 1. Ordnung

Lineare Differenzengleichungen 1. Ordnung mit konstanten Koeffizienten haben eine Reihe von Eigenschaften, die an konkreten Beispielen erkannt und dann allgemein hergeleitet werden können. Sie wurden in Kapitel 11 vorgestellt. Entdeckt man beim Auswerten von Messreihen solch eine Eigenschaft, dann deutet das auf eine Modellierung mittels lDgl 1. Ordnung mit konstanten Koeffizienten hin. Hier soll die explizite Gleichung eine linearen Differenzengleichung 1. Ordnung mit konstanten Koeffizienten auf einem anderen Weg als in Kapitel 11 hergeleitet werden. Aus den Überlegungen in Abschnitt 12.2 folgt allgemein :

$x_n = x_0 + (x_1 - x_0) + (x_1 - x_0) \cdot A + (x_1 - x_0) \cdot A^2 + \ldots + (x_1 - x_0) \cdot A^{n-1}$.

Für A = 1 liegt eine arithmetische Folge vor und es gilt : $x_n = x_0 + n \cdot (x_1 - x_0) = x_0 + n \cdot B$.

Für $A \neq 1$ gilt : $x_n = x_0 + (x_1 - x_0) \cdot [1 + A + A^2 + \ldots + A^{n-1}] = x_0 + [A \cdot x_0 + B - x_0] \cdot \frac{A^n - 1}{A - 1}$

$= x_0 + [(A-1) \cdot x_0 + B] \cdot \frac{A^n - 1}{A - 1} = x_0 + \frac{(A-1) \cdot x_0 \cdot (A^n - 1)}{A - 1} + B \cdot \frac{A^n - 1}{A - 1}$

$= x_0 + x_0 \cdot (A^n - 1) + B \cdot \frac{A^n - 1}{A - 1} = x_0 \cdot A^n + B \cdot \frac{A^n - 1}{A - 1} = x_0 \cdot A^n + B \cdot \frac{1 - A^n}{1 - A}$

Damit haben wir die gleichen Ergebnisse wie im elften Kapitel erzielt.

12.4 Weitere Erfahrungen

In Abschnitt 12.1 wurde am Beispiel des Wachstums von Forellen angedeutet, welch große Reichweite bereits lineare Differenzengleichungen 1. Ordnung mit konstanten Koeffizienten haben können. Mit diesem Modell lassen sich alle Wachstumsprobleme charakterisieren, die auf arithmetische, geometrische Folgen oder auf Folgen führen, die ein Wachstum mit Kapazitätsgrenze beschreiben. Eine Fülle von Anregungen über rekursive Prozesse im Allgemeinen, also nicht nur auf lDglen 1. Ordnung mit konstanten Koeffizienten beschränkt, liefern Dürr/ Ziegenbalg (1984) und Stowasser/Mohry (1978).

Einige Probleme, die auch auf großes Interesse bei den Lernenden stoßen, seien erwähnt :
- Probleme zum Umgang mit Geld, insbesondere Spar- und Tilgungspläne sowie Aufgaben zur Verrentung eines Kapitals, werden von Lernenden als besonders lebensnah empfunden und eignen sich hervorragend zum Unterrichtseinsatz. Als Beispiele seien die ersten drei Aufgaben aus Kapitel 11 genannt. Interessant ist, dass Tilgungsmodelle auch auf die Bewirtschaftung eines Waldes oder eines Fischgewässers übertragen werden können. Damit eröffnet sich eine interessante Perspektive.
- Mit geometrischen Fragestellungen kann man Lernende ebenfalls gut motivieren. Hier seien die Aufgaben 6 und 7 aus Kapitel 11 genannt.

Beispiel : radioaktiver Zerfall :

Ein Beispiel wollen wir nun noch ausführlich betrachten. Bei einer Messreihe zum radioaktiven Zerfall von Protactinium ($^{234}_{91}P$) sei zu bestimmten Zeitpunkten t die Impulsrate I gemessen worden, wobei der Nulleffekt nicht berücksichtigt wurde. Wir betrachten folgende Messreihe :

N	0	1	2	3	4	5	6
I_n	240	182	139	107	83	66	53
T ins s	0	30	60	90	120	150	180

Auf das Modell der lDgl 1. Ordnung mit konstanten Koeffizienten weist die Tatsache hin, dass die Abnahme der Impulsraten immer geringer wird. Konkret werden sie von Messung zu Messung um rund 26 % kleiner. Nach dem Muster von Aufgabe 1 können wir die Werte für A und B aus den ersten drei Messungen berechnen. Wir nehmen hier aber statt der errechneten Werte einfachere Dezimalzahlen, wir wählen eine rekursive Darstellung, die als Näherung die Messwerte recht gut approximiert : $I_{n+1} = 0{,}74 \cdot I_n + 4{,}4$. $\lim_{n \to \infty} I_n$ existiert und beträgt 16,9.

Messungen belegen, dass dieser Grenzwert als Nulleffekt interpretiert werden kann. Wenn wir 16,9 von jeder gemessenen Impulsrate abziehen, erhalten wir die rekursive Darstellung :

$I_{n+1} = 0{,}74 \cdot I_n$, was leicht zum Beispiel nach dem Muster von 12.1 überprüft werden kann. Daraus folgt die explizite Darstellung $I_n = I_0 \cdot 0{,}74^n$ mit dem Grenzwert 0. Wenn wir die Zeit t (gemessen in Sekunden) als Variable einbringen wollen, müssen wir n durch $\frac{t}{30}$ ersetzen. Dann lautet die explizite Gleichung mit der Variablen t zur Beschreibung des radioaktiven Zerfalls $I_t = I_0 \cdot 0{,}74^{\frac{t}{30}} = I_0 \cdot \left(0{,}74^{\frac{1}{30}}\right)^t = I_0 \cdot 0{,}99^t$. Als Halbwertszeit für den β-Zerfall dieses

Protactinium-Isotops erhalten wir mit rund 69 Sekunden eine recht gute Übereinstimmung mit dem Literaturwert.

12.5 Schlussbemerkungen

Alle Probleme, die auf arithmetische, geometrische oder auf Folgen führen, die ein Wachstum mit Kapazitätsgrenze beschreiben, haben als Modell die linearen Differenzengleichungen 1. Ordnung mit konstanten Koeffizienten. Ökonomischer Vorteil ist, dass die gemeinsame Basistheorie nur ein einziges Mal entwickelt werden muss. Das wiederum ermöglicht die Behandlung einer möglichst großen Bandbreite an Problemen. Der ständige Rekurs auf die Basistheorie übt die theoretischen Grundlagen ein. Die Entdeckung dieser Vielfalt motiviert Lernende besonders stark. Sogar beim Unterricht in dem als besonders problematisch angesehenen Unterricht auf Grundniveau in der gymnasialen Oberstufe, der ausschließlich Lernende enthält, die ihre Pflichtauflage in Mathematik nur „abdecken" müssen, kann nach meinen Erfahrungen bei Lernenden wieder ein gewisses Selbstvertrauen, unter Umständen sogar wieder Freude am Umgang mit Mathematik geweckt werden, auch bei denen, die eigentlich keine Lust mehr hatten, sich mit Mathematik auseinander zu setzen. Neben den Aufgabenstellungen, bei denen durch die verbale Problemstellung die Modellierung im Modell der Differenzengleichungen nahegelegt wird, können in einer solchen Unterrichtsreihe auch Messreihen behandelt werden, die man nach dem Vorbild dieses Beitrags auswerten kann. Bei der Lösung eines konkreten Problems ist es auch immer möglich, charakteristische Eigenschaften von linearen Differenzengleichungen 1. Ordnung mit konstanten Koeffizienten zu entdecken und anschließend zu beweisen.

Wenn die e-Funktion bekannt ist, gelangt man bei kontinuierlich ablaufenden Vorgängen mühelos über die Diskussion der Änderungsgeschwindigkeiten zu Differentialgleichungen. Die Behandlung der charakteristischen Typen
- f'(t) = const (arithmetische Folge, lineares Wachstum)
- f'(t) ~ f(t) (geometrische Folge, exponentielles Wachstum)
- f'(t) ~ (g - f(t)) (Wachstum mit Kapazitätsgrenze g)

bereitet den Boden für die Modellierung eines weiteren Wachstumsprozesses. Dieser wird durch die Differenzengleichung $x_{n+1} = (1 + g) \cdot x_n - m \cdot x_n^2$ dargestellt, mit der das logistische Wachstum beschrieben wird. Diese Differenzengleichung gehört zwar nicht mehr zu den linearen Differenzengleichungen 1. Ordnung mit konstanten Koeffizienten, kann aber im Anschluss daran behandelt werden, und erweitert unser Wissen um einen wichtigen Wachstumsprozess. Dieser Beitrag ist bewusst hard- und softwareunabhängig geschrieben worden. Mir geht es hier um die Vermittlung grundlegender mathematischer Ideen und Verfahren. Eine Anpassung an die Möglichkeiten der Hard- und Software der jeweiligen Lerngruppe stellt nach meinen Erfahrungen kein großes Problem mehr dar. Die Benutzung einer Tabellenkalkulation erleichtert in jedem Fall die Wahl eines passenden Modells erheblich.

Eine wichtige Voraussetzung für den Einsatz der hier diskutierten Methoden ist, dass die 1. Koordinaten von drei aufeinander folgenden Messwerten gleiche Abstände aufweisen müssen. Ist das nicht der Fall, müssen Methoden wie Kurvenanpassung oder Regression eingesetzt werden. Wie dies geschehen kann und zu welchen Ergebnissen man dann kommen kann, soll im nächsten Kapitel dargestellt werden.

13. Auswerten von Messreihen mittels Tabellenkalkulation

13.1 Vorbemerkungen

Es wird in dieser Überarbeitung von Wirths (2000a) eine Unterrichtsreihe vorgestellt, in der das Auswerten von Messreihen thematisiert wird. Im Mittelpunkt steht die Entwicklung eines Rechenblatts zur Auswahl eines Modells, in dem die Messdaten am besten approximiert werden können. Eine Einbettung in den Unterricht ist bereits ab Klasse 9 möglich.

In Kapitel 12 habe ich eine Messreihe zum radioaktiven Zerfall von Protactinium ($^{234}_{91}P$) vorgestellt, bei der bestimmten Zeitpunkten x die Impulsrate y zugeordnet wird. Bei der Messung von y wurde der Nulleffekt nicht berücksichtigt. Dies ist die Messreihe:

x in s	0	30	60	90	120	150	180
y	240	182	139	107	83	66	53

Im vorigen Kapitel wurde gezeigt, wie im Modell der lDgl 1. Ordnung mit konstanten Koeffizienten diese Messreihe angemessen approximiert und die Nullrate erkannt werden kann. In diesem Kapitel soll nun ein anderer Weg beschritten werden : Zunächst geht es darum, ein Modell zu entdecken, von dem man begründet annehmen darf, dass es den betrachteten Vorgang gut approximieren wird. Danach sollen Prognosewerte in diesem Modell berechnet und mit den gegebenen Werten verglichen werden. Wir gehen davon aus, dass die Zeiten recht gut gemessen wurden, bei der Messung der Impulsraten jedoch Fehler vorgekommen sein könnten. Daher wird die Zeit als unabhängige Variable x und die Impulsrate als davon abhängige Variable y gewählt. Eine erste graphische Darstellung im Koordinatensystem mit Bleistift und Papier lässt vermuten, dass der zugehörige Graph keine Gerade ist.

13.2 Zur Auswahl eines angemessenen Modells

In den ersten Unterrichtsstunden entwickelten die Lernenden an der Tabellenkalkulation eine Reihe von Wünschen bezüglich des Layouts sowie des Umfangs von Rechnungen. Ich übergehe diese ersten Darstellungsversuche und beziehe mich hier auf eine Form, die in meinem letzten Pflichtauflagen-Grundkurs der Jahrgangsstufe 13 von 4 Schülerinnen erarbeitet und nach ausgiebiger Diskussion von allen Lernenden als beispielhaft akzeptiert und gemeinsam weiter entwickelt wurde. Diese 4 Schülerinnen legten in der Tabellenkalkulation eine Basistabelle und mehrere darauf bezogene weitere Tabellen an. Die Basistabelle, deren Aufbau im Folgenden beschrieben wird, trägt den bezeichnenden Namen „Suchen". In Figur 1 wird die endgültige Fassung mit den vier in diesem Aufsatz beschriebenen Modellen dargestellt.

	A	B	C	D	E	F
1			Auswertung von Messdaten			
2			Auswahl eines passenden Modells			
3						
4	x	y		ln x	ln y	x^2
5	0	240		-9,21.34	5,4806	0
6	30	182		3,4012	5,2040	900
7	60	139		4,0943	4,9345	3 600
8	90	107		4,4998	4,6728	8 100
9	120	83		4,7875	4,4188	14 400
10	150	66		5,0106	4,1897	22 500
11	180	53		5,1929	3,9703	32 400

Figur 1 : Das Arbeitsblatt „Suchen"

In die Zellen A5 bis A11 sind die jeweils ersten und in die Zellen B5 bis B11 jeweils die zweiten Koordinaten der Messdaten eingetragen. Nach dieser ersten Arbeit definieren wir eine Graphik vom Typ x-y, das heißt, wir stellen die Messdaten in einem Koordinatensystem dar, wobei die ersten Koordinaten (aus den Zellen A5 bis A11) auf der x-Achse, die zweiten (aus den Zellen B5 bis B11) auf der y-Achse aufgetragen werden. Wir erhalten als Graph eine linksgekrümmte, streng monoton fallende Kurve, die die y-Achse bei $(0 \mid 240)$ schneidet und sich der x-Achse nähert. Zur Modellierung dieses Vorgangs scheidet daher eine lineare Funktion aus. Wir vermuten, dass eine Exponentialfunktion vom Typ f: x $\rightarrow$ y mit $y = a \cdot e^{k \cdot x}$ und $a = 240$ und einem noch zu bestimmenden Parameter $k \in \mathbb{R}$ zur Approximation geeignet ist. Zur Unterstützung unserer Vermutung berechnen wir in den Zellen E5 bis E11 die Logarithmen der zweiten Koordinaten und definieren eine zweite Graphik, bei der wir die Messdaten in einem x - ln y-Koordinatensystem darstellen. In 13.4 wird dieses Verfahren bei Modell M_2 näher erläutert und begründet.

Wir erhalten jetzt einen Graphen, auf dem die Messdaten schon gut auf einer Geraden liegen. Damit ist der erste Teil der Arbeit erledigt. Wir vermuten, dass in diesem Modell die Messreihe angemessen approximiert wird.

Mit den Spalten D und F aus Figur 1 müssen wir bei der obigen Messreihe noch nicht arbeiten; sie werden erst in anderen Modellen benötigt. Das Modell der Exponentialfunktion erweist sich für unsere Messreihe bereits als gut geeignet zur Approximation der Messdaten. Dennoch soll hier schon auf eine Besonderheit, die bei der Auswertung anderer Messdaten bedeutsam werden könnte, eingegangen werden. Wir beschränken uns auf Messdaten, deren Koordinaten nichtnegativ sind. Obwohl ln 0 nicht existiert, steht in D5 ein Ergebnis. Die Lernenden haben vorgeschlagen, als Ersatz für ln 0 den Logarithmus einer sehr kleinen positiven Zahl zu berechnen. Für diese Messreihe wählten sie 0,0001. Damit wollten sie eine Fehlermeldung in D5 vermeiden, aber auch erreichen, möglichst häufig mit dem einmal eingestellten Argument- und Wertebereich der Graphiken ohne weitere Änderung arbeiten zu können. In Zelle D5 tragen wir deshalb folgende Formel ein : @Wenn(A5=0;@LN(0,0001);@LN(A5)), entsprechend bei den zweiten Koordinaten und tragen @WENN(B5=0; @LN(=0,0001); @LN(B5)) in Zelle E5 ein. Schließlich schreiben wir in Zelle F5 noch : (A5*A5) Dann werden die drei Zellen D5, E5 und F5 markiert und die in ihnen enthaltenen Formeln in den Zellbereich D6 bis F11 kopiert. Sollten andere Messreihen über die 11. Zeile hinausragen, dann können nach dem oben beschriebenen Verfahren die Formeln einfach in weitere Zeilen kopiert werden. Allerdings haben wir noch nicht unbedingt das endgültige Modell gefunden. Deshalb wollen wir untersuchen, wie gut die Daten in diesem Modell approximiert werden, ob wir diese Approximation akzeptieren können.

13.3 Die Untersuchung im Modell der Exponentialfunktion

Für das Modell der Exponentialfunktion wird eine andere Tabelle mit dem Namen „Exponential" angelegt. Eine erste Vorgehensweise ist damit schon genannt : Wir suchen im ersten Arbeitsblatt „Suchen" nach einem Modell, in dem die Daten nach unserem Augenschein gut approximiert werden. Danach untersuchen wir anhand einer für das ausgesuchte Modell gesondert angelegten Tabelle die Approximation genauer. In der Tabelle „Exponential" stehen die Messdaten in den Zellen A8 bis A14 (erste Koordinate x) und C8 bis C14 (zweite Koordinate y). Wir programmieren so, dass die Daten automatisch von der Tabelle „Suchen" übernommen werden. Die Impulsrate wird um die Nullrate verringert. Dazu tragen wir in der Tabelle in Zelle F5 in Einklang mit den Ergebnissen aus dem vorigen Kapitel 16 ein. Die korrigierte 2. Koordinate y_{korr} wird in den Zellen B8 bis B14 dargestellt. In B8 wird (C8-F5) eingegeben. Diese Formel wird dann in die Zellen B9 bis B14 kopiert.

	A	B	C	D	E	F
1			Auswertung von Messdaten			
2		im Modell der Exponentialfunktionen f : x → y mit y = a·e$^{k·x}$ + Korrektur				
3	x	y				
4	30	166		k = −0,01		
5	150	50		a = 224,07	Korrektur =	16
6						
7	x	y$_{korr}$	y	f(x)	f(x) − y$_{korr}$	in %
8	0	224	240	224,07	0,07	0,03
9	30	166	182	166,00	0,00	0,00
10	60	123	139	122,98	−0,02	0,02
11	90	91	107	91,10	0,10	0,11
12	120	67	83	67,49	0,49	0,73
13	150	50	66	50,00	0,00	0,00
14	180	37	53	37,04	0,04	0,11

Figur 2 : Die Tabelle „Exponential"

In der Zuordnungsvorschrift y = a·e$^{k·t}$ sind die beiden Parameter a und k enthalten. Mit Hilfe von zwei verschiedenen Messwerten berechnen wir dafür die konkreten Werte. Dazu markieren wir zwei nebeneinander liegende Zellen aus den Spalten A und B und kopieren sie in die Zellen A4 und B4. Wir wiederholen dies und kopieren aus einer anderen Zeile in die Zellen A5 und B5. Diesen Kopiervorgang können wir schnell wiederholen, so dass wir in relativ kurzer Zeit alle Kombinationen von zwei Messwerten ausprobieren und die Auswirkung einer Änderung in der Auswahl der Stützwerte graphisch und rechnerisch verfolgen können. Wir haben so die beiden Messwerte ausgewählt, aus denen wir die konkreten Werte für die beiden Parameter a und k berechnen. Der Wert für k wird in D4, der Wert für a in D5 berechnet. Auf die entsprechenden Formeln wird in Abschnitt 13.4 bei Modell M$_2$ eingegangen. Nun können wir daran gehen, mit Hilfe dieser beiden Parameter Prognosewerte f(x) zu berechnen. Wir tragen die Vorschrift (D5*@EXP((D4*A8)) in Zelle D8 ein und kopieren sie in die Zellen D9 bis D14. Die Abweichungen dieses Prognosewerts von der 2. Koordinate des korrigierten Messwerts errechnen wir in Zelle E8 durch (D8 − B8), wobei für uns auch das Vorzeichen von Bedeutung sein soll. Schließlich berechnen wir in Zelle F8 den relativen Abstand des Prognosewerts von der zweiten Koordinate des korrigierten Messwerts mit Hilfe der Formel (@ABS(E8)/B8*100). Die Formel aus E8 wird in die Zellen E9 bis E14 und die Formel aus F8 in die Zellen F9 bis F14 kopiert. Zum Schluss organisieren wir die Bildschirmdarstellung so, dass sowohl die Graphik als auch das zugehörige Rechenblatt dargestellt werden. Wir definieren für dieses Arbeitsblatt eine eigene x-y-Graphik. Wir stellen dabei zwei Zusammenhänge in einer Graphik dar : Zum einen den Zusammenhang zwischen den Werten der unabhängigen Variablen x, die den Zellen A8 bis A14 entnommen werden, und den zugehörigen korrigierten y-Koordinaten(y$_{korr}$), die als y$_1$-Werte aus den Zellen B8 bis B14 stammen, dazu (in anderer Farbe) den Zusammenhang zwischen x und den zugehörigen Prognosewerten f(x), die als y$_2$-Werte den Zellen D8 bis D14 entnommen werden.

Die Lernenden akzeptierten das Modell der Exponentialfunktion als geeignet zur Approximation der gegebenen Messwerte. Die Übereinstimmung zwischen Prognose- und Messwerten war selbst bei einer Nullrate von 0 bereits gut, wurde bei einer Nullrate von 16 noch besser.

13.4 Zur Linearisierung der Messwerte

Wenn als Graph der Punktwolke eine Gerade in Frage kommt, kann der Zusammenhang zwischen x und y durch eine lineare Funktion $f : x \to y$ mit $y = m \cdot x + b$ beschrieben werden. Durch $m = \dfrac{y_2 - y_1}{x_2 - x_1}$ sowie $b = y_1 - m \cdot x_1$ berechnen wir die beiden Parameter m und b. Dies ist **Modell M_1**.

In den Fällen, in denen als Graph eine Gerade unpassend erscheint, muss man versuchen, die Messwerte so zu transformieren, dass der Graph der transformierten Daten eine Gerade ist. Mit x bzw. y seien im folgenden die 1. bzw. 2. Koordinaten der gegebenen Daten bezeichnet, mit s bzw. t die zugehörigen Koordinaten nach der Transformation. Für die folgenden Modelle gelingt im Mathematikunterricht die Linearisierung sehr einfach.

Modell M_2 : Die Exponentialfunktion $f : x \to y$ mit $y = a \cdot e^{k \cdot x}$

Durch $k = \dfrac{\ln y_2 - \ln y_1}{x_2 - x_1}$ sowie $a = \dfrac{y_1}{e^{k \cdot x_1}}$ berechnen wir die beiden Parameter k und a. Zur Linearisierung logarithmiert man die zweite Koordinate; denn es gilt : $y = a \cdot e^{k \cdot x}$ $\Leftrightarrow$ $\ln y = \ln(a \cdot e^{k \cdot x})$ (alle 2. Koordinaten müssen positiv sein !) $\Leftrightarrow$ $\ln y = k \cdot x + \ln a$. Setzt man $s = \ln y$ und $t = x$, erhält man : $s = k \cdot t + \ln a$. k ist also die Steigung und ln a der Achsenabschnitt der durch diese Transformation entstandenen Geraden.

Modell M_3 : Die Potenzfunktion $f : x \to y$ mit $y = a \cdot x^n$

Durch $n = \dfrac{\ln y_2 - \ln y_1}{\ln x_2 - \ln x_1}$ sowie $a = \dfrac{y_1}{x_1^n}$ berechnen wir die beiden Parameter a und n. Zur Linearisierung logarithmiert man beide Koordinaten; denn es gilt : $y = a \cdot x^n$ $\Leftrightarrow$ $\ln y = \ln(a \cdot x^n)$ (alle Koordinaten müssen positiv sein !) $\Leftrightarrow$ $\ln y = n \cdot \ln x + \ln a$. Setzt man $s = \ln y$ und $t = \ln x$, erhält man : $s = n \cdot t + \ln a$. n ist also die Steigung und ln a der Achsenabschnitt der durch diese Transformation entstandenen Geraden.

Modell M_4 : Die quadratische Funktion $f : x \to y$ mit $y = a \cdot x^2 + b$

Durch $a = \dfrac{y_2 - y_1}{x_2^2 - x_1^2}$ und $b = y_1 - a \cdot x_1^2$ berechnen wir die beiden Parameter a und b. Wir setzen $s = y, t = x^2$ und erhalten $s = a \cdot t + b$. a ist die Steigung, b der y-Achsenabschnitt der durch diese Transformation entstandenen Geraden.

13.5 Die Tabelle für das Modell „Potenzfunktion"

Bisher wurden die Tabellen „Suchen" und „Exponential" ausführlich beschrieben. Für Untersuchungen in anderen Modellen müssen weitere Tabellen angelegt werden. Betrachten wir dazu Daten aus Kapitel 10 in Wirths (2020) : Im Eisschnelllauf bestanden vor Jahren folgende Weltrekorde :

Strecke x in m	500	1 000	1 500	5 000	10 000	35 246
Zeit y in s	36,57	75,58	113,22	411,17	858,00	3600

Wir gehen davon aus, dass die Strecken fehlerfrei, die Zeiten fehlerbehaftet sind. Daher wählen wir x als unabhängige und y als davon abhängige Variable. Ein linearer Zusammenhang kommt für die Lernenden nicht in Frage, weil ein Rekordlauf über zum Beispiel 10 000 m nicht als 20 malige Wiederholung von Rekordläufen über 500 m aufgefasst werden kann. Lässt man Schüler darstellen, wie ein zusammenhängender Graph im Vergleich zu einer Ursprungsgeraden aussehen müsste, zeichnen sie eine Kurve durch den Ursprung (daher kommt Modell M_2 nicht in Frage), die linksgekrümmt sich immer weiter von der Ursprungsgeraden entfernt. Auch in der Tabelle „Suchen" wird als x-y-Graph solch eine Kurve angezeigt. Wir definieren in der Tabelle „Suchen" eine neue Graphik, bei der wir als erste Koordinate ln x und als zweite ln y wählen. Da wir bei dieser Graphik schon gut eine Gerade erkennen können, erscheint es interessant, Modell M_3 zu erproben.

Zur weiteren Auswertung legen wir ein neues Arbeitsblatt für Modell M_3 an, „Potenzfunktion" genannt. Dazu kopieren das Arbeitsblatt „Exponential" in ein leeres Arbeitsblatt. Wir müssen nur noch den Text in Zeile 2, die Formeln in den Zellen D4, D5 und in D8 bis D13 ändern sowie eine eigene Graphik definieren (x-Werte aus A9 bis A13, y_1-Werte aus B9 bis B13 und y_2-Werte aus D9 bis D13), können wir mit den Untersuchungen in Modell M_3 beginnen.

Schon in der Tabelle fällt uns die besondere Lage des Messwerts für den Stundenweltrekord auf. Er liegt sehr weit von den anderen entfernt. Der ln x-ln y-Graph besteht aus zwei geraden Stücken, die bei 10 000 m mit einem Knick aneinandergefügt sind. Eine Modellierung mit Hilfe einer Potenzfunktion wird offensichtlich für den Bereich von 500 m bis 10 000 m erfolgreich sein. Die Rechnung im Arbeitsblatt „Potenzfunktion" bestätigt diese Vermutung. Gerade der Einbezug des Stundenweltrekords beflügelte die Phantasie der Lernenden. Könnte es nicht sein, dass die Zeiten für einen Lauf über eine Stunde immer weit über den Prognosewerten liegen, die mit Hilfe der Modellfunktion für Läufe über kürzere Strecken berechnet wurden, weil solche Läufe zu selten durchgeführt werden ? Macht sich da eine stärkere Ermüdung bemerkbar ? Das waren Vermutungen der Lernenden. Es wurden auch Hypothesen aufgestellt, bei welcher Strecke ein Rekord am ehesten verbessert werden könnte. Ich gebe solch eine Zusammenstellung alter Rekorde und überlasse den Lernenden die Suche nach neuen Werten. Zum einen üben sie sich im Auswerten an den neuen Messwerten, zum anderen ist es interessant zu verfolgen, bei welchen Strecken neue Rekorde aufgestellt wurden, und wie groß die jeweilige Verbesserung war. Dabei können sie auch ihre Hypothesen an der Realität überprüfen.

13.6 Die Tabelle für das Modell „Parabelfunktionen"

Es soll die Schwingungsdauer T einer Schraubenfeder in Abhängigkeit von der angehängten Masse m untersucht werden. In der folgenden Tabelle sind die Werte für T angegeben, die aus Messungen für je 20 Schwingungen berechnet wurden (vgl. Kapitel 10 in Wirths (2020)) :

m in g	10	20	30	40	50	60
T in s	0,442	0,565	0,663	0,742	0,826	0,895

Wir gehen davon aus, dass die angehängten Massen fehlerfrei, die Zeiten fehlerbehaftet sind. Daher wählen wir m als unabhängige und T als davon abhängige Variable. Ein linearer Zusammenhang kommt für Lernende nicht in Frage, da sowohl eine handerstellte Graphik als auch die x-y-Graphik in der Tabelle „Suchen" einen Graphen zeigt, der wie der einer Wurzelfunktion aussieht. Wenn wir das Modell M_4 erproben wollen, müssen wir zum Graphen der Umkehrfunktion übergehen, also entgegen der eben gemachten Aussage T als unabhängige und m als abhängige Variable auffassen. Dieser Übergang verschafft uns eine interessante Möglichkeit : Wir sollten den Versuch durchführen, am besten natürlich als Schülerexperiment. Wir beobachten neben Resonanzeffekten bei bestimmten Belastungen vor allem, dass die Feder auch noch schwingt, wenn gar keine Masse anhängt - in diesem Fall allerdings so schnell, dass wir uns nicht zutrauen, von Hand eine vernünftige Messung der Schwingungsdauer zustande zu bringen. Bei der Beschreibung des Zusammenhangs zwischen der schwingenden Masse m und der Schwingungsdauer T müssen wir also zu der angehängten Masse m noch eine Ersatzmasse für die am Schwingungsvorgang beteiligte Masse der Feder hinzufügen. Die volle Federmasse scheidet aus, da die Feder an einem Ende gar nicht, am anderen jedoch voll schwingt. Als Graph kommt daher ein nach unten verschobener Parabelast in Frage. Darum versuchen wir die schwingende Masse m durch den Term $a \cdot T^2 + b$ darzustellen, wobei wir für b eine negative Zahl einsetzen müssen und den Betrag von b als die am Schwingungsvorgang beteiligte Masse der Feder interpretieren. Eine häufig geäußerte Hypothese ist die, dass $|b|$ die halbe Federmasse sei. Wir definieren in der Tabelle „Suchen" eine neue Graphik, in der wir x^2 als erste Koordinate und y als zweite darstellen. Da wir bei dieser Graphik für die Messwerte recht gut eine Gerade erkennen können, erscheint es interessant, Modell M_4 zu erproben.

Zur weiteren Auswertung legen wir eine neue Tabelle für Modell M_4 an, „Parabelfunktion" genannt. Dazu kopieren wir das Arbeitsblatt „Exponential" in ein leeres Arbeitsblatt. Nun müssen wir nur noch den Text in Zeile 2, die Formeln in den Zellen D4, D5 und in D8 bis D13 ändern sowie eine eigene Graphik definieren. Wenn wir dann auch für dieses Arbeitsblatt eine eigene Graphik definieren (x-Werte aus A9 bis A13, y_1-Werte aus B9 bis B13 und y_2-Werte aus D9 bis D13), können wir mit unseren Untersuchungen in diesem Modell beginnen. Die Untersuchungen bestätigen, dass wir in Modell M_4 die Messwerte angemessen approximieren können. Außerdem finden wir ein interessantes Ergebnis : Rund ein Drittel der Federmasse müssen wir zur angehängten Masse addieren, um die insgesamt am Schwingungsvorgang beteiligte Masse zu kennen. Wir erhalten damit eine gute Übereinstimmung mit dem in Walcher (1974), S. 77/8 theoretisch ermittelten Wert.

13.7 Abschlussbemerkungen

In diesem Kapitel habe ich ein Vorgehen beschrieben, das sich in meinem Unterricht bewährt hat. Die Methode besteht darin, in Kenntnis des x-y-Graphen ein passendes Modell auszusuchen, eine für dieses Modell passende Transformation der Daten vorzunehmen und erst dann, wenn der Graph der transformierten Zuordnung - oder ein Teil davon - sich als Gerade erweist, die eigentliche Auswertung zu beginnen. Ich lehne es ab, einen Unterricht zu gestalten, in dem blind Knöpfchen gedrückt werden und Ergebnissen kritiklos vertraut wird, über deren Zustandekommen und Interpretationsmöglichkeiten Lernende keine Einsicht erworben haben.

Ein Problem tauchte bei den Überlegungen immer wieder auf : Die Frage, wie man die besten Stützwerte auswählen kann. Wir möchten die Stützwerte auswählen, bei denen die Messfehler am geringsten sind, nur über Messfehler wissen wir nichts. Wir erzwingen mit unserem Vorgehen, dass unsere Modellfunktion exakt durch die beiden Stützpunkte geht, so dass die Abweichung zwischen Prognose- und Messwert für diese beiden Punkte Null wird. Aber könnte es nicht sein, dass auch die Stützwerte nicht unbeträchtliche Messfehler enthalten ? Mit diesem Einwand wird die Problematik des hier vorgestellten Vorgehens deutlich. Im Unterricht haben wir uns für eine pragmatische Lösung entschieden. Wir wählen die Stützwerte, bei denen wenigstens eine - im Idealfall sogar beide - der folgenden Forderungen erfüllt sind : Zum einen soll die mittlere Abweichung möglichst klein (im Idealfall Null), zum anderen soll der mittlere relative Abstand zwischen Prognose- und Messwerten am kleinsten sein. Mit diesen beiden uns vernünftig erscheinenden Forderungen hoffen wir, ein Modell zu finden, in dem die Messwerte gut approximiert werden.

Eine große Hilfe ist hier die Visualisierung der Residuen, also der Abweichungen von Prognose- und Messwert. Es lohnt sich, solch einen Graph zu definieren (Messwerte A8…A14 auf der x-Achse und Residuen E8…E14 auf der y-Achse), sich anzeigen zu lassen, vor allem aber die Änderungen und Besonderheiten beim Wechsel der Stützwerte zu beobachten. Wir haben die Arbeitsblätter für die einzelnen Modelle in den Spalten E und F um je eine Zeile erweitert. In Zelle E 15 wird die mittlere Abweichung durch (@Mittelwert(E7..E14)), der mittlere relative Abstand der Prognosewerte von den Messwerten in Zelle F 15 durch (@Mittelwert(F7..F14)) berechnet.

Als Alternative zum hier vorgestellten Vorgehen oder als dessen konsequente Fortführung kann man Folgerungen aus den beiden Forderungen : „Die Summe aller Abweichungen soll Null sein." (Forderung 1) und „Die Summe aller Abstände soll minimal sein." (Forderung 2) ziehen. Konsequenz aus Forderung 1 ist, dass der Punkt P($\overline{x}$ | $\overline{y}$), wobei $\overline{x}$ das arithmetische Mittel der ersten Koordinaten und $\overline{y}$ das arithmetische Mittel aus den zweiten Koordinaten der Messwerte ist, auf dem Graphen der Modellfunktion liegt. Aus diesem Ergebnis und aus Forderung 2 kann man einen Term zur Berechnung der Steigung der durch Transformation entstandenen Geraden herleiten. Dieses Vorgehen führt zur Regressions- und Korrelationsrechnung. Zur weiteren Lektüre über eine interessante und lohnende Unterrichtsreihe zu diesem Weg seien die Kapitel 10 und 11 in Wirths (2020) sowie die dort genannte Literatur empfohlen. Auch die Tabellenkalkulation liefert die Möglichkeit, mit Hilfe der Regressionsrechnung die Messtabellen auszuwerten.

Man kann eine lineare Regressionsrechnung nach dem Vorbild von Kapitel 10 in Wirths (2020) auch für die transformierten Messwerte durchführen. Verfährt man so bei den Beispielen dieses Kapitels, erhält man für die Parameter der Zuordnungsterme Ergebnisse, die kaum von den Werten abweichen, die mit den in diesem Beitrag vorgestellten Methoden ermittelt wurden. Für mich ist eine Unterrichtsreihe auf der Basis der hier vorgestellten Methoden eine gute Alternative zur Regressions- und Korrelationsrechnung oder aber, wenn man mehr Zeit investieren kann, eine lohnende Vorbereitung auf die Ausarbeitung der Grundideen von Regression und Korrelation.

In einer anderen Lerngruppe analysierten am Ende dieser Unterrichtsreihe die Lernenden ganz nüchtern das Vorgehen für die Auswertung einer neuen Messreihe : Wir müssen die Daten eingeben, aus der x-y-Graphik Rückschlüsse auf ein passendes Modell ziehen, eine Linearisierung versuchen und entweder auf eine bestehende Tabelle zur weiteren Auswertung zurückgreifen, eine neue Tabelle für ein weiteres Modell programmieren oder auf eine Auswertung verzichten, falls ein passendes Modell nicht erkannt wird. Die wesentliche Leistung der Unterrichtsreihe sahen sie in der Erarbeitung der einzelnen Tabellen. Dies und die Beschäftigung mit den einzelnen Messreihen sei spannend gewesen. Aber nun sehen sie für die vier behandelten Modelle keinen Handlungsbedarf mehr. Es sei auch nichts mehr zu üben, nur noch neue Daten einzutippen. Wir könnten nun diese Tabellenkalkulation als Service anderen zur Auswertung Messreihen zur Verfügung stellen. Als schließlich einige Lernende bei der Auswertung begannen, im Ordner von einer Arbeitsblattseite zur nächsten ziellos hin und her zu „zappen" ähnlich wie von einem Fernsehkanal zum anderen, war das letztlich für mich der entscheidende Hinweis darauf, mit einer neuen Unterrichtsreihe zu beginnen, mit einer neuen Herausforderung den mathematischen Horizont der Lernenden zu erweitern.

14. Lineare Differenzengleichungen 2. Ordnung
Eine Brücke zwischen Analysis und linearer Algebra

14.1 Die Konstruktion einer expliziten Darstellung

In diesem Kapitel, einer überarbeiteten Erweiterung von Wirths (1989), wird deutlich gemacht, wie der Einsatz von Begriffen und Methoden der linearen Algebra Einsicht und Übersicht schaffen kann. Ausgehend von der letzten Aufgabe aus Kapitel 11 wird die Theorie entwickelt.

Aufgabe 1 : Aus je einem Eimer mit weißer (y_0) und schwarzer Farbe (y_1) werden „Grautöne" y_i auf folgende Art hergestellt : Mischung y_2 : Mische einen Löffel y_1 und einen Löffel y_0, Mischung y_3 : Mische einen Löffel y_2 und einen Löffel y_1, usw.
Wie entwickelt sich der Anteil schwarzer Farbe in den „Grautönen"?

Lösungsskizzen : Für die Mischung y_{n+2} existiert folgende rekursive Darstellung :

(*) $\quad y_{n+2} = \frac{1}{2} \cdot y_{n+1} + \frac{1}{2} \cdot y_n$ für $n \geq 0$ sowie $y_0 = 0$ und $y_1 = 1$.

(*) ist eine homogene lineare Differenzengleichung 2. Ordnung mit konstanten Koeffizienten.

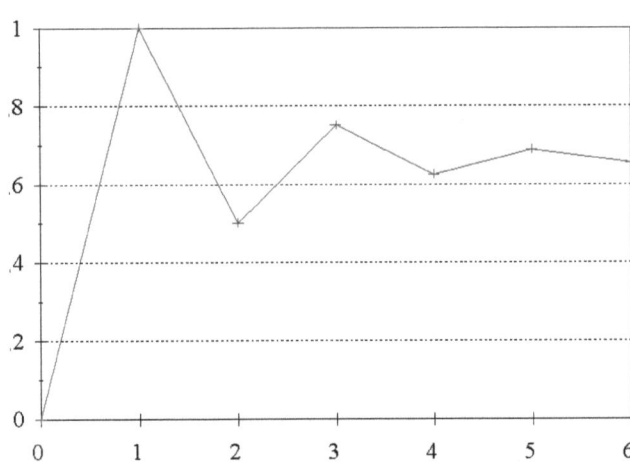

Wir benötigen zwei Anfangswerte y_0 und y_1 und können dann der Reihe nach (rekursiv) alle anderen Werte berechnen. Alle y_i mit $i \geq 2$ stellen Mischungen der beiden Ausgangsfarben dar. Probiert man zuerst $y_0 = y_1 = 1$ sowie $y_0 = y_1 = c$ aus, erhält man eine erste Erfahrung, die man sich auch gut veranschaulichen kann : Nimmt man als Ausgangsprodukte c Liter weiße Farbe (y_0) und c Liter schwarze Farbe (y_1), dann erhält jede folgende Mischung y_i, $i \geq 2$, c Liter.

Einen interessanteren Fall gewinnt man für die folgenden Ausgangswerte $y_0 = 0$ und $y_1 = 1$. Als Graphen (siehe oben) erhält man mit Hilfe einer Tabellenkalkulation oder eines zumindest graphikfähigen Taschenrechners : Alle Folgenwerte liegen zwischen 0 und 1 und können als Anteil der schwarzen Farbe an der Gesamtmischung interpretiert werden. Bei $y_0 = 0$ und $y_1 = 100$ entsprechend als Prozentsatz. Man kann eine Vermutung über das Grenzverhalten ($\rightarrow \frac{2}{3}$), das Oszilieren der Folge aufstellen und auch argumentativ begründen. Versucht man allgemein mit y_0 und y_1 zu einer expliziten Darstellung analog zum Vorgehen in 11.3 zu gelangen, erhält man schnell unübersichtliche Terme. Zum Gewinnen einer expliziten Darstellung muss man einen anderen Weg einschlagen. Vorher eine Tabelle für die ersten sechs Folgenwerte:

n	0	1	2	3	4	5	6
y_n	0	1	0,5	0,75	0,625	0,6875	0,65625

Nach Dürr/Ziegenbalg (1984) und Ziegenbalg (1983) mache ich folgenden Ansatz :

Ich addiere den Term $m \cdot y_{n+1}$ mit $m \in \mathbb{R} \setminus \{0\}$, den ich sofort wieder subtrahiere und erhalte so die Gleichung :

(**) $y_{n+2} + (m - \frac{1}{2}) \cdot y_{n+1} + (-m) \cdot y_{n+1} + (-\frac{1}{2}) \cdot y_n = 0.$

Wenn in der Summe auf der linken Seite von (**) die Summe der ersten beiden und die Summe der letzten beiden Summanden Null sind, dann ist sicher die gesamte linke Seite von (**) Null. Wir erhalten mit dieser Idee ein System von zwei Gleichungen :

$y_{n+2} + (m - \frac{1}{2}) \cdot y_{n+1} = 0 \quad \wedge \quad (-m) \cdot y_{n+1} + (-\frac{1}{2}) \cdot y_n = 0 \quad \Leftrightarrow$

(***) $y_{n+2} = (-m + \frac{1}{2}) \cdot y_{n+1} \quad \wedge \quad y_{n+1} = -\frac{1}{2m} \cdot y_n$

Die Äquivalenz von (**) und (***) ist nicht gegeben. Es gilt nur (***) $\Rightarrow$ (**). Die Ausgangsgleichung (*) könnte also unter Umständen noch weitere Lösungen haben. Ob dies der Fall ist oder nicht, wird in 14.2 untersucht. (***) ist ein System von zwei homogenen linearen Differenzengleichungen 1. Ordnung mit konstanten Koeffizienten (B = 0), die beide nach dem Verfahren von 11.3 gelöst werden können. Gemeinsame Lösungen von (***) existieren nur, wenn die Koeffizienten auf den rechten Seiten von (***) gleich sind. Diese Idee führt zur **<u>charakteristischen Gleichung</u>** : $-m + \frac{1}{2} = -\frac{1}{2m} \Leftrightarrow m^2 - \frac{1}{2} \cdot m = \frac{1}{2} \Leftrightarrow m = 1 \vee m = -\frac{1}{2}.$

Diese Lösungen von m werden in (***) eingesetzt. Man kann zeigen :

Satz 1 $y_n = 1^n$ und $y_n = (-\frac{1}{2})^n$ sind Lösungen von (***) und auch von (*).

Nach den Ergebnissen von 11.3 muss es eigentlich heißen : $y_n = 1^n \cdot y_0$ und $y_n = (-\frac{1}{2})^n \cdot y_0$ beziehungsweise $y_n = 1^n \cdot y_1$ und $y_n = (-\frac{1}{2})^n \cdot y_1$ sind sowohl Lösungen von (***) als auch von (*). Durch dieses Vorgehen sollen die Lernenden zu Experimenten provoziert werden, die zu folgenden Sätzen führen :

Satz 2 : Jedes reelle Vielfache einer Lösung von (*) ist wieder eine Lösung von (*).

Satz 3 : Die Summe zweier Lösungen von (*) ist wieder eine Lösung von (*).

Wir haben bereits Lösungen von (*) betrachtet, die Lösungsmenge von (*) ist also nicht leer. Damit wird schon hier der Beweis vorbereitet, dass die Lösungsmenge von (*) ein Vektorraum ist. Methoden und Begriffe der Linearen Algebra gelangen jetzt wie selbstverständlich in den Unterricht, weil sie bei der Lösung der nun anstehenden Probleme benötigt werden.

Beide Lösungsfolgen beschreiben Teilaspekte der expliziten Darstellung. Zur Darstellung des Gesamtverhaltens versuchen wir, mit einer Linearkombination dieser Lösungen zu einer expliziten Darstellung zu gelangen. Wir machen den Ansatz : $y_n = k \cdot 1^n + l \cdot \left(-\frac{1}{2}\right)^n$ mit k, l $\in \mathbb{R}$.

k und l können durch die ersten beiden Folgenglieder (n = 0, n = 1) ausgedrückt werden :

$y_0 = k + l \quad \wedge \quad y_1 = k \cdot 1^1 + l \cdot \left(-\frac{1}{2}\right)^1 = k - \frac{1}{2} \cdot l$ Auflösen nach k und l ergibt :

$k = \frac{1}{3} \cdot y_0 + \frac{2}{3} \cdot y_1 \quad \wedge \quad l = \frac{2}{3} \cdot y_0 - \frac{2}{3} \cdot y_1$. Hieraus erhält man die explizite Darstellung :

$y_n = \frac{1}{3} \cdot y_0 + \frac{2}{3} \cdot y_1 + (\frac{2}{3} \cdot y_0 - \frac{2}{3} \cdot y_1) \cdot \left(-\frac{1}{2}\right)^n$

Damit ist eine allgemeine explizite Darstellung der Folge von Aufgabe 1 gefunden. Das Oszillieren der Folgenglieder wie auch die Existenz des Grenzwerts $\frac{1}{3} \cdot y_0 + \frac{2}{3} \cdot y_1$ kann nun exakt begründet werden.

Allgemein gilt für homogene lineare Differenzengleichungen 2. Ordnung der folgende Satz, dessen Beweis dem Leser als Übung überlassen bleibt :

Satz 4 : Die homogene lineare Differenzengleichung 2. Ordnung mit konstanten Koeffizienten vom Typ $y_{k+2} + a \cdot y_{k+1} + b \cdot y_k = 0$ hat als charakteristische Gleichung $m^2 + a \cdot m + b = 0$.

Hat diese charakteristische Gleichung zwei verschiedene Lösungen m_1 und m_2, erhält man mit dem oben durchgeführten Verfahren vier Lösungsfolgen : $(-a - m_1)^n$, $(-a - m_2)^n$, $\left(\frac{b}{m_1}\right)^n$ und $\left(\frac{b}{m_2}\right)^n$. Nach dem Satz von Viëta sind jeweils zwei dieser Lösungsfolgen gleich. Damit gilt :

Satz 5 : m_1^n und m_2^n sind Lösungen der homogenen linearen Dgl. 2. Ordnung.

An der Einstiegsaufgabe kann also exemplarisch die Lösung der homogenen linearen Differenzengleichungen 2. Ordnung für den Fall von zwei verschiedenen Lösungen der charakteristischen Gleichung erfahren werden. Ob die oben angegebene explizite Darstellung alle Lösungen der homogenen lDgl 2. Ordnung (*) darstellt, soll nun untersucht werden.

14.2 Die Lösungsmenge der lDgl 2. Ordnung mit konstanten Koeffizienten

Beim heuristischen Ansatz (Reduktion der homogenen lDgl 2. Ordnung auf ein System von zwei homogenen linearen Differenzengleichungen 1. Ordnung) tauchte im vorigen Abschnitt 14.1 das Problem auf, ob wirklich alle Lösungen gefunden worden sind.

Der folgende Satz bringt Klärung. **Satz 6** :
a. Die homogene lDgl 2. Ordnung besitzt als Lösungen die geometrischen Folgen $(m_1)^n$ und $(m_2)^n$, wenn m_1 und m_2 verschiedene Lösungen der charakteristischen Gleichung sind.
b. Die Lösungen der homogenen lDgl 2. Ordnung bilden einen reellen Vektorraum.
c. Wenn m_1 und m_2 verschiedene Lösungen der charakteristischen Gleichung sind, dann bilden die geometrischen Folgen aus Aufgabe a eine Basis dieses Vektorraums.

Beweis von Satz 6 :
a : Die Überlegungen von 14.1 können unmittelbar verallgemeinert werden.
b : Die Menge aller reellen Folgen bildet eine reellen Vektorraum. Die Lösungsmenge ist eine Teilmenge der Menge der reellen Folgen. Die Nullfolge ist zum Beispiel Lösung der homogenen Gleichung. Mit jeder Lösung ist auch jedes reelle Vielfache Lösung. Mit je zwei Lösungen ist auch deren Summe Lösung. Nach dem Untervektorraumkriterium bilden die Lösungen der homogenen Gleichung also einen Vektorraum.
c : Hilfssatz :
  $< u_k >$ und $< v_k >$ seien Lösungsfolgen. Dann sind folgende Bedingungen äquivalent :

  c_1. $< u_k >$ und $< v_k >$ sind linear abhängig c_2. $\begin{pmatrix} u_0 \\ u_1 \end{pmatrix}$ und $\begin{pmatrix} v_0 \\ v_1 \end{pmatrix}$ sind linear abhängig

$$c_3. \begin{vmatrix} u_0 & v_0 \\ u_1 & v_1 \end{vmatrix} = 0$$

Beweis des Hilfssatzes : $c_2 \Leftrightarrow c_3$ ist klar.

$c_1 \Rightarrow c_2$: $<u_k>$ und $<v_k>$ linear abhängig $\Rightarrow$ Es gibt ein $r \neq 0$, so dass $<u_k> = r \cdot <v_k> \Rightarrow$

$\begin{pmatrix} u_0 \\ u_1 \end{pmatrix} = r \cdot \begin{pmatrix} v_0 \\ v_1 \end{pmatrix}$

$c_2 \Rightarrow c_1$: Es sei $\begin{pmatrix} u_0 \\ u_1 \end{pmatrix} = r \cdot \begin{pmatrix} v_0 \\ v_1 \end{pmatrix}$ mit $r \neq 0$. Mit vollständiger Induktion folgt dann unter Berücksichtigung der rekursiven Darstellung $u_k = r \cdot v_k$ für alle $k \in \mathbb{N}$, dass die beiden Folgen linear abhängig sind.

Beweis zu c : Die aus den Anfangswerten m_1^0, m_1^1, m_2^0 und m_2^1 gebildete Determinante hat den Wert $m_2 - m_1$. Für $m_1 \neq m_2$ folgt daraus die lineare Unabhängigkeit der Folgen. Also ist die Dimension der Lösungsmenge größer oder gleich 2. Größer kann die Dimension nicht sein, da nach dem Hilfssatz c die lineare Unabhängigkeit von Lösungsfolgen bereits im $\mathbb{R}^2$ oder einem dazu isomorphen Raum entschieden wird. Also ist die Dimension der Lösungsmenge 2.

Wir haben zwei linear unabhängige Folgen in einem 2-dimensionalen Vektorraum. Die beiden geometrischen Folgen $(m_1)^n$ und $(m_2)^n$ sind daher Basis dieses Vektorraums.

Mit der in 14.1 konstruierten expliziten Darstellung von Aufgabe 1 werden also alle Lösungen der Aufgabe 1 erfasst; denn für die aus den ersten beiden Folgengliedern der beiden Lösungsfolgen gebildeten Determinante gilt : $\begin{vmatrix} 1 & 1 \\ 1 & -0{,}5 \end{vmatrix} = -1{,}5 \neq 0$. Die beiden Lösungsfolgen sind also linear unabhängig und bilden somit eine Basis der Lösungsmenge der linearen Differenzengleichungen 2. Ordnung (*) von Aufgabe 1.

Über Lösungen der inhomogenen linearen Differenzengleichungen 2. Ordnung informiert der

Satz 7 : Die Lösungsgesamtheit der inhomogenen linearen Differenzengleichungen ergibt sich aus der Addition sämtlicher Lösungen der homogenen linearen Differenzengleichung zu einer speziellen Lösung der inhomogenen Gleichung.

Beweis von Satz 7 : Die Differenz zweier Lösungen der inhomogenen Gleichung ist eine Lösung der homogenen.

14.3 Weitere Aufgaben

Um ein wenig die große Bandbreite von Aufgaben zu Differenzengleichungen 2. Ordnung aufzuzeigen, gebe ich vier weitere Beispiele mit den zugehörigen Differenzengleichungen an :

Aufgabe 2 : Eine Treppe hat n Stufen. Wie viele Möglichkeiten gibt es die Treppe hinaufzusteigen, wenn man entweder eine oder zwei Stufen auf einmal nehmen kann ?

Lösungsskizzen : n : Anzahl der Stufen, Z_n : Anzahl der Möglichkeiten, die Stufe n zu erreichen mit $n \geq 1$.

rekursiv : $Z_{n+2} = Z_{n+1} + Z_n \Leftrightarrow Z_{n+2} - Z_{n+1} - Z_n = 0$ mit $Z_1 = 1$ und $Z_2 = 2$.

charakteristische Gleichung : $x^2 - x - 1 = 0 \Leftrightarrow x = \dfrac{1 + \sqrt{5}}{2} \vee x = \dfrac{1 - \sqrt{5}}{2}$

Ansatz zur expliziten Gleichung : $Z_n = k \cdot \left(\dfrac{1+\sqrt{5}}{2}\right)^n + l \cdot \left(\dfrac{1-\sqrt{5}}{2}\right)^n$, $k, l \in \mathbb{R}$

$Z_1 = k \cdot \dfrac{1+\sqrt{5}}{2} + l \cdot \dfrac{1-\sqrt{5}}{2} = 1 \;\land\; Z_2 = k \cdot \left(\dfrac{1+\sqrt{5}}{2}\right)^2 + l \cdot \left(\dfrac{1-\sqrt{5}}{2}\right)^2$

Auflösung des Gleichungssystems nach k und l : $k = \dfrac{1}{\sqrt{5}} \cdot \dfrac{1+\sqrt{5}}{2} \;\land\; l = -\dfrac{1}{\sqrt{5}} \cdot \dfrac{1-\sqrt{5}}{2}$

explizite Gleichung : $Z_n = \dfrac{1}{\sqrt{5}} \cdot \left(\dfrac{1+\sqrt{5}}{2}\right)^{n+1} - \dfrac{1}{\sqrt{5}} \cdot \left(\dfrac{1-\sqrt{5}}{2}\right)^{n+1}$ mit $n \geq 1$

Aufgabe 3 (Ruinspiel oder die Irrfahrt auf einem Graphen) : Peter spielt gegen Paul. Er gewinnt mit der Wahrscheinlichkeit p eine Partie und verliert mit der Wahrscheinlichkeit q = 1 - p. Peter besitzt zu Spielbeginn a €, Paul b € (a, b $\in \mathbb{N} \setminus \{0\}$). Der Gewinner einer Partie zahlt dem anderen 1 €. Peter und Paul spielen solange, bis einer ruiniert ist. Mit welcher Wahrscheinlichkeit wird Peter ruiniert ?

Lösungsskizzen : P_n : Wahrscheinlichkeit, dass Peter mit n € Besitz ruiniert wird

n : Besitz von Peter in € mit n $\in \{0, 1, 2, ..., a + b\}$

Anfangswerte : Wenn Peter nur noch 0 € besitzt, ist er ruiniert und das Spiel ist zu Ende, also $P_0 = 1$. Wenn Peter (a + b) € besitzt, ist Paul ruiniert und das Spiel zu Ende, also $P_{a+b} = 0$.

rekursive Darstellung : Peter erhält (n + 1) € auf zwei Wegen : Entweder gewinnt er 1 € bei einem Guthaben von n € oder er verliert 1 € bei einem Guthaben von (n + 2) €. Stellt man sich diese Wege in einem Baumdiagramm vor, erhält man mit Hilfe der 2. Pfadregel (Additionsregel) für diese Übergänge von und zu inneren Zuständen n mit $1 \leq n \leq a + b - 3$ die homogene lDgl 2. Ordnung mit konstanten Koeffizienten :

$P_{n+1} = q \cdot P_{n+2} + p \cdot P_n \;\Leftrightarrow\; q \cdot P_{n+2} - P_{n+1} - p \cdot P_n = 0 \;\Leftrightarrow\; P_{n+2} - \dfrac{1}{q} \cdot P_{n+1} + \dfrac{p}{q} \cdot P_n = 0$

mit der charakteristischen Gleichung : $x^2 - \dfrac{1}{q} \cdot x + \dfrac{p}{q} = 0$

$\Leftrightarrow\; x = \dfrac{1}{2q} + \sqrt{\dfrac{1}{(2q)^2} - \dfrac{p}{q}} \;\lor\; x = \dfrac{1}{2q} - \sqrt{\dfrac{1 - 4 \cdot q \cdot (1-q)}{(2q)^2}}$

$\Leftrightarrow\; x = \dfrac{1}{2q} + \sqrt{\left(\dfrac{2 \cdot q - 1}{2 \cdot q}\right)^2} \;\lor\; x = \dfrac{1}{2q} - \dfrac{2 \cdot q - 1}{2 \cdot q}$

$\Leftrightarrow\; x = \dfrac{1}{2q} + 1 - \dfrac{1}{2q} \;\lor\; x = \dfrac{1}{2q} - 1 + \dfrac{1}{2q} \;\Leftrightarrow\; x = 1 \;\lor\; x = \dfrac{2}{2q} - 1 = \dfrac{1-q}{q} = \dfrac{p}{q}$

Ansatz explizite Gleichung für $p \neq q$: $P_n = k \cdot 1^n + l \cdot \left(\dfrac{p}{q}\right)^n$ mit $P_0 = 1$, $P_{a+b} = 0$, $k, l \in \mathbb{R}$. Es

folgt : $P_0 = k + l = 1 \;\land\; P_{a+b} = k + l \cdot \left(\dfrac{p}{q}\right)^{a+b} = 0$

$$l = \frac{1}{1-\left(\frac{p}{q}\right)^{a+b}} \wedge k = -\frac{\left(\frac{p}{q}\right)^{a+b}}{1-\left(\frac{p}{q}\right)^{a+b}}$$

explizite Darstellung für $p \neq q$: $P_n = -\dfrac{\left(\frac{p}{q}\right)^{a+b}}{1-\left(\frac{p}{q}\right)^{a+b}} + \dfrac{1}{1-\left(\frac{p}{q}\right)^{a+b}} \cdot \left(\frac{p}{q}\right)^n = \dfrac{\left(\frac{p}{q}\right)^n - \left(\frac{p}{q}\right)^{a+b}}{1-\left(\frac{p}{q}\right)^{a+b}}$

mit $0 \leq n \leq a+b$

Bei Einsatz eines zumindest graphikfähigen Taschenrechners sind eine Fülle von Experimenten möglich. Zuerst werden die beiden Formvariablen a und b sinnvoll belegt. Für gegebenes p wird dann der Graph von P_n in der Definitionsmenge für n, also für $n \in \{0, 1, 2, ..., a+b\}$, gezeichnet. Variiert man p und lässt p sich von beiden Seiten dem bisher ausgeschlossenen Fall $p = q = 0{,}5$ nähern, erhält man nach der Betrachtung der unterschiedlichen Graphentypen - vgl. auch die beiden unten abgebildeten Graphen - die Vermutung, dass die Folgenwerte von P_n für $p = q = 0{,}5$ auf einer fallenden Geraden durch die Punkte $(0\,|\,1)$ und $(a+b\,|\,0)$ liegen.

$p = 0{,}4,\ a+b = 10$ $p = 0{,}6,\ a+b = 10$

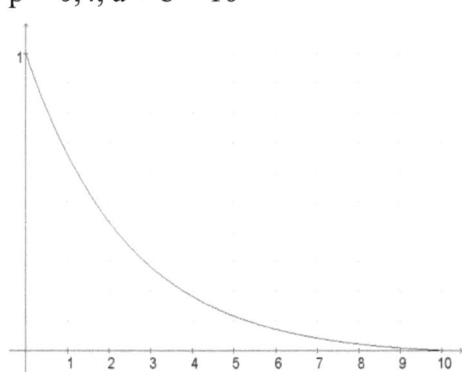   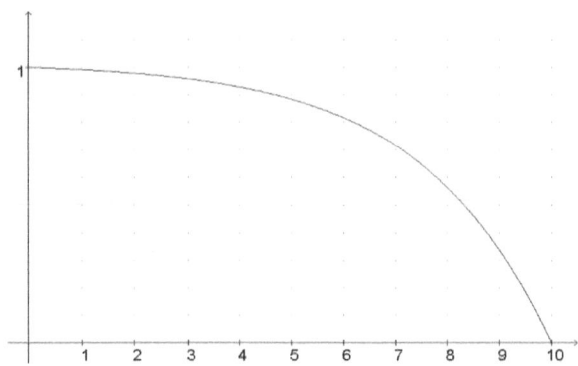

Der Fall $p = q = 0{,}5$:

Aus der homogenen linearen Differenzengleichung 2. Ordnung $P_{n+2} - \frac{1}{q} \cdot P_{n+1} + \frac{p}{q} \cdot P_n = 0$

folgt für $p = q = 0{,}5$: $P_{n+2} - 2 \cdot P_{n+1} + P_n = 0 \Leftrightarrow P_{n+2} - P_{n+1} = P_{n+1} - P_n$. Der Unterschied benachbarter Folgenglieder ist in diesem Fall immer konstant. Es handelt sich also um eine arithmetische Folge. Wir können also mit Hilfe einer linearen Differenzengleichung 1. Ordnung mit konstanten Koeffizienten das Problem beschreiben. Wir setzen daher für die explizite Darstellung mit den Randwerten $P_0 = 1$ und $P_{a+b} = 0$ an : $P_n = P_0 + n \cdot B$.

Es gilt : $P_0 = 1 \wedge P_{a+b} = 1 + (a+b) \cdot B = 0$.

Daraus folgen $B = -\dfrac{1}{a+b}$, die rekursive Darstellung : $P_{n+1} = P_n - \dfrac{1}{a+b}$ mit $P_0 = 1$ und die explizite Darstellung $P_n = 1 - \dfrac{1}{a+b} \cdot n$ mit $0 \leq n \leq a+b$.

Aufgabe 4 : Die Erfolgswahrscheinlichkeit sei p. Nach zwei Erfolgen hintereinander muss man aufhören. Berechnen Sie die Wahrscheinlichkeit P_k, dass man genau nach dem k. Versuch aufhören muss.

Lösungsskizzen : P_n : Wahrscheinlichkeit, dass ein Spiel nach genau n Versuchen zu Ende ist, Anfangswerte $P_1 = 0$ und $P_2 = p^2$. Wahrscheinlichkeiten P_n kann man zwar noch für weitere n mit Hilfe eines Baumdiagramms berechnen. Nach wenigen Schritten wird die Situation so unübersichtlich, dass man dieses Vorgehen aufgeben muss. Also versuchen wir nach dem Vorbild in Kroll (1987), P_n rekursiv zu bestimmen.

E_n : Wahrscheinlichkeit, dass beim n. Versuch ein Erfolg und davor (für $n \geq 2$) ein Misserfolg eingetreten ist. Es gilt : $P_n = p \cdot E_{n-1} \Leftrightarrow E_{n-1} = \frac{1}{p} \cdot P_n$, also auch $E_n = \frac{1}{p} \cdot P_{n+1}$

M_n : Wahrscheinlichkeit, dass beim n. Versuch ein Misserfolg eingetreten ist.

Es gilt : $E_n = p \cdot M_{n-1} \Leftrightarrow M_{n-1} = \frac{1}{p} \cdot E_n = \frac{1}{p^2} \cdot P_{n+1}$, also auch $M_n = \frac{1}{p^2} \cdot P_{n+2}$

Außerdem gilt : $M_n = q \cdot M_{n-1} + q \cdot E_{n-1}$

Wir setzen in diese letzte Gleichung die obigen Ergebnisse ein und erhalten :

$\frac{1}{p^2} \cdot P_{n+2} = q \cdot \frac{1}{p^2} \cdot P_{n+1} + q \cdot \frac{1}{p} \cdot P_n \Leftrightarrow P_{n+2} = q \cdot P_{n+1} + q \cdot p \cdot P_n$

Das ist eine homogene lDgl 2. Ordnung mit konstanten Koeffizienten :

$P_{k+2} - q \cdot P_{k+1} - q \cdot p \cdot P_k = 0$ mit der charakteristischen Gleichung : $x^2 - q \cdot x - p \cdot q = 0$

Die charakteristische Gleichung hat zwei verschiedene Lösungen, da $p, q > 0$:

$x = 0{,}5 \cdot q + \sqrt{(0{,}5 \cdot q)^2 + p \cdot q} \ \vee \ x = 0{,}5 \cdot q - \sqrt{(0{,}5 \cdot q)^2 + p \cdot q}$

Ansatz zur expliziten Darstellung : Nennen wir die erste Nullstelle x_1 und die zweite x_2.

Aus $P_n = k \cdot x_1^n + l \cdot x_2^n$ mit $k, l \in \mathbb{R}$ folgt mit den Anfangsbedingungen $P_1 = 0$ und $P_2 = p^2$:

$k \cdot x_1 + l \cdot x_2 = 0 \ \wedge \ k \cdot x_1^2 + l \cdot x_2^2 = 1$.

Auflösen nach k und l : $k = -\frac{p^2}{(x_2 - x_1) \cdot x_1} \ \wedge \ l = \frac{p^2}{(x_2 - x_1) \cdot x_2}$. Einsetzen von k und l

führt zur expliziten Gleichung : $P_n = \frac{p^2}{(x_1 - x_2)} \cdot (x_1^{n-1} - x_2^{n-1})$ mit $n \geq 1$

Aufgabe 5 : $r_{k+1} \cdot (1 + r_k) = 1$ ist eine spezielle RICCATI-Differenzengleichung. Der Anfangswert sei $r_0 = 0$. Untersuchen Sie diese Differenzengleichung.

Lösungsskizzen : Wir setzen für k nacheinander 0, 1, 2, 3, ... ein : $r_1 = 1, r_2 = \frac{1}{2}, r_3 = \frac{2}{3}$,

$r_4 = \frac{3}{5}$, ... Ein anderes Vorgehen führt zum Kettenbruch : $r_k = \cfrac{1}{1 + \cfrac{1}{1 + \cfrac{1}{1 + ...}}}$. An den

Beispielen und an der Rekursionsvorschrift erkennt man, dass der Zähler des neuen Bruches immer der Nenner des vorhergehenden Bruches ist. Daher substituieren wir : $r_k = \frac{n_k}{n_{k+1}}$. Man erhält dann nach einigen einfachen Äquivalenzumformungen die homogene lDgl 2. Ordnung mit konstanten Koeffizienten aus Aufgabe 2 : $n_{k+2} - n_{k+1} - n_k = 0$. Für die Lösungen der zugehörigen charakteristischen Gleichung gilt : $x = \frac{1}{2} + \frac{1}{2} \cdot \sqrt{5} \lor x = \frac{1}{2} - \frac{1}{2} \cdot \sqrt{5}$.

Ansatz für die allgemeine explizite Lösung : $n_k = m \cdot \left(\frac{1+\sqrt{5}}{2}\right)^k + n \cdot \left(\frac{1-\sqrt{5}}{2}\right)^k$ mit $m, n \in \mathbb{R}$.

Aus $n_0 = 0$ folgt $m = -n$. Aus $n_1 = 1$ folgt $m = \frac{1}{\sqrt{5}}$.

Die explizite Gleichung für $\langle n_k \rangle$ ist : $n_k = \frac{1}{\sqrt{5}} \cdot \left(\frac{1+\sqrt{5}}{2}\right)^k - \frac{1}{\sqrt{5}} \cdot \left(\frac{1-\sqrt{5}}{2}\right)^k$. Die explizite Gleichung für $\langle r_k \rangle$: $r_k = \dfrac{\left(\frac{1+\sqrt{5}}{2}\right)^k - \left(\frac{1-\sqrt{5}}{2}\right)^k}{\left(\frac{1+\sqrt{5}}{2}\right)^{k+1} - \left(\frac{1-\sqrt{5}}{2}\right)^{k+1}} = 2 \cdot \dfrac{\left(1+\sqrt{5}\right)^k - \left(1-\sqrt{5}\right)^k}{\left(1+\sqrt{5}\right)^{k+1} - \left(1-\sqrt{5}\right)^{k+1}}$.

$\lim\limits_{k \to \infty} r_k = \frac{2}{1+\sqrt{5}} \approx 0{,}618$ ist Wert des Kettenbruches und Grenzwert der Folge $\langle r_k \rangle$.

14.4 Ausblick

In Abschnitt 14.2 wurde nur der Fall untersucht, dass die charakteristische Gleichung zwei verschiedene Lösungen hat. Wie man in den anderen Fällen (genau eine reelle oder zwei komplexe Lösungen) zu einer Basisdarstellung gelangt, wird zum Beispiel in Dürr/Ziegenbalg (1984) und Strohhäcker (1981) (beide Fälle) oder in Hering (1979) (eine einzige Lösung) beschrieben.

Die Methoden von 14.2 und der dort hergeleitete Satz 6 lassen sich auf höhere Dimensionen übertragen. Auch bei linearen Differenzengleichungen 1. Ordnung können zwar Strukturuntersuchungen der Lösungsmenge gemacht werden. Es lohnt jedoch, mit dieser Behandlung zu warten, bis lineare Differenzengleichungen höherer als erster Ordnung untersucht werden. Dann werden, wie dieser Beitrag zeigt, solche Untersuchungen zwingend erforderlich und fließen wie selbstverständlich in den Unterricht ein.

15. Hat Gregor Mendel seine Daten „frisiert" ?

15.1 Einleitung

Dieses Kapitel ist eine Überarbeitung von Wirths (2005b). Der Augustinermönch Johann Gregor Mendel (1822 - 1884) veröffentlichte 1865 in Brünn eine Arbeit mit dem Titel „Versuche über Pflanzen-Hybriden", in der er seine Beobachtungen über das Verhalten von sieben unterschiedlichen Merkmalen bei Kreuzungen der Erbse und deren folgenden Generationen in Zahlenverhältnissen ausdrückte. Später wurden als Mendelsche Gesetze bekannt :

1. Uniformitätsgesetz : Werden zwei reinerbige Eltern, die sich in einem Merkmal unterscheiden, gekreuzt, so sind alle Nachkommen in der 1. Tochtergeneration unter sich gleich (uniform).
2. Spaltungsgesetz : Werden Individuen der ersten Tochtergeneration untereinander gekreuzt, erhält man in der zweiten Tochtergeneration eine Aufspaltung in bestimmten Zahlenverhältnissen, bei dominant-rezessivem Erbgang im Verhältnis 3:1.
3. Unabhängigkeitsgesetz : Werden die Individuen, die sich in mehr als einem Merkmal reinerbig unterscheiden, gekreuzt, werden die Merkmale unabhängig voneinander vererbt und dabei nach dem Spaltungsgesetz verteilt.

In der Öffentlichkeit wurden Mendels Gesetze zunächst nicht beachtet. War seine Idee, Statistik in der Biologie anzuwenden, zu neu für die damalige Zeit ? Erst 1900 wurden Mendels Gesetze durch die Botaniker Carl Correns (Deutschland), Hugo de Vries (Holland) und Erich von Tschermak-Seysenegg (Österreich) wieder belebt. Es ist auch die Rede von „unabhängiger Wiederentdeckung". R. A. Fisher, einer der Väter der klassischen Testtheorie, eröffnete 1936 eine Diskussion, die bis heute anhält. Fisher behauptete, dass Mendel einen Assistenten gehabt haben müsse, der in Kenntnis der Gesetze die Beobachtungsergebnisse korrigiert hat, um so zu einer besseren Übereinstimmung mit der Theorie zu kommen. Fishers Vermutungen wurden mehrfach zurückgewiesen. Man warf ihm vor, von falschen oder inadäquaten Voraussetzungen in seiner Modellierung ausgegangen zu sein.

Wenn im Biologieunterricht der 10. Klasse Vererbung behandelt wird, dabei auch die Mendelschen Gesetze betrachtet werden, und in Klasse 9 und 10 im Mathematikunterricht die Themen „Testen nach Bayes" und „Testen von Hypothesen", dann sind mathematische Voraussetzungen geschaffen, um Mendels Datenmaterial zu untersuchen. Eine Erweiterung und Vertiefung dieser Diskussion kann in der gymnasialen Oberstufe erfolgen und findet dort auch großes Interesse. So kann an diesem Beispiel fächerübergreifender Unterricht praktiziert werden, über dessen mathematische Möglichkeiten hier berichtet wird. Damit soll auch die „Datenkompetenz" der Lernenden gestärkt werden. Der Mathematikunterricht gelangt mit der Kritik an der Modellierung an einen Punkt, an dem der Biologe die Diskussion unbedingt wieder aufgreifen, fortführen und ergänzen muss. Ich strebe hier überhaupt nicht an, Fishers Methoden wieder zu beleben, so interessant das auch sein mag. Mein Interesse besteht darin, unterschiedliche Gesichtspunkte zur Auswertung der Mendelschen Daten bereitzustellen, dabei mit elementaren Mitteln der Schul-Stochastik zu arbeiten, die jeder Mathematikunterricht benutzen und zur Verfügung stellen sollte.

15.2 Die Daten

Gregor Mendel führte um 1860 Kreuzungsversuche mit Erbsen durch. Er kreuzte dabei Individuen einer Art, die sich in einem Merkmal unterscheiden und hierfür reinrassig sind. Die Nachkommen (1. Tochtergeneration) wurden wieder untereinander gekreuzt. Er untersuchte, wie oft verschiedene Merkmalsausprägungen in der 2. Tochtergeneration auftraten. Die ersten Versuchsreihen lieferten bei dominant-rezessivem Erbgang folgende Ergebnisse :

(1) Gestalt der Samen : Von 7324 Samen waren 5474 rund oder rundlich und 1850 kantig.
(2) Färbung der Samen : Von 8023 Samen waren 6022 gelb und 2001 grün.
(3) Farbe der Samenschalen : Von 929 Samen hatten 705 violettrote Blüten und graubraune Samenschalen und 224 weiße Blüten und weiße Samenschalen.

Soweit die Daten aus Griesel/Postel (2003). Weitere Versuche zur Färbung der Samen werden bei Lambacher (1988) und bei Ineichen (1984) angegeben. Wir betrachten in den folgenden Überlegungen vor allem Mendels Beobachtungen zur Gestalt der Samen. Die Auswertung zu den anderen Beobachtungen kann analog erfolgen und bleibt Lesenden als Übung überlassen.

15.3 Standortbestimmung

Die Lernenden einer 10. Klasse und auch die eines Leistungskurses der gymnasialen Oberstufe haben bereitwillig meinen Impuls aufgegriffen, sich mit Gregor Mendel zu beschäftigen. Sie haben Material aus dem Biologieunterricht, aus Büchern und auch aus dem Internet zusammengetragen. Alle hatten eine Bemerkung aus dem Biologieunterricht in Erinnerung, es könne etwas faul an den Daten sein, weil diese zu gut zur Theorie passen. Aber auf meine Frage, wie wir denn untersuchen wollen oder woran wir erkennen können, ob Daten zu gut zu einer Theorie passen, und vor allem, ob sie zu gut passen, kamen zwar Gesichtspunkte wie zum Beispiel „Wir müssen bewerten, ob der Abstand von Messwerten zu Theoriewerten zu gering ist." oder „ob die Wahrscheinlichkeit zu klein ist". Sie wurden aber alle von den Schülerinnen und Schülern verworfen. „Damit können wir doch keine Datenmanipulation feststellen." Doch es breitete sich dennoch keine Ratlosigkeit aus, weil wir kein Kriterium finden konnten, das uns bei der Entscheidung hilft, ob die Daten „frisiert" sind oder nicht. Schließlich formuliert Linda einen neuen Impuls : „Theorie und Messwerte passen gut zusammen. Ich möchte sehen, was sich alles aus Mendels Daten entnehmen lässt." Und Jonas fügt verschmitzt lächelnd an : „Vielleicht, wer weiß, finden wir doch noch Hinweise, ob die Daten „frisiert" sind". Die Lernenden im Leistungskurs sehen es genauso, wie es die Schülerinnen und Schüler der 10. Klasse ausgedrückt haben. Ich bin in beiden Lerngruppen nicht traurig oder gar enttäuscht über diese Änderung der Blickrichtung; denn ich halte es für wichtig, dass Lernende die Vielfalt der stochastischen Methoden kennen, einschätzen und sinnvoll anwenden können. Also formuliere ich als Arbeitsauftrag, es sollen Gesichtspunkte zur Auswertung der Mendelschen Daten entwickelt werden. Die Lernenden setzen sich in Gruppen zusammen. Für mich ist es interessant zu sehen, welche Gesichtspunkte die einzelnen Gruppen interessieren. Es entwickeln sich unterschiedliche Sichtweisen, die dann im Plenum vorgestellt und diskutiert werden. Diese Gesichtspunkte werden in den folgenden Abschnitten vorgestellt.

15.4 Beurteilung der Abweichung

In den Lerngruppen werden zunächst die drei Bedingungen einer Bernoullikette diskutiert :
1. Es ist ein 7 324-stufiger Zufallsversuch. Diese Voraussetzung wird akzeptiert.
2. Wir unterscheiden immer nur zwischen den beiden Ergebnissen kantig und nicht-kantig. Kann man in der Praxis immer so scharf unterscheiden ? Ein ernstes Problem, aber gegen die mathematische Modellierung erheben sich keine Einwendungen.
3. Die Wahrscheinlichkeit für kantige Samen ist immer konstant. Im Modell beträgt sie 0,25. Können wir diese Bedingung der Unabhängigkeit bei der Vererbung voraussetzen ? Hier muss der Biologielehrer helfen und wir geben ihm diesen Impuls zurück. Wir nehmen diese Voraussetzung zunächst einmal als gegeben an, es vereinfacht die Modellüberlegungen.

Wir wollen die Auswertungen also im Modell einer Binomialverteilung durchführen. Wir merken uns die geäußerten Bedenken und wollen am Ende auf diese Probleme bei der Kritik an der Modellierung wieder zurückkommen.

Ausgangspunkt der Überlegungen einer Gruppe ist, dass Gregor Mendel eine Theorie hat. Die Lernenden fragen, ob das Beobachtungsergebnis zu dieser Theorie passt, oder ob die Theorie geändert werden muss. Wie kann ich das Beobachtungsergebnis k = 1850 kantige Samen beurteilen, wenn p = 0,25 und n = 7324 vorgegeben sind ? Die absolute Abweichung des beobachteten Ergebnisses 1850 vom Erwartungswert 7324·0,25 = 1831 beträgt 19. Die Beobachtung liegt sehr nahe am Erwartungswert. Wie müssen wir diese geringe Abweichung bewerten ? Viele Schüler berechnen spontan gerne Einzelwahrscheinlichkeiten. Sie erhalten zum Beispiel für P(X = 1850), wobei die Zufallsgröße X die Anzahl der kantigen Samen zählt, 0,0094. Mendel hat also ein Ergebnis erhalten, das in noch nicht einmal 1 % aller Fälle eintritt, das also sehr selten ist. Im Vergleich mit P(X = 1831) = 0,01076, der größten Wahrscheinlichkeit dieser Verteilung, oder auch mit anderen Einzelwahrscheinlichkeiten, sehen die Lernenden auch, wie sich die Gesamtwahrscheinlichkeit 1 auf einzelne der in diesem Fall 7325 verschiedenen Ergebnisse aufteilt. Die Wahrscheinlichkeiten aller Ergebnisse sind höchstens 0,01076, also sind alle Ergebnisse sehr selten. Wir halten in der Diskussion fest, dass Einzelwahrscheinlichkeiten uns hier nicht weiterhelfen, dass selten oder sogar sehr selten kein Grund ist, auf Datenmanipulation oder auf eine gute Übereinstimmung von Theorie und Beobachtung zu schließen.

Das gilt auch für die Überlegungen einer anderen Gruppe. Dort werden die drei Versuchsreihen betrachtet. Die Lernenden stellen sich dies als dreistufigen Versuch vor und stellen die Ergebnisse durch einen Weg in einem dreistufigen Baumdiagramm dar. Für die drei Merkmale (Gestalt, Färbung der Samen. Farbe der Samenschalen) erhalten sie nach den in 15.2 aufgeführten Daten : P ≈ $2,4 \cdot 10^{-6}$. Die Unabhängigkeit der Versuche wird wieder angesprochen, jetzt nicht in Bezug auf die Vererbung von Generation zu Generation, sondern darauf, ob zwischen den einzelnen Experimenten vielleicht Abhängigkeiten bestehen. Der Biologielehrer bekommt weiter gutes Futter für seinen Unterricht.

Eine andere Gruppe fragt : „Welche Abweichungen sind normal, bei welchen müssen wir misstrauisch werden ?" Hier entwickeln die Lernenden die Idee, einen Bereich um den Erwartungswert abzustecken, in dem wir die Ergebnisse hauptsächlich erwarten. Die Lernenden sehen diesen Bereich symmetrisch um den Erwartungswert herum. Zunächst sind die Mitglieder dieser Gruppe enttäuscht, sie haben nur eine Idee, aber kein Ergebnis wie die anderen. Aber im Plenum zeigt sich, was sich aus dieser Idee entwickeln lässt. Wir addieren die Einzelwahrscheinlichkeiten aller Ergebnisse dieses Bereichs und fragen : Wie groß ist die Wahrscheinlichkeit, dass wir eine Abweichung von höchstens 19 vom Mittelwert 1831 erhalten, wenn p = 0,25 und n = 7324 ist. Wir erhalten P(1812 ≤ X ≤ 1850) ≈ 0,40. Das bedeutet, dass rund 40 % aller Daten in diesem Bereich liegen, aber fast 60 % eine noch größere Abweichung von μ haben. Die Abweichung 19 liegt also sehr dicht am Erwartungswert, Fisher behauptet „zu dicht". Für eine Sicherheitswahrscheinlichkeit von 90 % oder mehr müssen wir also noch sehr viel mehr Einzelwahrscheinlichkeiten, deren Ergebnisse noch weiter von μ entfernt liegen als 1850, hinzunehmen. Damit ist eine erste Klärung auch ohne einen ausführlichen klassischen Alternativtest bereits erfolgt. Wesentliches Ergebnis dieser Diskussion ist, dass wir zu Bereichswahrscheinlichkeiten übergehen müssen, wenn wir Ereignisse als außergewöhnlich selten einstufen und damit in Frage stellen wollen.

In der gymnasialen Oberstufe haben wir eine weitere Möglichkeit der Beurteilung. Will man die absolute Abweichung relativ bewerten, nimmt man als Vergleichsmaßstab die Standardabweichung σ. Den Radius r einer r·σ-Umgebung um den Mittelwert μ, bei der der beobachtete Wert auf dem Rand der Umgebung liegt, berechnet man über die Gleichung r = $\left|\frac{k-n\cdot p}{\sigma}\right|$. Man erhält für k = 1850, n = 7324 und p = 0,25 : r ≈ 0,5127. Und jetzt kommt unsere Sicherheitsvorstellung ins Spiel. Wenn ich eine Sicherheit von 99 % haben will, muss ich wesentlich größere Abweichungen als 19 als rein zufällig unter p = 0,25 entstanden tolerieren, und zwar bis zum 2,58-fachen von σ. Das Beobachtungsergebnis 1850 liegt mitten in solchen Umgebungen. Damit weiß ich, dass der klassische Alternativtest immer nur zur Beibehaltung von p = 0,25 führt, und dass ich bei starkem Sicherheitsbedürfnis jede Sicherheitswahrscheinlichkeit, wie groß auch immer ich sie fordere, auf meiner Seite habe. Genau diese Einsicht ist mir wichtiger als das rein schematische Ausführen eines klassischen Alternativtests. „War Fisher vielleicht sauer, weil er mit seinen neuentwickelten Testverfahren Mendel nichts anhaben konnte ?" Interessant ist diese Frage von Lukas schon. Schließlich wähle ich für einen Alternativtest gern Ergebnisse, die etwas mehr als 2σ vom Mittelwert μ, aber weniger als 3σ entfernt sind. Die Nullhypothese wird dann bei einem Signifikanzniveau von 5 % verworfen, muss aber beibehalten werden auf einem 1 %-Niveau. So kann ich die Problematik des klassischen Alternativtests deutlich machen

15.5 Testen nach Bayes

Einige in meiner Lerngruppe haben längst ganz andere Überlegungen gemacht. Testen nach Bayes ist eine sinnvolle Fortsetzung nach Behandlung des Themas „Baumdiagramm und Pfadregeln" als Teilthema von „Bedingter Wahrscheinlichkeit". Die Lernenden vertrauen diesem Verfahren, weil es die ihnen wichtige Frage beantwortet, welche Wahrscheinlichkeiten den Hypothesen zugeordnet werden können. Schauen wir uns an, welche Erfahrungen sie gemacht haben. Es gibt zwei Hypothesen : H_1 : p = 0,25 und H_2 : p ≠ 0,25. Im unten abgebildeten Baumdiagramm werden die Überlegungen dargestellt :

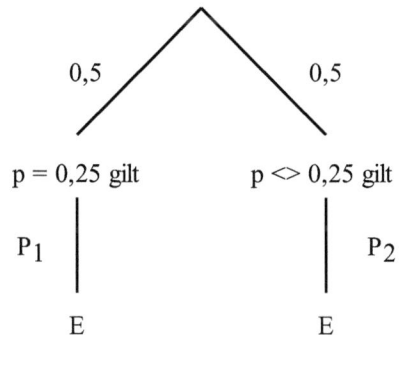

Stellen wir uns einen neutralen Gutachter vor, der vor der Umfrage, also a priori, beide Hypothesen gleich bewertet. Dies wird in der ersten Stufe des links abgebildeten Baumdiagramms dargestellt. Nun erfährt der Gutachter, dass 1850 von 7324 Samen kantig sind. Wie er auf dieses Ergebnis hin (a posteriori) die beiden Hypothesen bewertet, wird nun dargestellt. Die Wahrscheinlichkeit P_1, dass 1850 von 7324 Samen kantig sind, falls deren Anteil p = 0,25 beträgt, ist : $P_1 = \binom{7324}{1850} \cdot 0{,}25^{1850} \cdot 0{,}75^{5474} \approx 0{,}0094$. Die Wahrscheinlichkeit P_2, dass 1850 von 7324 Samen kantig sind, falls p ≠ 0,25 variabel ist, ist : $P_2 = \binom{7324}{1850} \cdot p^{1850} \cdot (1-p)^{5474}$. Im obigen Baumdiagramm wird die gerade beschriebene Situation dargestellt : Es ist ein Ereignis E („1850 von 7324 Samen sind kantig") eingetreten, dessen Wahrscheinlichkeit $P(E) = 0{,}5 \cdot P_1 + 0{,}5 \cdot P_2$ beträgt. Der Pfad mit der Hypothese H_1 hat an dieser Wahrscheinlichkeit den Anteil $\frac{0{,}5 \cdot P_1}{0{,}5 \cdot P_1 + 0{,}5 \cdot P_2} = \frac{P_1}{P_1 + P_2}$, der Pfad mit der Hypothese H_2 den

Anteil $\frac{P_2}{P_1 + P_2}$. Stellen wir uns eine Waage mit zwei Waagschalen vor. A priori war die Waage im Gleichgewicht. A posteriori neigt sie sich auf die Seite mit dem größeren Gewicht.

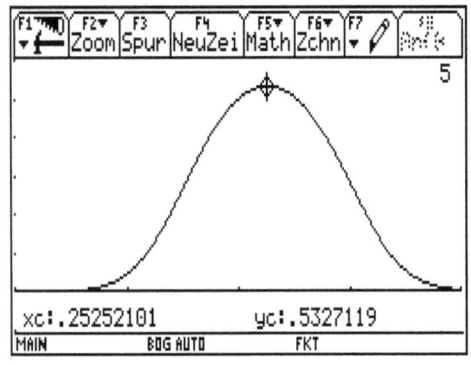

Und welche das ist, lesen wir an dem links abgebildeten Graphen ab, den wir uns von einem zumindest graphikfähigen Taschenrechner darstellen lassen. Auf der x-Achse lassen wir alle Wahrscheinlichkeiten p im Intervall [0,23;0,27] auftragen, auf der y-Achse $P = \frac{P_1}{P_1 + P_2}$ = $P(H_1)$. Das Maximum des Graphen liegt an der Stelle $p = \frac{1850}{7324} \approx 0{,}25259$. Es gilt $P(H_1) \approx 0{,}53274$. Entsprechend errechnet man $P(H_2) \approx 0{,}46726$. Wer den sowohl im Zähler als auch im Nenner von $\frac{P_1}{P_1 + P_2}$ und $\frac{P_2}{P_1 + P_2}$ vorkommenden Binomialkoeffizienten weg kürzt, kann bei diesem Problem eine unangenehme Überraschung erleben, nämlich dann, wenn der Taschenrechner den Dienst verweigert und die Quotientenberechnung mit einer Fehlermeldung endet. Die Erklärung liegt dann auf der Hand : $0{,}25^{1850} \cdot 0{,}75^{5474}$ ist so klein, dass der Taschenrechner die Potenzprodukte im Zähler und im Nenner auf 0 rundet und ein Quotient $\frac{0}{0}$ ist eben nicht definiert. Wenn das Berechnen der Binomialwahrscheinlichkeiten so programmiert ist, dass sich die beiden Tendenzen (Runden auf Null bei den Potenzen, Overflow beim Binomialkoeffizienten) kompensieren, gelingt es, die Binomialwahrscheinlichkeit auch für einen solch großen Stichprobenumfang exakt auszurechnen. Weitere Informationen zu diesem Problem wie auch zu dessen Lösung findet man in Wirths (1998). Und dann gelingt auch das Plotten des oben abgedruckten Graphen.

Wenn ich eine Wette auf eine Wahrscheinlichkeit $p \neq 0{,}25$ gegen einen Partner, der auf $p = 0{,}25$ setzt, abschließen will, habe mich meine beste Chance, wenn ich mich für $p = \frac{1850}{7324}$ entscheide. Dann stehen die Chancen etwa 53 : 47 für mich. Lernende kommentierten dieses Ergebnis : „Da kann man doch genauso gut eine leicht unsymmetrische Münze werfen und die Münze entscheiden lassen, ob wir $p = 0{,}25$ oder $p = \frac{1850}{7324}$ wählen." Solch ein Ergebnis befriedigt sie gar nicht. Aber warum sollen wir in solch einer Situation die einfach zu interpretierende und zu handhabende Wahrscheinlichkeit 0,25 gegenüber einer „unbequemeren" Dezimalzahl, die vielleicht nach jedem neuen Experiment wieder modifiziert werden muss, überhaupt aufgeben ?

15.6 Kann man aus den Daten Theorie entwickeln ?

Die Überlegungen des letzten Abschnitts können bereits in Klasse 10 gemacht werden. Wenn in der gymnasialen Oberstufe die Lernenden mit σ-Umgebungen um μ vertraut sind, können wir noch einen anderen Gesichtspunkt einbringen. Wir setzen jetzt aber voraus, dass Mendel noch keine Theorie hatte, auch wenn das den historischen Fakten nicht entspricht. Wir fragen, welche möglichst einfache Wahrscheinlichkeit Mendel seiner Theorie zugrunde legen kann, wenn man von seinen Beobachtungsergebnissen ausgeht. Welche Wahrscheinlichkeiten p sind mit k = 1850 und n = 7324 verträglich, wenn ich eine sehr große Sicherheitswahrscheinlichkeit

(0,99) fordere ? Wir möchten alle Wahrscheinlichkeiten p berechnen, in deren r·σ-Umgebung von μ das beobachtete Ergebnis k = 1850 liegt. Wir stellen als Ansatz zur Berechnung des Konfidenzintervalls für die unbekannte Wahrscheinlichkeit p mit k = 1850, n = 7324 die Ungleichung $|1850 - 7324 \cdot p| \leq 2{,}58 \cdot \sqrt{7324 \cdot p \cdot (1-p)}$ auf. Sie besitzt als Lösungen alle Wahrscheinlichkeiten p ∈ [0,239724; 0,265914]. Wir wählen r = 2,58 wegen der geforderten Sicherheitswahrscheinlichkeit von 99 %.

Man kann in einer leistungsstarken Lerngruppe die Betragsungleichung Schritt für Schritt nach

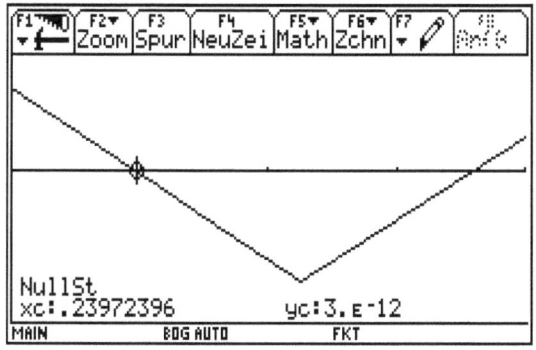

p auflösen, und das fällt dort auch auf fruchtbaren Boden. Im Unterricht auf grundlegendem Niveau lasse ich mir den Graphen von $y_1 = |1850 - 7324 \cdot x| - 2{,}58 \cdot \sqrt{7324 \cdot x \cdot (1-x)}$ für x zwischen 0,23 und 0,27 plotten. Er ist links abgebildet. Nun setze ich die Rechnerroutinen zur Bestimmung der Nullstellen ein und erhalte das oben angegebene Intervall für p, optisch klar erkennbar im Graph als der Bereich, in dem y_1 unterhalb der x-Achse verläuft. An diesem Konfidenzintervall für p sehen wir, welche Alternativwahrscheinlichkeiten bei gleich großem Sicherheitsbedürfnis gelten und auch, welche nicht gelten können. $p = \frac{1}{4}$ ist der einfachste Bruch im Konfidenzintervall. Den sollte Gregor Mendel für seine Theorie wählen und erst dann aufgeben, wenn neue Experimente eine Änderung zwingend erforderlich machen.

Die σ-Regeln besagen, dass die Sicherheitswahrscheinlichkeit für eine 2,58σ-Umgebung um μ in etwa 0,99 beträgt. Aber statt σ-Regeln anzuwenden, nutzen wir die Fähigkeiten eines zumindest graphikfähigen Taschenrechners aus, Sicherheitswahrscheinlichkeiten nicht nur berechnen, sondern auch graphisch darstellen zu können. Im Bild werden die Sicherheitswahrscheinlichkeiten für Wahrscheinlichkeiten des Konfidenzintervalls gezeichnet. Auf der x-

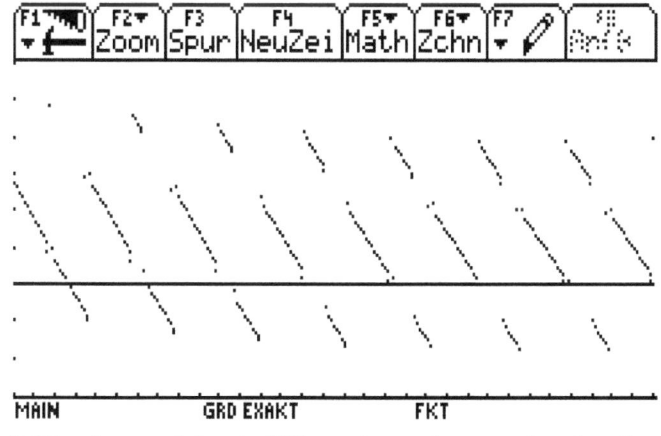

Achse sind alle p aus dem Intervall [0,239; 0,270] abgetragen. Die Skalierungspunkte unten im Bild markieren Abstände von 0,001. Auf der y-Achse werden die zu p gehörenden Sicherheitswahrscheinlichkeiten der 2,58·σ-Umgebungen um μ aufgetragen. Hier wird der Bereich zwischen 0,9895 und 0,9905 dargestellt. Die Punkte am linken Rand markieren einen Abstand von 0,0001. Zusätzlich wurde die Gerade mit y = 0,99 eingezeichnet. Wir sehen, dass und wie die Sicherheitswahrscheinlichkeiten um 0,99 schwanken. Und nun haben wir nach dem bekannten Satz von Hans Schupp („Der Computer zwingt uns zum Nachdenken über Dinge, über die wir auch ohne Computer schon längst hätten nachdenken müssen.") ein Problem : Ist der Graph stetig oder unstetig ? Wenn wir uns klarmachen, wie wir Sicherheitswahrscheinlichkeiten über das Aufsummieren von Rechtecksflächen erhalten, dann sind bei der diskreten Binomialverteilung Sprünge in der Bereichswahrscheinlichkeit zu erwarten, der Graph gibt also mit seinen Unstetigkeitsstellen den Sachverhalt korrekt wieder.

15.7 Abschluss

Die Daten aus Lambacher (1988) und Ineichen (1984) über die Versuche zur Farbe der Samen werden in dort mit einem Arbeitsauftrag zur Bestimmung von relativen Häufigkeiten versehen. Bei Ineichen wird den Lernenden auf S. 68 mit der Bemerkung „relative Häufigkeiten, die eine auffallende Stabilität zeigen" auch ein interessanter Kontext aufgezeigt, in den die gesamte Auswertung der Tabelle gestellt werden kann. Daher soll auf diese Möglichkeit, die bereits dann unterrichtet werden kann, wenn die Lernenden mit Brüchen und Dezimalzahlen umgehen können, hier auch noch explizit hingewiesen werden.

Ich habe mich entschieden, elementare Methoden einzusetzen, die derzeit überall von der 9. Klasse bis zum Abitur unterrichtet werden können, die zum Standardrepertoire eines jeden Stochastikunterrichts gehören sollten. Daher verzichte ich hier auf den Chi-Quadrat-Test, obwohl er historisch gesehen gerade an den Mendelschen Daten ausgefeilt und erprobt worden ist. Aber wer den Chi-Quadrat-Test einsetzt, sollte bedenken, dass die Anweisung des amerikanischen Biometrikers J. A. Harris - zum Auswerten muss man „nur eine einfache Aufgabe bewältigen : Chi-Quadrat ausrechnen und den Wert für P in Eldertons Tabelle nachschlagen" (zitiert nach Gigerenzer (1999), S. 173) - vielleicht für Anwender ausreicht. In einer allgemeinbildenden Schule muss man aber mehr tun als nur ein Kochrezept befolgen, und das vielleicht auch nur unverstanden. Hier ist Einsicht, Durchblick und Überblick gefordert.

Hat Gregor Mendel seine Daten „frisiert"? Es ist nicht belegt, dass ihm jemand beim Auszählen über die Schulter geblickt hat. Und Fishers datenmanipulierender Assistent gehört wohl auch ins Reich der Phantasie. Die Frage hat meine Lerngruppen die ganze Zeit beschäftigt, auch wenn in den vorigen Abschnitten nichts davon erwähnt wird. Natürlich wird ein Statistiker misstrauisch, wenn beobachtete Daten zu gut mit der Theorie übereinstimmen, vor allem dann, wenn die Daten im Sinne eines „experimentum crucis" die Theorie stützen und nicht ins Wanken bringen sollen. Wenn von 8023 Samen 2001 grün sind, ist das sehr nahe an den erwarteten Werten, ein „Fast-Volltreffer", wie meine Schülerinnen und Schüler formuliert haben. Fishers Misstrauen ist den Lernenden verständlich. Wer würde also nicht solch eine Frage zumindest als Arbeitshypothese stellen und mathematische Verfahren daran erproben wollen ?

Wir können Gregor Mendel nicht mehr befragen. Aber wir können nachlesen, wie er mit seinen Daten umgegangen ist. Im Internet finden wir seine Arbeit „Versuche über Pflanzenhybriden" als Quellentext unter der Adresse http://www1.biologie.uni-hamburg.de/b-online/d08/08a.htm. Hier finden wir Mendels Auswertung von 7 Versuchen. Er gibt die Verhältnisse mit 2,96:1, 3,01:1, 3,15:1, 2,95:1, 3,14:1 bzw. 2,84:1 an. In unserer Sprache berechnet er damit also relative Häufigkeiten. Auf der anderen Seite finden wir, dass Mendel vom Durchschnittverhältnis 3:1 redet. „Es gilt das ohne Ausnahme für alle Merkmale, welche in die Versuche aufgenommen waren." Hier findet für mich die Modellbildung bei Gregor Mendel statt; denn diesen Mittelwert, von Mendel Durchschnittsverhältnis genannt, kann ich in der Theorie als Wahrscheinlichkeit interpretieren. Gregor Mendel gibt auch an, wie weit seine Beobachtungswerte variieren, er gibt extreme Verteilungen, die eben nicht der Theorie entsprechen an, und schreibt, dass auch solche Versuche „wichtig für die Feststellung der mittleren Verhältniszahlen" sind. Die sorgfältige Beschreibung und Dokumentation seiner Versuche erwecken nicht den Eindruck, hier sei etwas manipuliert worden. Mendels Darstellung lässt bei Lernenden Fragen aufkommen. Der Biologielehrer hat reichlich Gelegenheit zur Klärung.

In unseren mathematischen Untersuchungen haben wir gesehen, auf welch schwankendem Boden wir uns bewegen („wie auf Moorboden", so die Lernenden), wenn wir Gregor Mendels Daten auswerten und die Ergebnisse unserer Untersuchung interpretieren wollen. Den

Standpunkt „Die beobachteten Werte sind nahe an den erwarteten Werten." können wir ohne Skrupel einnehmen, sogar eine Verschärfung auf „sehr nahe". Aber sind die beobachteten Werte tatsächlich „**zu nahe** an den erwarteten Werten" ? Dies jedenfalls ist die Behauptung von Sir Ronald Fisher. Wie kann man „zu nahe" nachweisen ? Wir haben keine Möglichkeit gefunden, dem nachzugehen. „War Fisher vielleicht sauer, weil er mit seinen neuentwickelten Testverfahren Mendel nichts anhaben konnte ?" Die Frage von Lukas kommt wieder ins Gespräch. Wenn wir eine der Hypothesen „Gregor Mendel hat manipuliert" oder „Gregor Mendel hat nicht manipuliert" annehmen und verteidigen wollen, müssen wir uns nach Gefühl und Laune entscheiden. Wir haben keine überzeugenden Gründe gefunden, um Gregor Mendel mit großer Sicherheit beschuldigen zu können, im Sinne von „corriger la fortune" die kantigen Samen gezählt oder die anderen Daten erhoben zu haben, zum Glück für Gregor Mendel. Für ihn spricht auch die sorgfältige und ausführliche Beschreibung und Dokumentation seiner Versuche und Ergebnisse, wobei er auch Einzelergebnisse darstellt, die für sich allein genommen nicht die Theorie unterstützen.

Aber der Verdacht, Gregor Mendel könne doch manipuliert haben, baut einen Spannungsbogen auf, der eine ansonsten staubtrockene Angelegenheit geheimnisvoll und spannend erscheinen lässt, und die Phantasie der Lernenden anregt, so dass sie bereitwillig und verständnisvoll Gelerntes erproben wollen und dabei auch Neues entdecken können.

Wer sich näher mit Gregor Mendel, seinem Werk und der Diskussion über sein Schaffen, die bis heute anhält, informieren will, findet im Internet interessantes Material.

Am Beispiel dieser Aufgabe kann ich darstellen, welche verschiedenen interessanten Möglichkeiten uns ein leistungsfähiges elektronisches Rechensystem bei diesem Problemfeld eröffnet, die es ohne solch ein Hilfsmittel nicht geben würde :

1. Es dient als einfacher Taschenrechner (TR) zum Berechnen des Radius r der r·σ-Umgebung um den Mittelwert μ und der Standardabweichung σ. Wir lernen, dass wir uns einen klassischen Alternativtest mit seinen haarigen Interpretationsproblemen ersparen können.
2. Es dient als Taschenrechner, das aber erheblich mehr Möglichkeiten als ein herkömmlicher wissenschaftlicher TR hat, beim Auswerten von Alternativtests nach Bayes. Wir sehen, dass man beim Testen nach Bayes die Wahrscheinlichkeit von Hypothesen berechnen kann, und berechnen diese mit dem Hilfsmittel.
3. Es dient uns als graphikfähiger Taschenrechner (gTR) beim Visualisieren von komplizierten Termen
   a. beim Testen nach Bayes,
   b. beim Bestimmen von Konfidenzintervallen,
   c. beim Plotten von Sicherheitswahrscheinlichkeiten.
   Wir bekommen genügend Futter für Diskussionen und Entscheidungen.
4. Es dient wie ein Computeralgebra-Taschencomputer zum Berechnen von Konfidenzintervallen. Das CA-System sollte so leistungsfähig sein, dass bei Ungleichung-Fans Freude aufkommt, weil die bei diesen Rechnungen vorkommenden Betragsungleichungen sowohl graphisch als auch algebraisch gelöst werden können.
5. Es dient wie ein Graphik-Taschencomputer (GTC), der uns nach dem bekannten Satz von Hans Schupp zwingt, über die Darstellung des Rechners und mathematische Grundlagen nachzudenken. Hier liefert uns ein GTC vielfältiges Material und Anregungen für weitere interessante Überlegungen bis hin zu Forschungen.

16. Besondere Aufgaben

16.1 Einführung

Lebendiger Mathematikunterricht lebt von Problemen, die Lernende zu Diskussionen und zum Probieren anregen, bei denen sie spontan sagen : „Das will ich wissen." Es werden in diesem Kapitel exemplarisch Aufgaben vorgestellt, die im Unterricht mehrfach erfolgreich erprobt worden sind, sei es, dass sie in den Unterricht integriert wurden, sei es, dass sie bei Leistungskontrollen eingesetzt oder als Material für Schülerreferate gestellt wurden. Alle Aufgaben sind hervorragend geeignet für den Einsatz von CAS-Rechnern im individualisierten Unterricht.

16.2 Aufgaben aus der Algebra

Es werden Aufgaben formuliert, in denen typische Operationen der Algebra ausgeführt werden müssen : Zeichnen im Koordinatensystem, das Ausklammern und Ausmultiplizieren von Termen, der Nachweis von Termäquivalenzen, das Lösen von Gleichungen und Ungleichungen sowie die Arbeit mit selbstdefinierten Funktionen.

Aufgabe 1 (Meine Initialen) Der Taschencomputer soll meine Initialen („H W") zeichnen.

Lösung : Alle Punkte sollen im ersten Quadranten des Koordinatensystems liegen. Den Buchstaben H bilden die Punkte A, B, C, D, E und F, den Buchstaben W die Punkte G, H, I, J und K. Für die Koordinaten dieser Punkte, die man aus einem handgezeichneten Koordinatensystem ablesen kann, gilt zum Beispiel : A = (1 | 1), B = (1 | 7), C = (1 | 4), D = (3 | 4), E = (3 | 1), F = (3 | 7), G = (4 | 7), H = (5 | 1), I = (6 | 4), J = (7 | 1) und K = (8 | 7).

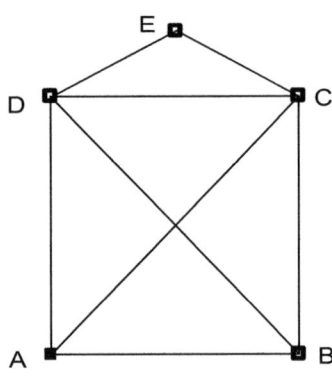

Aufgabe 2 (Das Haus des Nikolaus) Das „Haus des Nikolaus" (siehe nebenstehendes Bild) habe die Eckpunkte A, B, C, D und E. Zeichnen Sie alle Seiten vom „Haus des Nikolaus" nach folgenden Regeln :

α. Alle Strecken im „Haus des Nikolaus" müssen hintereinander, ohne abzusetzen, gezeichnet werden.

β. Jede Strecke darf nur ein einziges Mal gezeichnet werden.

Lösung : Alle Punkte sollen im ersten Quadranten des Koordinatensystems liegen. Wir wählen : A = (1 | 1), B = (5 | 1), C = (5 | 5), D = (1 | 5) und E = (3 | 6). Die Strecken vom „Haus des Nikolaus" können wir von Anfangspunkt zum Endpunkt zum Beispiel in folgender Reihenfolge zeichnen : ABCEDCADB. Diese Punktfolge enthält neun Elemente. Damit werden also acht Strecken dargestellt. Beim Zeichnen mit Bleistift kann nachverfolgt werden, dass wir die obigen Regeln einhalten. Wer eine längere Punktfolge wählt, zeichnet mindestens eine Strecke mehrfach, bei einer kürzeren Folge zeichnet man nicht alle Strecken.

Aufgabe 3 (Die Restfläche aus zwei Quadraten) : Aus einem Quadrat der Kantenlänge a wird ein Quadrat mit der Kantenlänge b (b < a) herausgeschnitten. Zeichnen Sie verschiedene Möglichkeiten. Stellen Sie möglichst unterschiedliche Terme zur Berechnung der Restfläche auf und zeigen Sie, dass diese Terme äquivalent sind.

Lösungsbeispiele : - $a^2 - b^2$

- $a \cdot (a - b) + b \cdot (a - b)$. Die linke untere Ecke haben beide Quadrate gemeinsam.

- $4 \cdot \dfrac{a + b}{2} \cdot \dfrac{a - b}{2}$. Wir denken uns 4 Trapeze.

- $a \cdot (a - b) + 2 \cdot b \cdot \dfrac{a - b}{2}$. Wir denken uns eine symmetrische U-Form.

- $2 \cdot a \cdot \dfrac{a-b}{2} + 2 \cdot b \cdot \dfrac{a-b}{2}$. Anstelle der vier Trapeze denken wir uns vier Rechtecke.

Aufgabe 4 (Ein Abzählproblem) : In einer Liga spielen n Mannschaften (n > 0).
a. Wie viele Spiele müssen insgesamt stattfinden, wenn alle Mannschaften mit Hin- und Rückspiel gegeneinander spielen ? Stellen Sie mehrere verschiedene Terme auf.
b. Eine Sportzeitung meldet, dass in einer Liga insgesamt 220 Spiele gespielt werden müssen. Untersuchen Sie, ob diese Meldung korrekt ist.
c. In einer Liga mit 20 Mannschaften wird eine Vorrunde gespielt, bei der jede Mannschaft nur einmal gegen jede andere antritt. Danach wird mit Hin- und Rückspiel in einer Meistergruppe mit 12 Teams und in einer Relegationsgruppe mit 8 Teams gespielt. Untersuchen Sie, ob diese Lösung gegenüber einer Saison mit je einem Hin- und Rückspiel Spiele erspart.

Lösung zu a :
- $n^2 - n$. In einer quadratischen n·n-Liste stehen alle Spieltermine. In der Eingangszeile und in der Eingangsspalte stehen alle Mannschaften. Kein Team spielt gegen sich selbst, in der Diagonalen von oben links nach unten rechts sind keine Einträge.
- $n \cdot (n-1)$. Jede der n Mannschaften hat n – 1 Heimspiele. Die Auswärtsspiele sind Heimspiele der anderen Mannschaften. In der quadratischen Liste der vorigen Lösung streichen wir die nicht belegten Diagonalelemente. Dann stehen in jeder der n Spalten n - 1 Spieltermine.
- $2 \cdot (n-1) + 2 \cdot (n-2) + \ldots + 2 \cdot 2 + 2 \cdot 1$. Wir betrachten die erste Mannschaft. Sie spielt zweimal gegen die übrigen n - 1 Mannschaften. Bei der nächsten Mannschaft kommen zweimal n - 2 Spiele hinzu; denn die beiden Spiele gegen die erste Mannschaft sind bereits im ersten Summanden berücksichtigt. ... Bei der drittletzten Mannschaft kommen noch zweimal zwei Spiele gegen die beiden letzten Mannschaften hinzu, bei der vorletzten noch zwei Spiele gegen die letzte.

Alle diese Terme sind gleichwertig (äquivalent). Mit jedem der drei Vorschläge kann man die korrekte Anzahl aller Spiele berechnen. Der Beweis der Äquivalenz der ersten beiden Terme ist offensichtlich. Zum Beweis der Äquivalenz des dritten Terms mit den beiden anderen können wir die Geschichte vom kleinen Gauß und seiner Aufgabe, die Summe aller natürlichen Zahlen von 1 bis 100 zu errechnen, in den Unterricht einbeziehen.

Lösung zu b :

$220 = n^2 - n \Leftrightarrow (n-0{,}5)^2 = 220{,}25 \Leftrightarrow n = 0{,}5 + \sqrt{220{,}25} \ \vee \ n = 0{,}5 - \sqrt{220{,}25} \Leftrightarrow$
$n = 15{,}34\ldots \ \vee \ n = -14{,}34\ldots$. Negative Lösungen kommen hier nicht in Frage, sondern nur natürliche Zahlen. Die Meldung kann nicht korrekt sein, da keine der beiden Lösungen eine natürliche Zahl ist. Bei einer ungeraden Zahl als Gesamtzahl aller Spiele wäre dies auch ohne Rechnung offensichtlich gewesen; denn für jede natürliche Zahl n ist entweder n oder n - 1 eine gerade Zahl. Das Produkt n·(n - 1) ist immer gerade.

Lösung zu c : Bei einer Hinrunde mit 20 Mannschaften wären 20·19 = 380 Spiele bei Hin- und Rückspiel erforderlich, also 190 Spiele, da eine einfache Hinrunde ohne Rückspiele durchgeführt wird. In der Meisterrunde müssen 12·11 = 132 Spiele und 8·7 = 56 in der Abstiegsrunde stattfinden, insgesamt also 188 Spiele. Man spart zwei Spiele bei dieser Lösung.

Aufgabe 5 (Ein Gleichungssystem)
Simon arbeitet 5 Stunden täglich als Aushilfskellner in einer Pizzeria. Für die Bezahlung werden ihm zwei unterschiedliche Angebote gemacht. Entweder erhält er
7 € pro Stunde und am Ende eines Arbeitstages zusätzlich 5 % seines Umsatzes oder
5 € pro Stunde und am Ende eines Arbeitstages zusätzlich 8 % seines Umsatzes.

Untersuchen Sie, wann für Simon die eine, wann die andere Möglichkeit vorteilhafter ist.

Lösung : Die Variable für den Tagesumsatz von Simon in Euro sei x. y_1 und y_2 seien die Variablen für das, was Simon nach fünfstündiger Arbeit nach dem jeweiligen Vorschlag in Euro ausgezahlt bekommt. Dann gilt für die beiden Angebote : $y_1 = 7 \cdot 5 + 0{,}05 \cdot x$ und $y_2 = 5 \cdot 5 + 0{,}08 \cdot x$. Beides sind lineare Funktionen. Ihre Graphen sind Geraden mit unterschiedlicher Steigung. Wann ist der erste Vorschlag günstiger ?

$$35 + 0{,}05 \cdot x < 25 + 0{,}08 \cdot x \Leftrightarrow 10 < 0{,}03 \cdot x \Leftrightarrow x < \frac{1000}{3} \approx 333{,}33.$$

Fazit : Für Umsätze kleiner als $\frac{1000}{3}$ € ist der erste Vorschlag für Simon günstiger, für größere Umsätze der zweite. Gleichheit gibt es nicht, da $\frac{1000}{3}$ € kein real existierender Geldbetrag ist.

Aufgabe 6 (Eine Raketenbahn) Nach dem Abschuss einer Rakete kann man jedem Zeitpunkt $t \geq 0$ die aktuelle Höhe h(t) der Rakete zuordnen. Es gelte : $h : t \to h(t) = -5t^2 + 45t + 50$.
a. Wo befindet sich die Rakete zu Beginn der Beobachtung ?
b. Wann wird die höchste Stelle der Bahn erreicht und wie hoch ist das ?
c. Wann erreicht die Rakete wieder den Boden ?
d. Wann ist die Rakete wieder so hoch über dem Boden wie zu Beginn der Beobachtung ?

Lösung : Die Fragen werden nach Kenntnis der Nullstellen der Parabel und durch Ausnutzen der Symmetrie des Graphen beantwortet. Bestimmung der Nullstellen :
$0 = (-5) \cdot (t^2 - 9t - 10) \Leftrightarrow 0 = (-5) \cdot ((t - 4{,}5)^2 - 30{,}25) \Leftrightarrow 0 = (t - 4{,}5)^2 - 30{,}25 \Leftrightarrow$
$30{,}25 = (t - 4{,}5)^2 \Leftrightarrow t = 4{,}5 + \sqrt{30{,}25} \lor t = 4{,}5 - \sqrt{30{,}25} \Leftrightarrow t = 10 \lor t = -1$.
a. Zu Beginn (t = 0) befindet sich die Rakete 50 Längeneinheiten (LE) über der Erde.
b. Die Mitte zwischen den Nullstellen −1 und 10 ist 4,5. $h(4{,}5) = (-5) \cdot (-30{,}25) = 151{,}25$.
   Nach 4,5 Zeiteinheiten erreicht die Rakete ihren höchsten Punkt 151,25 LE hoch.
c. Nach 10 Zeiteinheiten schlägt die Rakete wieder auf dem Boden auf.
d. Zu Beginn (t = 0) und nach 9 Zeiteinheiten ist die Rakete 50 LE über dem Boden.

Aufgabe 7 (Differenz von zwei Quadratzahlen) :
a. Untersuchen Sie, welche natürlichen Zahlen z > 1 sich als Differenz von zwei verschiedenen Quadraten a^2 und b^2 darstellen lassen, für die also gilt : $z = a^2 - b^2$ mit $a^2 > b^2$.
b. Untersuchen Sie, unter welchen Voraussetzungen a, b ∈ ℕ gilt.

Lösung zu a : Es gilt : $a^2 - b^2 = (a+b) \cdot (a-b) = c \cdot d = z$ mit $a + b = c \land a - b = d$. c und d können wir als Faktoren interpretieren, deren Produkt die gegebene Zahl z ergibt. Wir können a und b aus c und d berechnen : $a = \frac{c+d}{2} \land b = \frac{c-d}{2}$. Aus der trivialen Faktorzerlegung $z = z \cdot 1$ erhalten wir immer $z = \left(\frac{z+1}{2}\right)^2 - \left(\frac{z-1}{2}\right)^2$. Bei ungeraden Zahlen z ist es immer die Differenz der Quadrate von aufeinanderfolgenden natürlichen Zahlen. Insbesondere haben alle Primzahlen außer 2 nur diese Darstellung. Wir können so viele verschiedene Darstellungen als Differenz von Quadratzahlen erzeugen, wie wir unterschiedliche Faktorzerlegungen zu je zwei Faktoren erstellen können.

Lösung zu b : Wir machen eine Fallunterscheidung :
1. z sei ungerade. Dann sind die Faktoren in jeder Faktorzerlegung zu zwei Faktoren ungerade.

Da die Summe zweier ungerader Zahlen wie deren positive Differenz immer gerade ist, sind in diesem Fall a und b immer natürliche Zahlen.

2. z sei durch 4 teilbar. Dann können wir die beiden Faktoren so wählen, dass beide gerade Zahlen sind. Da die Summe wie die Differenz zweier gerader Zahlen wieder gerade ist, sind in diesem Fall a und b immer natürliche Zahlen.

3. Bei allen geraden Zahlen, die nur durch 2, aber nicht durch 4 teilbar sind, sind a und b keine natürlichen Zahlen, welche Faktorzerlegung wir auch immer wählen.

Beispiele: $105 = 105 \cdot 1 \Rightarrow 53^2 - 52^2 = 105 \qquad 105 = 35 \cdot 3 \Rightarrow 19^2 - 16^2 = 105$
$105 = 21 \cdot 5 \Rightarrow 13^2 - 8^2 = 105 \qquad 105 = 15 \cdot 7 \Rightarrow 11^2 - 4^2 = 105$

Aufgabe 7 (Ein Springbrunnen) In der Mitte eines kreisförmigen Springbrunnens sind auf einer kleinen Halbkugel Düsen angebracht, aus denen Wasser in einem bestimmten Winkel α gegenüber der Horizontalen und mit einer bestimmten Geschwindigkeit v austritt.

a. Zeigen Sie, dass die Wasserteilchen einer Fontäne sich auf Parabelbahnen bewegen.
   Die Düsen werden in Winkeln von 15° bis 75° in Stufen von jeweils 15° eingestellt. Über den Durchmesser der Düsen wird die Austrittsgeschwindigkeit des Wassers geregelt.

b. Untersuchen Sie, wie die Austrittsgeschwindigkeiten bei den einzelnen Düsen gewählt werden müssen, damit alle Fontänen nach genau 10 m wieder auftreffen.

c. Untersuchen Sie, wie hoch die höchste Fontäne spritzt.

d. Zeichnen Sie alle Fontänen.

e. Wir setzen voraus, dass die Winkel für die Düsen kontinuierlich zwischen 0° und 90° verstellt werden können, und dass bei allen das Wasser mit der gleichen Geschwindigkeit v ausströmt. Bei welchem Winkel spritzt die Fontäne am weitesten?

Lösung zu a:

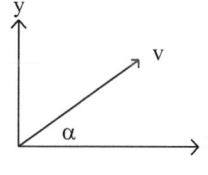

Wir verknüpfen Mathematik und Physik. Ein aus der Düse austretendes Teilchen gehorcht den Gesetzen des schiefen Wurfes. Dabei überlagern sich die verschiedenen Bewegungsarten unabhängig voneinander, sie stören sich nicht gegenseitig. Wir zerlegen die Gesamtbewegung in eine Bewegung in x-Richtung (horizontal) und eine in y-Richtung, die senkrecht zur x-Richtung verläuft. In x-Richtung führt das Wasserteilchen eine gleichförmige Bewegung durch, für die gilt: $x(t) = v \cdot \cos(\alpha) \cdot t$. In y-Richtung ist es die Zusammensetzung aus einer gleichförmigen Bewegung nach oben und einer gleichmäßig beschleunigten Bewegung (freier Fall) nach unten, für die gilt: $y(t) = v \cdot \sin(\alpha) \cdot t - 0{,}5 \cdot g \cdot t^2$, wobei g die Fallbeschleunigung mit $g \approx 9{,}81 \, \frac{m}{s^2}$ ist. Die in x- wie auch in y-Richtung zurückgelegten Wege sind abhängig von der Zeit t. $(x(t) \mid y(t))$ stellt zu jedem Zeitpunkt t den Ort in einem x-y-Koordinatensystem dar, an dem sich das Wasserteilchen befindet. Alle diese Punkte bilden die Bahnkurve des Wasserteilchens.

Lösen wir die Gleichung $x = v \cdot \cos(\alpha) \cdot t$ nach t auf, folgt $t = \dfrac{x}{v \cdot \cos(\alpha)}$. Setzen wir dies in die Gleichung $y = v \cdot \sin(\alpha) \cdot t - 0{,}5 \cdot g \cdot t^2$ ein, erhalten wir:

$y = v \cdot \sin(\alpha) \cdot \dfrac{x}{v \cdot \cos(\alpha)} - 0{,}5 \cdot g \cdot \dfrac{x}{v \cdot \cos(\alpha)} \cdot \dfrac{x}{v \cdot \cos(\alpha)} = \tan(\alpha) \cdot x - \dfrac{g}{2 \cdot v^2 \cdot \cos^2(\alpha)} \cdot x^2$. Zu dieser Gleichung gehört als Graph eine nach unten geöffnete Parabel.

Lösung zu b : Der Graph der Parabel hat zwei Nullstellen : $x = 0$, $x = \dfrac{2 \cdot \sin(\alpha) \cdot \cos(\alpha) \cdot v^2}{g}$.

Für eine Weite von 10 m benötigt man eine Geschwindigkeit v, für die in Abhängigkeit vom Winkel α gilt : $10 = \dfrac{2 \cdot \sin(\alpha) \cdot \cos(\alpha) \cdot v^2}{g} \Rightarrow v(\alpha) = \sqrt{\dfrac{5 \cdot g}{\sin(\alpha) \cdot \cos(\alpha)}}$ für $0° < \alpha < 90°$.

Lösung zu c : Das Maximum der Fontäne liegt (Achsensymmetrie der Parabel !) genau in der Mitte zwischen den beiden Nullstellen bei $x = \dfrac{\sin(\alpha) \cdot \cos(\alpha) \cdot v^2}{g}$. Für die y-Koordinate des Maximums gilt : $y_{max} = \dfrac{\sin(\alpha)}{\cos(\alpha)} \cdot \dfrac{\sin(\alpha) \cdot \cos(\alpha)}{g} \cdot v^2 - \dfrac{1}{2} \cdot \dfrac{g}{v^2 \cdot \cos^2(\alpha)} \cdot \dfrac{\sin^2(\alpha) \cdot \cos^2(\alpha) \cdot v^4}{g^2} =$

$\dfrac{\sin^2(\alpha)}{g} \cdot v^2 - \dfrac{1}{2} \cdot \dfrac{\sin^2(\alpha)}{g} \cdot v^2 = \dfrac{\sin^2(\alpha) \cdot v^2}{2 \cdot g}$. Bei einer Fontäne, die 10 m weit spritzt, gilt :

$y_{max} = \dfrac{\sin^2(\alpha)}{2 \cdot g} \cdot \dfrac{5 \cdot g}{\sin(\alpha) \cdot \cos(\alpha)} = \dfrac{5}{2} \cdot \tan(\alpha)$. Der Tangens steigt für $0° < \alpha < 90°$ streng monoton, also spritzt die Düse mit dem Neigungswinkel 75° am höchsten. Für $\alpha = 75°$ gilt : $y_{max} \approx 9{,}33$ m.

Man könnte die Stelle des relativen Maximums, bei dieser Parabel absolutes Maximum, auch mit Routinen der Analysis bestimmen. Ich ziehe diese elementaren Überlegungen vor.

Lösung zu d : Wir erhalten eine Funktionsschar in parametrisierter Form mit dem Winkel α als Parameter : $x_\alpha(t) = \sqrt{\dfrac{5 \cdot g}{\sin(\alpha) \cdot \cos(\alpha)}} \cdot \cos(\alpha) \cdot t = \sqrt{\dfrac{5 \cdot g}{\tan(\alpha)}} \cdot t$

$y_\alpha(t) = \sqrt{\dfrac{5 \cdot g}{\sin(\alpha) \cdot \cos(\alpha)}} \cdot \sin(\alpha) \cdot t - 0{,}5 \cdot g \cdot t^2 = \sqrt{5 \cdot g \cdot \tan(\alpha)} \cdot t - 0{,}5 \cdot g \cdot t^2$

Lösung zu e : Die zweite Nullstelle gibt an, wie weit die Fontäne spritzt. Wenn g und v konstant sind, ergibt sich die größte Weite aus dem Maximum des Produkts $\sin(\alpha) \cdot \cos(\alpha)$. Es gilt : $\sin(\alpha) \cdot \cos(\alpha) = \sin(\alpha) \cdot \sqrt{1 - \sin^2(\alpha)} = \sqrt{\sin^2(\alpha) - \sin^4(\alpha)} = \sqrt{\sin^2(\alpha) \cdot (1 - \sin^2(\alpha))}$. Wenn der Radikand maximal ist, dann ist auch der Wert der Wurzel maximal. Für $0° \leq \alpha \leq 90°$ hat der Radikand zwei doppelte Nullstellen bei $\alpha = 0°$ und bei $\alpha = 90°$. $\sin^4(\alpha)$ ist immer kleiner oder gleich $\sin^2(\alpha)$. Die Differenz $\sin^2(\alpha) - \sin^4(\alpha)$ ist also nie negativ. Daher folgt aus Symmetriegründen, dass das Maximum von $\sin(\alpha) \cdot \cos(\alpha)$ bei $\alpha = 45°$ liegt und einen Maximalwert von 0,5 besitzt.

16.3 Aufgaben aus der Analysis

Früher war es üblich, nach Vorgabe der Zuordnungsvorschrift eine ausführliche Kurvendiskussion (ggfs. eingeschränkt durch eine Anweisung wie zum Beispiel „ohne Untersuchung auf Wendestellen") durchzuführen, an deren Ende als Höhepunkt der Graph aus den errechneten Eigenschaften begründet entwickelt werden sollte. Soweit die Theorie, in der Praxis sah es oft anders aus. Da wurde häufig vor dem Zeichnen des Graphen zuerst eine ausführliche Wertetabelle erstellt, dann die so bestimmten Punkte mechanisch in ein Koordinatensystem eingezeichnet und frei Hand miteinander verbunden wurden, häufig ohne Bezug oder sogar im Widerspruch zu vorhergehenden Untersuchungen. Die heute vorhandenen graphikfähigen Taschenrechner gestatten es, sofort mit dem Zeichnen des Graphen zu beginnen. Hypothesen über Eigenschaften des Graphen können formuliert werden, wenn man eine geeignete Einstellung für den interessanten Bereich gefunden hat. Das bedeutet aber, dass ein bisheriger arbeits- und zeitintensiver Schwerpunkt traditioneller Analysisaufgaben keinen Sinn mehr macht. Dies müssen wir als Chance betrachten. Man kann sich heute anderen Problemen zuwenden, die früher in diesem Umfang nicht gestellt und bearbeitet werden konnten, da die traditionelle Kurvendiskussion bereits einen sehr großen Raum bei der Bearbeitung einnahm. In neuen Analysisaufgaben werden nur noch die unmittelbar zur jeweiligen Problemlösung erforderlichen Einzelroutinen einer Kurvendiskussion abgerufen. Da Graphen leicht erstellt werden können, verzichte ich hier in der Regel auf die Wiedergabe der Graphen. CAS-Rechner gestatten darüber hinaus eine flexible Einstellung in Bezug auf das Differenzieren und Integrieren. In den Lösungsskizzen werde ich einfache Integrationen bis hin zur partiellen Integration und einfachen Substitutionen durchführen, komplexere Integrale, vor allem beim Berechnen von Bogenlängen und Mantelflächen, jedoch dem Taschencomputer anvertrauen.

Im Buch „Der Taschencomputer im Mathematikunterricht" (Wirths (2019)) werden mit den Themen „Das Heron-Verfahren", „Der schnellste Weg", „Modellierung eines Wasserglases" und „Springbrunnen" vier weitere Probleme der Analysis ausführlich mathematisch aufbereitet und die Lösungswege beschrieben.

Aufgabe 1 (Querschnitt und Volumen eines Tropfens) Der Graph von $f: x \to (6-x) \cdot \sqrt{x}$ erzeugt bei Drehung um die x-Achse zwischen den Nullstellen einen „Tropfen".

a. Zeigen Sie: $F: x \to 2 \cdot x^{\frac{3}{2}} \cdot (2 - \frac{x}{5})$ ist Stammfunktion von f.
b. Berechnen Sie die Querschnittsfläche des Tropfens bei einem Schnitt längs der Drehachse.
c. Berechnen Sie das Volumen des Tropfens.
d. Berechnen Sie die größte Schnittfläche des Tropfens, wenn der Schnitt senkrecht zur Drehachse verläuft.
e. Untersuchen Sie, wie groß die Winkel an den Enden des Tropfens in der Fläche aus b. sind.
f. Berechnen Sie die gesamte Oberfläche des Tropfens.
g. Der Tropfen soll von 2 Fäden eingeschlossen werden, die sich an beiden Enden um 90° schneiden. Berechnen Sie, wie lang der gesamte Faden sein muss.

Lösung zu a : Ableiten : F Stammfunktion von f $\Leftrightarrow$ F' = f für alle $x \in D_f$.

$$F'(x) = 2 \cdot x^{\frac{3}{2}} \cdot (-\frac{1}{5}) + 2 \cdot (2 - \frac{x}{5}) \cdot \frac{3}{2} \cdot x^{\frac{1}{2}} = x^{\frac{1}{2}} \cdot (-\frac{2}{5} \cdot x + 6 - \frac{3}{5} \cdot x) = x^{\frac{1}{2}} \cdot (6-x) = (6-x) \cdot \sqrt{x}$$

Aufleiten : Eine Stammfunktion von $f(x) = 6 \cdot \sqrt{x} - x \cdot \sqrt{x} = 6 \cdot x^{\frac{1}{2}} - x^{\frac{3}{2}}$ ist

$$F(x) = 6 \cdot \frac{2}{3} \cdot x^{\frac{3}{2}} - \frac{2}{5} \cdot x^{\frac{5}{2}} = 4 \cdot x^{\frac{3}{2}} - \frac{2}{5} \cdot x^{\frac{5}{2}} = 2 \cdot x^{\frac{3}{2}} \cdot (2 - \frac{1}{5} \cdot x)$$

Lösung zu b : Die Nullstellen sind an den Stellen x = 0 sowie x = 6. f(x) ist im Intervall (0; 6) positiv. Daher gilt : $\int_0^6 f(x)dx = [F(x)]_0^6 = 2 \cdot 6 \cdot \sqrt{6} \cdot (2 - \frac{6}{5}) = \frac{48}{5} \cdot \sqrt{6} \approx 23{,}51$. Der Flächeninhalt A des Schnitts längs der Drehachse ist doppelt so groß. Es gilt : A $\approx$ 47,03 FE.

Lösung zu c : Für das Rotationsvolumen V gilt : $V = \pi \cdot \int_0^6 f(x)^2 dx = \pi \cdot \int_0^6 ((x-6)^2 \cdot x)dx =$

$$\pi \cdot \int_0^6 (36x - 12x^2 + x^3)dx = \pi \cdot \left[\frac{1}{4}x^4 - 4x^3 + 18x^2\right]_0^6 = \pi \cdot (324 - 864 + 648) = \pi \cdot 108$$

Das Rotationsvolumen V beträgt ungefähr 339,29 VE.

Lösung zu d : Die Schnittflächen senkrecht zur Drehachse sind Kreisflächen. Der Graph von f hat bei x = 2 im Intervall [0;6] ein absolutes Maximum (Nachweis !). Daher liegt an dieser Stelle auch die größte Schnittfläche A_S mit $A_S = \pi \cdot f(2)^2 = \pi \cdot (4\sqrt{2})^2 = 32 \cdot \pi \approx 100,53$. Für die Schnittfläche A_S gilt : $A_S \approx 100,53$ FE. Für f' gilt : f' : x $\to \frac{6-3x}{2 \cdot \sqrt{x}}$.

Lösung zu e : Rechtes Ende : Der Graph von f schneidet die x-Achse unter dem Winkel α. Dieser Schnittwinkel ist halb so groß wie der Winkel an der rechten Tropfenspitze. Es ist tan α = f'(6) = $\frac{6 - 3 \cdot 6}{2 \cdot \sqrt{6}} = -\sqrt{6}$, also α = arctan($-\sqrt{6}$) ≈ -67,79 °. Der Graf von f fällt, daher ist die Steigung negativ. Der Winkel an der Tropfenspitze beträgt also ungefähr 135,58 °.

Linkes Ende : An der Stelle x = 0 ist f nicht differenzierbar. Es gilt $\lim_{x \to 0} f'(x) = +\infty$. Daher ist an der Stelle x = 0 die y-Achse Tangente an den Graphen von f. Also liegt dort am linken Ende ein gestreckter Winkel von 180° vor.

Lösung zu f : Es gilt : $M = 2 \cdot \pi \cdot \int_0^6 \left[(6-x) \cdot \sqrt{x} \cdot \sqrt{1 + \left(\frac{6-3 \cdot x}{2 \cdot \sqrt{x}}\right)^2}\right] dx \approx 266,42$ [FE]

Lösung zu g : Für die benötigte Länge l gilt : $l = 4 \cdot \int_0^6 \left[\sqrt{1 + \left(\frac{6-3 \cdot x}{2 \cdot \sqrt{x}}\right)^2}\right] dx \approx 54,29$ [LE]

Aufgabe 2 : (Verkehrsdichte) Für den Sicherheitsabstand s zweier Autos, die mit gleicher Geschwindigkeit v (in $\frac{km}{h}$) fahren, gilt : $s = s_s + s_b$. s_s stellt den in t Sekunden ungebremst zurückgelegten Weg („Schrecksekunde") in Metern dar. s_b ist der Bremsweg in Metern.

a. Zeigen Sie : $s = \frac{v^2}{2 \cdot (3,6)^2 \cdot a} + \frac{v}{3,6} \cdot t$, a ist die Bremsverzögerung in $\frac{m}{s^2}$.

b. Alle Autos seien 1 Meter lang. Unter der Verkehrsdichte versteht man die Anzahl der Fahrzeuge, die eine bestimmte Stelle der Straße in einer Stunde passieren. Zeigen Sie, dass die Werte f(v) der Funktion f : v $\to$ f(v) = $\frac{1000 \cdot v}{s+1}$ die Verkehrsdichte in Abhängigkeit von der Geschwindigkeit v beschreiben.

c. Zeigen Sie, daß für v > 0 genau ein Maximum von f existiert und berechnen Sie die genaue Lage und den Funktionswert von f an dieser Stelle.

d. Häufig liest man als Hilfe zur einfachen Bestimmung des Sicherheitsabstands, man solle die halbe Anzeige des Tachometers als Sicherheitsabstand in Metern einhalten. (Halbe-Tacho-Regel). Untersuchen Sie, wann der Abstand nach dieser Regel größer ist als der Sicherheitsabstand nach Aufgabe a.

Lösung zu a : Die Beschleunigung a einer gleichmäßig beschleunigten Bewegung ist definiert als a = $\frac{\Delta v}{\Delta t}$. Wir setzen $\Delta v = v$, da von der Geschwindigkeit v bis zum Stillstand abgebremst wird, entsprechend $\Delta t = t$. Dann gilt: $t = \frac{v}{a}$. Für den bei einer konstanten Beschleunigung a zurückgelegten Weg s gilt: $s = \frac{1}{2} \cdot a \cdot t^2$. Ersetzen wir t durch $\frac{v}{a}$, erhalten wir: $s = \frac{v^2}{2 \cdot a}$. Den während der Schrecksekunden zurückgelegten Weg berechnet man durch $v \cdot t$. Für die Umrechnung von $\frac{km}{h}$ in $\frac{m}{s}$ gilt: $1 \frac{km}{h} = \frac{1000}{3600} \frac{m}{s} = \frac{1}{3,6} \frac{m}{s}$. Damit erhalten wir für den Sicherheitsabstand s: $s = \frac{v^2}{2 \cdot (3,6)^2 \cdot a} + \frac{v}{3,6} \cdot t$.

Wenn wir die Geschwindigkeit v in $\frac{km}{h}$, die Beschleunigung a in $\frac{m}{s^2}$ und die Zeit t in Sekunden eingeben, berechnen wir so den Sicherheitsabstand s in Metern.

Lösung zu b: Jedes Auto benötigt $(s + l)$ Meter Platz. In einer Stunde legt jedes Auto $L = v$ km $= 1000 \cdot v$ Meter zurück. Also passen $\frac{L}{s+l}$ Autos auf diese Strecke von L Metern.

Lösung zu c: $f'(v) = \frac{1000}{(s+l)^2} \cdot (l - \frac{v^2}{2 \cdot 3,6^2 \cdot a})$ hat eine Nullstelle bei $v = 3,6 \cdot \sqrt{2 \cdot a \cdot l}$.

Für $v < 3,6 \cdot \sqrt{2 \cdot a \cdot l}$ ist $f'(v) > 0$, der Graph von f wächst dort streng monoton.

Für $v > 3,6 \cdot \sqrt{2 \cdot a \cdot l}$ ist $f'(v) < 0$, der Graph von f fällt dort streng monoton. Außerdem ist $f(v) > 0$ für alle $v > 0$. Also ist an der Stelle $v = 3,6 \cdot \sqrt{2 \cdot a \cdot l}$ ein absolutes Maximum.

Bei einer Bremsverzögerung $a = 5 \frac{m}{s^2}$ verringert sich die Geschwindigkeit um 18 $\frac{km}{h}$ in jeder Sekunde. Bei einer einheitlichen Wagenlänge $l = 5$ m folgt für die optimale Geschwindigkeit $v_{opt} = 3,6 \cdot \sqrt{50} \approx 25,5$. Für $t = 1$ ist $f(3,6 \cdot \sqrt{50}) \approx 1491$.

Die trockene Straße kann maximal 1491 Fahrzeuge pro Stunde verkraften, wenn jeder Fahrer eine Reaktionszeit von genau 1 Sekunde hat, alle Fahrzeuge 5 m lang sind, alle mit einer Verzögerung von 5 $\frac{m}{s^2}$ bremsen und alle Autos eine Geschwindigkeit von etwa 25,5 $\frac{km}{h}$ fahren.

Lösung zu d: Es soll gelten: $\frac{v^2}{2 \cdot (3,6)^2 \cdot a} + \frac{v}{3,6} \cdot t < \frac{v}{2}$. Auf der linken Seite der Ungleichung muss die Maßzahl der Geschwindigkeit in $\frac{km}{h}$ eingesetzt werden, damit dort eine Strecke in Metern steht. Rechts muss nach der Halbe-Tacho-Regel die Maßzahl der Geschwindigkeit mit der Einheit Meter versehen werden. Division durch $v > 0$ ergibt: $\frac{v}{2 \cdot (3,6)^2 \cdot a} + \frac{1}{3,6} \cdot t < \frac{1}{2}$ $\Leftrightarrow$

$\frac{v}{2 \cdot (3,6)^2 \cdot a} < \frac{1}{2} - \frac{t}{3,6}$ $\Leftrightarrow$ $v < 3,6^2 \cdot a - 2 \cdot 3,6 \cdot a \cdot t$ $\Leftrightarrow$ $v < 3,6 \cdot a \cdot (3,6 - 2 \cdot t)$

Für die Bremsverzögerung a = 5 $\frac{m}{s^2}$ und die Reaktionszeit t = 1 s folgt : v < 18·1,6 = 28,8.
Der Sicherheitsabstand s ist eine Strecke, die in der Praxis nicht unterschritten werden sollte, da die realen Straßenverhältnisse häufig schlechter sind als in diesem Modell angenommen wird, wir also eine größere Bremsstrecke als hier errechnet erwarten müssen. Es ist paradox : Dort, wo wir den Sicherheitsabstand mit Hilfe der Seitenpfosten gut abschätzen können und schneller als 28,8 $\frac{km}{h}$ fahren dürfen, sollten wir die Halbe-Tacho-Regel nicht anwenden, da sie zu einem zu kurzen Sicherheitsabstand führt. Dort, wo wir langsam fahren müssen und der Halbe-Tacho-Abstand größer ist als der Sicherheitsabstand nach Aufgabe a, fahren wir in der Praxis viel stärker auf und gehen damit ein großes Risiko ein.

Aufgabe 3 : (Wie viel Nass passt in das Fass ?) Gegeben sei folgende Fläche, die sowohl symmetrisch zur x-Achse als auch symmetrisch zur y-Achse in einem geeignet gewählten Koordinatensystem sein soll. Das Fass entsteht durch Rotation der Fläche um die x-Achse.
a. Schätzen Sie die Fläche ab und überlegen Sie, wie Sie diese Abschätzung verbessern können.
b. Schätzen Sie das Fassvolumen ab. Überlegen Sie, wie Sie die Schätzung verbessern können.
c. Modellieren Sie den oberen Rand durch eine geeignete Funktion.
d. Berechnen Sie den Flächeninhalt der Fläche möglichst exakt.
e. Berechnen Sie das Volumen des Fasses möglichst exakt.

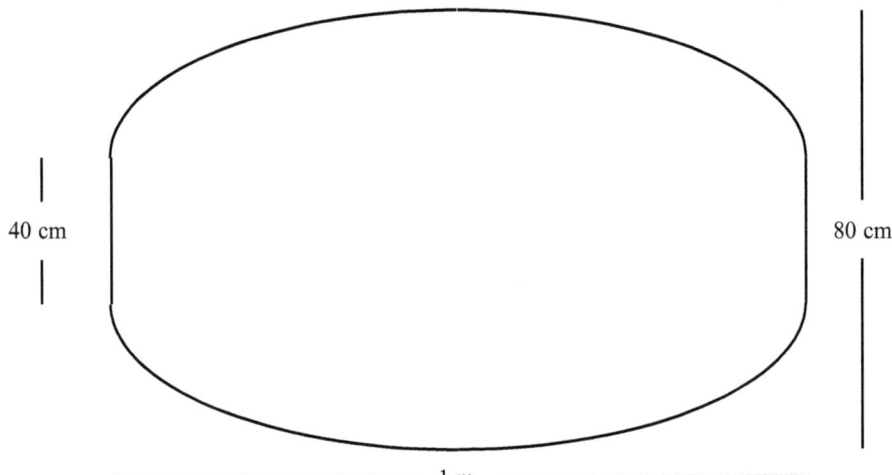

Das Koordinatensystem wird so in die Fläche hineingelegt, dass der Ursprung exakt mitten im Fass liegt. Die Koordinaten von drei Punkten der oberen Berandung sind dann bekannt : (0 | 40), (50 | 20) und (-50 | 20), ebenso die von 3 Punkten der unteren Berandung : (0 | -40), (50 | -20) und (-50 | -20).

Lösung zu a : Wir betrachten das kleinste Rechteck, das vollständig die Fläche umfasst und das größte Rechteck, das vollständig innerhalb der Querschnittsfläche liegt.

100 cm · 40 cm < A < 100 cm · 80 cm ⇒ 4 000 cm² < A < 8 000 cm²

Verbesserung der unteren Grenze durch zwei Trapeze anstelle des Rechtecks :

2 · 50 cm · (40 + 80) cm ·0,5 = 6 000 cm² .

Verbesserung der oberen Grenze : Wir denken uns 4 Ecken abgeschnitten. Bei der Ecke oben rechts zeichnen wir Geradenstücke durch (50 | 20) und (25 | 40), entsprechend bei den drei anderen Ecken. Es fallen 4 Dreiecksflächen weg, die zusammen den Flächeninhalt 4·0,5·25 cm·20 cm = 1 000 cm² haben. Also 6 000 cm² < A < 7 000 cm².

Lösung zu b : Die Flächen aus der Lösung von Aufgabe a rotieren nun um die x-Achse. Dabei gilt : 1 dm³ = 1 l. Bei der ersten Schachtelung entstehen Zylinder :

$\pi \cdot 2^2$ dm² · 10 dm < V < $\pi \cdot 4^2$ dm² · 10 dm $\Rightarrow$ 126 dm³ < V < 502 dm³.

Bei der Verbesserung entstehen innen zwei Kegelstümpfe. Für deren Volumen gilt :

$2 \cdot \frac{1}{3} \cdot \pi \cdot 5$ dm $\cdot (2^2$ dm² $+ 2 \cdot 4$ dm² $+ 4^2$ dm²$) = \frac{10}{3} \cdot \pi \cdot 28$ dm³ $= \frac{280}{3} \pi$ dm³ ≈ 293 dm³.

Außen sind zwei Kegelstümpfe und in der Mitte ein Zylinder. Das Gesamtvolumen beträgt :

$2 \cdot \frac{1}{3} \cdot \pi \cdot 2,5$ dm $\cdot 28$ dm² $+ \pi \cdot 4^2$ dm² $\cdot 5$ dm $= (\frac{140}{3} \pi + 80\pi)$ dm³ ≈ 397 dm³.

Also gilt : 293 dm³ < V < 397 dm³.

Lösung zu c : Folgende Modellierungen sind interessant :
a. Eine ganz-rationale Funktion 2. Grades $y = ax^2 + bx + c$ mit $a, b, c \in \mathbb{R}$, die als Graph eine nach unten geöffnete Parabel hat.
b. Eine Ellipse, für die gilt : $b^2 \cdot x^2 + a^2 \cdot x^2 = a^2 \cdot b^2$ mit $a, b \in \mathbb{R}$.
c. Eine Kosinusfunktion, für die gilt : $y = a \cdot \cos(b \cdot x)$ mit $a, b \in \mathbb{R}$.

Es werden im folgenden alle Längen in Zentimeter (cm) gemessen und die Einheiten bei den Rechnungen der Übersichtlichkeit halber weggelassen. Gesucht wird eine Funktionsgleichung für den oberen Rand des Fasses.

Modellierung a : Der Graph ist symmetrisch zur y-Achse $\Rightarrow$ b = 0.
Der Scheitelpunkt ist um 40 cm nach oben verschoben $\Rightarrow$ c = 40.
(50 | 20) liegt auf dem Graphen $\Rightarrow$ $20 = a \cdot 50^2 + 40 \Rightarrow a = -0,008$.
Also lautet die Funktionsgleichung für den oberen Rand : $y_1 = -0,008 \cdot x^2 + 40$.

Modellierung b : (0 | 40) liegt auf dem Graphen $\Rightarrow$ $a^2 \cdot 40^2 = a^2 \cdot b^2 \Rightarrow b^2 = 40^2 \Rightarrow b = 40$
(50 | 20) liegt auf dem Graphen $\Rightarrow$ $40^2 \cdot 50^2 + 20^2 \cdot a^2 = 40^2 \cdot a^2 \Rightarrow (40^2 - 20^2) \cdot a^2 = 40^2 \cdot 50^2 \Rightarrow$
$a^2 = \frac{40^2 \cdot 50^2}{(40-20) \cdot (40+20)} \Rightarrow a = \frac{10000}{3}$. Also lautet die Ellipsengleichung :

$40^2 \cdot x^2 + \frac{10000}{3} \cdot y^2 = \frac{10000}{3} \cdot 40^2 \Leftrightarrow \frac{10000}{3} \cdot y^2 = \frac{10000}{3} \cdot 40^2 - 40^2 \cdot x^2 \Leftrightarrow y^2 = 40^2 - 40^2 \cdot \frac{3}{10000} \cdot x^2$
$= 40^2 \cdot (1 - 0,0003 \cdot x^2)$.

Die Funktionsgleichung für den oberen Rand lautet : $y_2 = 40 \cdot \sqrt{1 - 0,0003 \cdot x^2}$.

Modellierung c : (0 | 40) liegt auf dem Graphen $\Rightarrow$ a = 40.
(50 | 20) liegt auf dem Graphen $\Rightarrow$ $20 = 40 \cdot \cos(50 \cdot b) \Rightarrow 0,5 = \cos(50 \cdot b) \Rightarrow 50 \cdot b = \frac{\pi}{3} \Rightarrow$
$b = \frac{\pi}{150}$. Also lautet die Funktionsgleichung für den oberen Rand : $y_3 = 40 \cdot \cos(\frac{\pi}{150} \cdot x)$.

Wird beim Eckenabschneiden in Teil a etwas von der Fläche abgeschnitten ?
Mit Hilfe eines zumindest graphikfähigen Rechners können wir uns eine erste Übersicht verschaffen. Wir lassen die Graphen von y_i (i = 1, 2, 3, 4) zeichnen und beobachten, ob y_4 einen der drei anderen Graphen schneidet. Wir können aber auch einen geeigneten Ausschnitt aus der Wertetafel auswerten oder die Graphen $y_4 - y_i$ (i = 1, 2, 3) zeichnen lassen und auf Nullstellen untersuchen. Ist die Differenz positiv, dann verläuft y_4 oberhalb des anderen Graphen. Ist die

Differenz 0, berühren oder schneiden sich die Graphen. Bei negativer Differenz verläuft y_4 unterhalb des anderen Graphen, es wird in diesem Fall etwas von der Fläche abgeschnitten.

Exakte Überlegungen über den Vergleich der Steigungen zwischen x = 50 und x = 0 :
Wir stellen die Funktionsgleichung für die Schnittlinie an der rechten oberen Ecke durch die Punkte (50 | 20) und (25 | 40) mit der Geradengleichung y_4 = m·x + b und m, b ∈ ⑧ auf. (50 | 20) auf der Schnittlinie ⇒ 20 = m·50 + b. (25 | 40) auf der Schnittlinie ⇒ 40 = m·25 + b. Die zweite Gleichung wird von der ersten subtrahiert : -20 = 25m ⇒ m = -0,8 ⇒ nach Einsetzen von m = -0,8, x = 50 und y = 20 in die erste Gleichung : 20 = -40 + b ⇒ b = 60. Also gilt für die Schnittgerade : y_4 = -0,8·x + 60.

Schneiden sich y_1 und y_4 ?
Der Graph von y_4, die Schnittgerade, hat die konstante Steigung -0,8. Für den Rand bei Modellierung a gilt in Bezug auf die Steigung : y_1' = - 0,016·x ⇒ $y_1'(50)$ = -0,8. Die Graphen von y_4 und von y_1 haben bei x = 50 gleiche Steigung und berühren sich dort. Von x = 50 bis x = 0 wird der Graph von y_1 immer flacher, er „krümmt" sich unter der Schnittgeraden von ihr weg. Es existiert daher kein weiterer Berühr- oder Schnittpunkt, y_4 schneidet also nichts von der Fläche ab. Aus Symmetriegründen wird bei den 3 anderen Schnitten auch nichts abgeschnitten.

Schneiden sich y_2 und y_4 ?
Für den Rand bei Modellierung b gilt in Bezug auf die Steigung : y_2' =
$40 \cdot 0,5 \cdot (-0,0003 \cdot 2x) \cdot (1 - 0,0003 \cdot x^2)^{-\frac{1}{2}} = \frac{-0,012 \cdot x}{\sqrt{1-0,0003 \cdot x^2}}$ ⇒ $y_2'(50) = -\frac{0,012 \cdot 50}{\sqrt{1-0,0003 \cdot 50^2}} = -1,2$.
Die Graphen von y_4 und von y_2 schneiden sich bei x = 50. y_2 fällt an der Stelle x = 50 steiler als die Schnittgerade. Von x = 50 bis x = 0 flacht die Ellipse immer mehr ab, die Steigung der Schnittgeraden bleibt konstant. Beide Graphen müssen sich dazwischen wieder schneiden. Die Schnittgerade schneidet also ein, wenn auch kleines Stück von der Fläche ab. Aus Symmetriegründen gilt das auch bei den 3 anderen Schnitten.

Zusatz : Wie muss man bei Modellierung b schneiden, dass nichts von der Fläche abgeschnitten wird ? Diese Überlegung bleibt den Leserinnen und Lesern überlassen.

Schneiden sich y_3 und y_4 ?
Für den Rand bei Modellierung c gilt in Bezug auf die Steigung : y_3' = $40 \cdot (-\sin(\frac{\pi}{150} \cdot x)) \cdot \frac{\pi}{150}$ = $-\frac{4}{15}\pi \cdot \sin(\frac{\pi}{150} \cdot x)$ ⇒ $y_3'(50) = -\frac{4}{15}\pi \cdot \sin(\frac{\pi}{150} \cdot 50) \approx -0,7255$. Die Graphen von y_4 und von y_3 schneiden sich bei x = 50. Von x = 50 bis x = 0 wird der Graph von y_3 immer flacher, er „krümmt" sich unter der Schnittgeraden von ihr weg. Es existiert daher kein weiterer Schnittpunkt, y_4 schneidet also nichts von der Fläche ab. Aus Symmetriegründen wird bei den 3 anderen Schnitten auch nichts abgeschnitten.

Lösung zu d : Modellierung a : $A = 4 \cdot \int_0^{50} (-0,008 \cdot x^2 + 40)\, dx = 4 \cdot \left[-\frac{0,008}{3} \cdot 50^3 + 40 \cdot 50\right]_0^6 =$
$4 \cdot (-\frac{0,008}{3} \cdot 50^3 + 40 \cdot 50) = 4 \cdot (2\,000 - 333\frac{1}{3}) = 4 \cdot 1666\frac{2}{3} = 6666\frac{2}{3}$ [FE].

Modellierung b : $A = 4 \cdot 40 \cdot \int_0^{50} \sqrt{(1 - 0,0003 \cdot x^2)}\, dx \approx 6838,8$ [FE] (gTR)

Modellierung c : $A = 4 \cdot 40 \cdot \int_0^{50} \cos(\frac{\pi}{150} \cdot x)\, dx = 160 \cdot \left[\frac{150}{\pi} \cdot \sin(\frac{\pi}{150} \cdot x)\right]_0^{50} =$
$160 \cdot \left[\frac{150}{\pi} \cdot \sin(\frac{\pi}{150} \cdot 50)\right] \approx 6615,9$ [FE]

Lösung zu e :

Modellierung a : $V = 2\cdot\pi\cdot \int_0^{50}[-0{,}008\cdot x^2 + 40]^2 \, dx = 2\cdot\pi\cdot\int_0^{50}\left(\frac{64}{10^6}\cdot x^4 - \frac{64}{100}\cdot x^2 + 1600\right)dx$

$= 2\cdot\pi\cdot[\frac{64}{5\cdot 10^6}\cdot x^5 - \frac{64}{300}\cdot x^3 + 1600x]_0^{50} = 2\cdot\pi\cdot[\frac{64}{5\cdot 10^6}\cdot 50^5 - \frac{64}{300}\cdot 50^3 + 1600\cdot 50]$

$2\cdot\pi\cdot(4\,000 - 26\,666\frac{2}{3} + 80\,000) = 2\cdot\pi\cdot 57\,333\frac{1}{3} \approx 360\,236$ [VE].

Modellierung b : $V = 2\pi\cdot 1600\cdot \int\limits_0^{50}(1-0{,}0003\cdot x^2)\,dx = 3200\pi\cdot\left[x - 0{,}0001\cdot x^3\right]_0^{50} =$

$3200\pi\cdot(50 - 0{,}0001\cdot 50^3) = 3200\pi\cdot 37{,}5 = 120\,000\pi \approx 376\,991$ [VE]

Modellierung c : $V = 2\pi\cdot 1600\cdot \int\limits_0^{50} \cos^2(\frac{\pi}{150}\cdot x)\,dx \approx 355\,250$ [VE] (gTR)

Nebenrechnung : $\int\limits_0^{50} \cos^2(\frac{\pi}{150}\cdot x)\,dx = \frac{150}{\pi}\cdot \int\limits_0^{\pi/3} \cos^2 x \, dx$ (lineare Substitution)

Partielle Integration : $\int\limits_0^{\pi/3} \cos^2 x \, dx = [\sin x \cdot \cos x)]_0^{\pi/3} + \int\limits_0^{\pi/3} \sin^2 x \, dx =$

$[\sin x \cdot \cos x]_0^{\pi/3} + \int\limits_0^{\pi/3}(1-\cos^2 x)\,dx = [\sin x\cdot \cos x)]_0^{\pi/3} + \int\limits_0^{\pi/3} 1\cdot dx - \int\limits_0^{\pi/3} \cos^2 x \, dx \Rightarrow$

$2\cdot \int\limits_0^{\pi/3} \cos^2 x \, dx = [\sin x\cdot \cos x)]_0^{\pi/3} + \int\limits_0^{\pi/3} 1\cdot dx \Rightarrow \int\limits_0^{\pi/3} \cos^2 x \, dx = \frac{1}{2}\cdot ([\sin x\cdot \cos x)]_0^{\pi/3} + \int\limits_0^{\pi/3} 1\cdot dx)$. Also

$3200\pi\cdot \int\limits_0^{50} \cos^2(\frac{\pi}{150}\cdot x)\,dx = 3200\pi\cdot\frac{150}{\pi}\cdot \int\limits_0^{\pi/3} \cos^2 x \, dx = 480\,000\cdot \frac{1}{2}\cdot([\sin x\cdot \cos x)]_0^{\pi/3} + \int\limits_0^{\pi/3} 1\cdot dx)$

$= 240\,000\cdot([0{,}5\cdot\sqrt{3}\cdot 0{,}5 - 0] + [\frac{\pi}{3} - 0]) \approx 355\,250$ [VE]

Aufgabe 4 : (Leistung) In der Arbeitswelt versucht man, die vom arbeitenden Menschen abgegebene Leistung als Funktion der Zeit in sogenannten Leistungskurven zu bestimmen. Eine solche Leistungskurve sei gegeben durch die Funktion f : $t \to \frac{\ln(t+1)}{t+1}$ mit $t \in [0;8]$. Der Definitionsbereich bedeutet eine Schicht von 8 Stunden. Die Arbeit zwischen zwei Zeitpunkten a und b (a < b) ist für eine positive Leistungskurve mit f(t) > 0 definiert durch $W_{a,b} = \int_a^b f(t)dt$.

a. Zeigen Sie, daß F : $t \to F(t) = \frac{1}{2}\cdot[\ln(t+1)]^2$ Stammfunktion von f ist und berechnen Sie die Arbeit, die ein Arbeiter in einer 8-Stunden-Schicht verrichtet.
b. Für die Entlohnung einer halben Stelle gibt es zwei Prinzipien :
   1. Prinzip : Halber Lohn für halbe Arbeit. 2. Prinzip : Halber Lohn für halbe Arbeitszeit.
   Vergleichen Sie beide Prinzipien miteinander.
c. Beschreiben Sie, wie sie dieses Modell verbessern würden. Sie brauchen keine konkreten Terme oder Zuordnungsvorschriften anzugeben oder auf Integrierbarkeit Rücksicht zu nehmen.

Lösung zu a : $\int \frac{\ln(t+1)}{t+1} dt = \int \ln(t+1) \cdot \frac{1}{t+1} dt = \ln(t+1)^2 - \int \frac{\ln(t+1)}{t+1} dt$ (part. Integration !),

also $\int \frac{\ln(t+1)}{t+1} dt = \frac{1}{2} \cdot [\ln(t+1)]^2 + C \quad \Rightarrow \quad \int_0^8 f(t)dt = \frac{1}{2} \cdot [\ln 9]^2 \approx 2{,}41$

Lösung zu b : 1. Prinzip : Halber Lohn für rund 1,2 Arbeitseinheiten (AE).

2. Prinzip : Das Integral von 0 bis 4 ergibt etwa 1,3 AE, das Integral von 4 bis 8 rund 1,1 AE.

Für Arbeitnehmer ist Prinzip 1 günstiger, für Arbeitgeber Prinzip 2. In beiden Fällen gilt das aber nur für ausgeruhte Arbeitnehmer.

Lösung zu c : Martin schreibt : „Die Vorteile des Modells sind schnell genannt : Es beschreibt, dass die Zuwächse mit zunehmender Arbeitszeit immer geringer werden. Es ist gut geeignet, in der Prüfung zu zeigen, dass man gut integrieren kann. Aber kommt man zu Beginn der Arbeit nicht erst langsam und dann immer besser „in Tritt" ? Sind immer nur Zuwächse zu verzeichnen und keine Ermüdungserscheinungen ? Ich möchte aufwändiger modellieren : Zu Beginn eine links-gekrümmte Kurve, die erst langsam, dann schneller ansteigt, in eine Rechtskurve übergeht, die ein Maximum erreicht und dann abfällt; denn auch die Ermüdung möchte ich im Modell darstellen. Außerdem möchte ich zwei, besser noch drei Pausen zur Erholung einrichten. Nach solch einer Pause spielt sich im Prinzip das gleiche wie vorher ab : Aber langsamerer Anstieg zu Beginn, auch auf einem etwas tieferen Niveau beginnend, ein niedrigeres Maximum, das etwas schneller als beim vorhergehenden Mal erreicht wird. Und auch der Abstieg sollte etwas heftiger als der vorhergehende Abstieg sein."

16.4 Aufgaben aus der Analytischen Geometrie / Linearen Algebra

Im Buch „Taschencomputer im Mathematikunterricht" (Wirths (2019)) werden mit den Aufgaben „Der Abstand von zwei windschiefen Geraden", „Achsenspiegelung" und „Abstand von Flugbahnen" drei Aufgaben aus der Analytischen Geometrie sowie mit den Aufgaben „Kaufverhalten - Fixvektoren", „Produktionsmatrizen - Materialverflechtung" und „Abbildungen" drei Themen der Linearen Algebra ausführlich mathematisch aufbereitet sowie die Lösungswege beschrieben.

Aufgabe 1 (Gleichungssysteme) : Ein Versandhaus verkauft vier Sonderangebote S_1, S_2, S_3 und S_4. 4 Kunden bestellen :

Kunde bestellt von	S_1	S_2	S_3	S_4	und bezahlt
K_1	2	3	2	1	29 €
K_2	2	2	1	2	26 €
K_3	4	1	3	2	42 €
K_4	6	4	5	3	71 €

a. Die Sonderangebote S_i kosten x_i € je Stück ($1 \leq i \leq 4$). Stellen Sie ein Gleichungssystem für die Stückpreise x_i auf und bestimmen Sie alle Lösungen dieses Gleichungssystems.

b. Als Stückpreise kommen nur positive Zahlen in Frage. Hier seien die Preise sogar volle Euro-Beträge. Zeigen Sie, dass es eine eindeutige Lösung gibt und bestimmen sie diese.

c. Die Preise für die Sonderangebote wurden noch einmal reduziert. Die Kunden sollen jetzt bezahlen : K_1 21 €, K_2 19 €, K_3 32 € und K_4 71 €. Zeigen Sie, dass bei der Rechnungstellung ein Fehler unterlaufen sein muss. Korrigieren Sie die neuen Rechnungen durch Abändern eines der vier Einzelbeträge so, dass eine sinnvolle Rechnung entsteht.

Lösung zu a : Das Gleichungssystem lautet :

$$2x_1 + 3x_2 + 2x_3 + 1x_4 = 29$$
$$\wedge \quad 2x_1 + 2x_2 + 1x_3 + 2x_4 = 26$$
$$\wedge \quad 4x_1 + 1x_2 + 3x_3 + 2x_4 = 42$$
$$\wedge \quad 6x_1 + 4x_2 + 5x_3 + 3x_4 = 71$$

Jeweils ein Vielfaches der 1. Gleichung wird mit einer der anderen Gleichungen kombiniert :

$$2x_1 + 3x_2 + 2x_3 + 1x_4 = 29$$
$$\wedge \quad x_2 + x_3 - x_4 = 3$$
$$\wedge \quad 5x_2 + x_3 = 16$$
$$\wedge \quad 5x_2 + x_3 = 16$$

Die 4. Gleichung wird weggelassen, da sie doppelt vorkommt. Nach Umsortieren ist die Trapezform bereits erreicht :

$$2x_1 + 1x_4 + 3x_2 + 2x_3 = 29$$
$$\wedge \quad -x_4 + x_2 + x_3 = 3$$
$$\wedge \quad 5x_2 + x_3 = 16$$

Es gibt bei 3 Gleichungen und 4 Variablen unendlich viele Lösungen. Wird x_2 in den Lösungsvektor einbezogen, erhält man : $x_3 = 16 - 5 \cdot x_2$, $x_4 = 13 - 4 \cdot x_2$, $x_1 = 5{,}5 \cdot x_2 - 8$. Legt man den Preis x_2 fest, kann man alle anderen Preise berechnen.

$\vec{x}$ sei Lösungsvektor. Es gilt : $\vec{x} = \begin{pmatrix} 5{,}5x_2 - 8 \\ x_2 \\ 16 - 5x_2 \\ 13 - 4x_2 \end{pmatrix}$.

Lösung zu b : Positive natürliche Zahlen als Lösung erhält man bei
- x_3, wenn man für x_2 die Zahlen 1, 2 oder 3 einsetzt,
- x_4, wenn man für x_2 die Zahlen 1, 2 oder 3 einsetzt und bei
- x_1, wenn man für x_2 die Zahlen 2, 4, 6, ... einsetzt.

x_3, x_4 und x_1 haben alle zusammen nur dann positive natürliche Zahlen als Lösung, wenn x_2 den Wert 2 hat. Für $x_2 = 2$ gilt : $x_1 = 3$, $x_3 = 6$ und $x_4 = 5$. Dies ist die einzige Lösung, bei denen alle x_i positive natürliche Zahlen sind.

Lösung zu c : Bei den Rechnungsbeträgen in Aufgabe c fällt auf, dass der Betrag für den Kunden K_4 nicht ermäßigt worden ist. Wir setzen bei der Lösung des Gleichungssystems für die 4. Koordinate die Variable a ein.

Für das Gleichungssystem erhalten wir wie in Aufgabe a :

$$2x_1 + 3x_2 + 2x_3 + 1x_4 = 21$$
$$\wedge \quad 2x_1 + 2x_2 + 1x_3 + 2x_4 = 19$$
$$\wedge \quad 4x_1 + 1x_2 + 3x_3 + 2x_4 = 32$$

∧ $6x_1 + 4x_2 + 5x_3 + 3x_4 = a$

Führt man die gleichen Umformungen wie in Aufgabe a durch, erhält man :

$$2x_1 + 1x_4 + 3x_2 + 2x_3 = 21$$
∧ $x_2 + x_3 - x_4 = 2$
∧ $5x_2 + x_3 = 10$
∧ $5x_2 + x_3 = 63 - a$

Nur für a = 53 hat das Gleichungssystem wie in Aufgabe a unendlich viele Lösungen, für alle anderen Werte von a ist das Gleichungssystem nicht lösbar. $\vec{x} = \begin{pmatrix} 5{,}5x_2 - 3{,}5 \\ x_2 \\ 10 - 5x_2 \\ 8 - 4x_2 \end{pmatrix}$ ist der Lösungsvektor $\vec{x}$. Positive natürliche Zahlen als Lösung für alle x_i, i = 1, 2, 3, 4, erhält man nur für x_2 = 1. In diesem Fall gilt : $x_1 = 2$, $x_2 = 1$, $x_3 = 5$ und $x_4 = 4$. Dies sind die einzigen positiven natürlichen Zahlen, die das neue Gleichungssystem lösen.

Aufgabe 2 (Eine Pyramide) : Gegeben sind die fünf Punkte A = (1 | 1 | 4), B = (6 | 13 | 1), C = (1 | 1 | -2), D = (-4 | -11 | 1) und S = (13 | -4 | 1).

a. Zeigen Sie, dass die Punkte A, B, C und D Eckpunkte eines **ebenen** Vierecks sind, und charakterisieren Sie das Viereck so genau wie möglich.
b. Zeigen Sie, dass S nicht in der von A, B, C und D aufgespannten Ebene liegt.
c. Die fünf Punkte ABCDS bilden eine Pyramide mit dem Viereck ABCD als Grundfläche und S als Spitze. Untersuchen Sie, ob es sich um eine gerade Pyramide handelt.
d. Berechnen Sie das Volumen der Pyramide.
e. Stellen Sie sich das Innere des Vierecks ABCD als undurchsichtige Fläche vor. Untersuchen Sie möglichst elementar, ob man vom Punkt H = (-11 | 6 | 1) aus den Punkt S sehen kann.

Lösungsskizzen zu a : Für die vier Kantenvektoren, die beiden Diagonalenvektoren und den Vektor $\vec{AS}$ gilt : $\vec{AB} = \begin{pmatrix} 5 \\ 12 \\ -3 \end{pmatrix}$, $\vec{DC} = \begin{pmatrix} 5 \\ 12 \\ -3 \end{pmatrix}$, $\vec{BC} = \begin{pmatrix} -5 \\ -12 \\ -3 \end{pmatrix}$, $\vec{AD} = \begin{pmatrix} -5 \\ -12 \\ -3 \end{pmatrix}$, $\vec{AC} = \begin{pmatrix} 0 \\ 0 \\ -6 \end{pmatrix}$, $\vec{BD} = \begin{pmatrix} -10 \\ -24 \\ 0 \end{pmatrix}$ und $\vec{AS} = \begin{pmatrix} 12 \\ -5 \\ -3 \end{pmatrix}$.

Gegenüberliegende Seiten sind parallel ⇒ Das Viereck ABCD ist ein Parallelogramm.
Alle Seiten sind gleich lang ⇒ Das Viereck ABCD ist entweder ein Quadrat oder eine Raute.
$\vec{AC} \cdot \vec{BD} = 0$ ⇒ Die Diagonalen stehen senkrecht aufeinander ⇒ Das Viereck ABCD ist entweder ein Quadrat oder eine Raute.
Die Diagonalen haben verschiedene Länge ⇒ Das Viereck ABCD ist eine Raute.

Es ist anschaulich klar, dass das Viereck eben ist. Das soll hier mit Methoden der Analytischen Geometrie auch gezeigt werden :

Die beiden Vektoren $\vec{AB}$ und $\vec{AC}$ sind linear unabhängig. Hier bedeutet das, dass sie nicht kollinear sind. Die Annahme kollinear führt beim Vergleich der ersten beiden Koordinaten zum Widerspruch 5 = 0 bzw. 12 = 0. Die drei Punkte A, B und C spannen also eindeutig eine Ebene

E(A, B, C) auf. $\vec{AD}$ lässt sich als Linearkombination der beiden linear unabhängigen Vektoren $\vec{AB}$ und $\vec{AC}$ darstellen; denn es gilt : $\vec{AD} = \vec{AC} - \vec{AB}$. Also liegt $\vec{AD}$ und damit auch D in der von A, B und C erzeugten Ebene E(A, B, C).

Natürlich kann man auch den Standardweg über die Ebenengleichung gehen :

$$E(A, B, C) : \vec{x} = \begin{pmatrix} 1 \\ 1 \\ 4 \end{pmatrix} + k \cdot \vec{AB} + l \cdot \vec{AC} \text{ mit } k, l \in \mathbb{R}.$$ Da $\vec{AB}$ und $\vec{AC}$ linear unabhängig (nicht

kollinear) sind, ist E(A, B, C) eine Ebenengleichung. Gibt es zwei reelle Zahlen k und l, so dass
$\begin{pmatrix} -4 \\ -11 \\ 1 \end{pmatrix} = \begin{pmatrix} 1 \\ 1 \\ 4 \end{pmatrix} + k \cdot \begin{pmatrix} 5 \\ 12 \\ -3 \end{pmatrix} + l \cdot \begin{pmatrix} 0 \\ 0 \\ -6 \end{pmatrix}$? Es folgt (bitte nachrechnen !) : $k = -1 \wedge l = 1$.

Lösung zu b : Die Vektorgleichung $k \cdot \vec{AB} + l \cdot \vec{AC} + m \cdot \vec{AS} = \vec{0}$ hat nur die triviale Lösung $k = l = m = 0$ (Bitte nachrechnen !). Daher sind die drei Vektoren linear unabhängig, in diesem Fall also nicht komplanar. S liegt also nicht in der Ebene, in der die Punkte A, B, C und D liegen.

Natürlich kann man auch den Standardweg gehen : Gilt $S \in E(A, B, C)$? Gibt es also zwei reelle Zahlen k und l, so dass $\begin{pmatrix} 13 \\ -4 \\ 1 \end{pmatrix} = \begin{pmatrix} 1 \\ 1 \\ 4 \end{pmatrix} + k \cdot \begin{pmatrix} 5 \\ 12 \\ -3 \end{pmatrix} + l \cdot \begin{pmatrix} 0 \\ 0 \\ -6 \end{pmatrix}$? Es folgt (bitte nachrechnen !)

der Widerspruch : $k = \frac{12}{5} \wedge k = -\frac{5}{12}$.

Lösung zu c : M sei der Schnittpunkt der Diagonalen. Es gilt : $\vec{m} = \begin{pmatrix} 1 \\ 1 \\ 4 \end{pmatrix} + 0{,}5 \cdot \begin{pmatrix} 0 \\ 0 \\ -6 \end{pmatrix} = \begin{pmatrix} 1 \\ 1 \\ 1 \end{pmatrix}$.

Also $\vec{MS} = \begin{pmatrix} 12 \\ -5 \\ 0 \end{pmatrix}$. Die Gerade durch M und S steht senkrecht auf den Geraden der Ebene

E(A, B, C), zum Beispiel senkrecht auf der Geraden durch A und C; denn es gilt : $\vec{MS} \cdot \vec{AC}$
$= \begin{pmatrix} 12 \\ -5 \\ 0 \end{pmatrix} \cdot \begin{pmatrix} 0 \\ 0 \\ -6 \end{pmatrix} = 0$. Das Lot von S geht durch M, daher handelt es sich um eine gerade Pyramide.

Lösung zu d : $V = \frac{1}{3} \cdot G \cdot h = \frac{1}{3} \cdot \frac{1}{2} \cdot |\vec{AC}| \cdot |\vec{BD}| \cdot |\vec{MS}| = \frac{1}{6} \cdot 6 \cdot \sqrt{10^2 + 24^2} \cdot \sqrt{12^2 + 5^2} =$
$\sqrt{676} \cdot \sqrt{169} = 26 \cdot 13 = 338$. Die Pyramide hat also ein Volumen von 338 VE.

Lösung zu e : $\vec{HS} = \begin{pmatrix} 24 \\ -10 \\ 0 \end{pmatrix} = 2 \cdot \vec{MS}$. M liegt in der Pyramidengrundfläche (undurchsichtig !)

und ist Mittelpunkt der Strecke $\overline{HS}$. Also kann man von H aus S nicht sehen.

Aufgabe 3 (Funktionenräume) : V sei der Vektorraum der beliebig häufig differenzierbaren Funktionen. L := { f ∈ V | f'' - f = 0 }.

a. Zeigen Sie, dass L ein Untervektorraum von V ist.

b. Die Funktionen f_1 und f_2 seien definiert durch $f_1 : x \to e^x$ und $f_2 : x \to e^{-x}$. Zeigen Sie :
➔ $f_1, f_2 \in L$ und ➔ f_1 und f_2 sind linear unabhängig.

c. Die Funktionen s und c seien definiert durch $s := 0{,}5 \cdot (f_1 - f_2)$ und $c := 0{,}5 \cdot (f_1 + f_2)$.
Zeigen Sie : ➔ $s, c \in L$ und ➔ $c^2 - s^2 = 1$.

d. Behauptung : Für jedes f ∈ L gilt : $f = (f' \cdot c - f \cdot s) \cdot s + (f \cdot c - f' \cdot s) \cdot c$. Zeigen Sie :
➔ Die Behauptung gilt und ➔ s und c bilden eine Basis von L.

Lösungsskizzen zu a :

α. L ⊂ V. L ist eine Teilmenge von V.

β. Es sei n : x → 0 für alle x ∈ ℝ. Für diese Nullfunktion n gilt : n ∈ V. L ist also nicht leer.

γ. Es sei g : x → k·f, f ∈ L und k ∈ ℝ. Dann ist g ∈ V : g'' - g = k·f'' - k·f = k·(f'' - f) = 0.

δ. Es sei h : x → f + g mit f, g ∈ V. Dann ist h ∈ V, weil h'' - h = (f + g)'' - (f + g) = (f'' - f) + (g'' - g) = 0.

Nach dem Untervektorraumkriterium ist also L ein Untervektorraum von V.

Lösungsskizzen zu b :

Es ist $f_1(x) = f_1'(x) = f_1''(x) = e^x$. Also gilt : $f_1''(x) - f_1(x) = 0 \Rightarrow f_1 \in V$.

Es ist $f_2(x) = f_2''(x) = e^{-x}$. Also gilt : $f_2''(x) - f_2(x) = 0 \Rightarrow f_2 \in V$.

Wenn f_1 und f_2 linear abhängig wären, dann muss es eine reelle Zahl k geben, so dass $f_1 = k \cdot f_2$ ist. Dann wäre also $e^x = k \cdot e^{-x} \Leftrightarrow (e^x)^2 = e^{2x} = k$. Es gibt aber keine Zahl k ∈ ℝ, so dass e^{2x} für alle x ∈ ℝ gleich k ist, also sind f_1 und f_2 linear unabhängig.

Lösungsskizzen zu c :

α. $s'' - s = 0{,}5 \cdot (f_1'' - f_2'') - 0{,}5 \cdot (f_1 - f_2) = 0{,}5 \cdot ((f_1'' - f_1) - (f_2'' - f_2)) = 0 \Rightarrow s \in L$.

β. $c'' - c = 0{,}5 \cdot (f_1'' + f_2'') - 0{,}5 \cdot (f_1 + f_2) = 0{,}5 \cdot ((f_1'' - f_1) + (f_2'' - f_2)) = 0 \Rightarrow c \in L$.

γ. $c^2 - s^2 = \frac{1}{4} \cdot (f_1 + f_2)^2 - \frac{1}{4} \cdot (f_1 - f_2)^2 = \frac{1}{4} \cdot (f_1^2 + 2 \cdot f_1 \cdot f_2 + f_2^2 - (f_1^2 - 2 \cdot f_1 \cdot f_2 + f_2^2)) =$

$\frac{1}{4} \cdot 4 \cdot f_1 \cdot f_2 = e^x \cdot e^{-x} = 1$

Lösungsskizzen zu d :

α. $(f' \cdot c - f \cdot s) \cdot s + (f \cdot c - f' \cdot s) \cdot c = f' \cdot c \cdot s - f \cdot s^2 + f \cdot c^2 - f' \cdot s \cdot c = f \cdot (c^2 - s^2) = f$

β. $(f' \cdot c - f \cdot s)' = f'' \cdot c + f' \cdot c' - (f' \cdot s + f \cdot s'') \stackrel{f''=f}{=} f \cdot (c - s') + f' \cdot (c' - s) \stackrel{s.u.}{=} f \cdot 0 + f' \cdot 0 = 0$

$β_1$. $c - s' = 0{,}5 \cdot (f_1 + f_2) - 0{,}5 \cdot (f_1' - f_2') = 0{,}5 \cdot (e^x + e^{-x} - e^x - e^{-x}) = 0$

$β_2$. $c' - s = 0{,}5 \cdot (f_1' + f_2') - 0{,}5 \cdot (f_1 - f_2) = 0{,}5 \cdot (e^x - e^{-x} - e^x + e^{-x}) = 0$

Wenn also die erste Ableitung $(f' \cdot c - f \cdot s)'$ Null ist, dann ist $f' \cdot c - f \cdot s$ eine Zahl $c_1 \in ⑧$.

γ. $(f \cdot c - f' \cdot s)' = f \cdot c' + f' \cdot c - (f' \cdot s' + f'' \cdot s) \stackrel{f''=f}{=} f \cdot (c' - s) + f' \cdot (c - s') = f \cdot 0 + f' \cdot 0 = 0$

Wenn die erste Ableitung $(f \cdot c - f' \cdot s)'$ Null ist, dann ist $f \cdot c - f' \cdot s$ eine konstante Zahl $c_2 \in ⑧$.

δ. Aus α, β und γ folgt, dass sich jede Funktion aus L als Linearkombination von c und s darstellen lässt. Es gilt : $f = c_1 \cdot s + c_2 \cdot c$ mit $c_1, c_2 \in ℝ$.

Damit {s, c} eine Basis von L ist, muss noch bewiesen werden, dass s und c linear unabhängig sind. Welche reellen Zahlen k und l lösen die Gleichung k·s + l·c = 0 ?
Aus k·0,5·($e^x - e^{-x}$) + l·0,5·($e^x - e^{-x}$) = 0 folgt : (k + l)·e^x + (l - k)·e^{-x} = 0. Da e^x und e^{-x} nach Teil b linear unabhängig sind, gibt es nur die Lösungen k + l = 0 ∧ l - k = 0. Daraus folgt : k = l = 0. Da die Ausgangsgleichung nur diese triviale Lösung hat, sind die Funktionen c und s linear unabhängig und damit eine Basis von L.

Aufgabe 4 (Die Reflexion eines Lichtstrahls) : Ein Lichtstrahl verläuft durch den Punkt Q = (-4| -2) auf einen Spiegel zu, auf den er im Punkt R = (2|1) trifft. Der Spiegel werde durch die Gerade s dargestellt, die durch A = (0| -5) und R gehen soll. Der Lichtstrahl wird in R an s reflektiert.
a. Lösen Sie die Probleme dieser Aufgabe auch zeichnerisch.
b. Unter welchem Winkel trifft der Strahl in R auf s ?
c. Bestimmen Sie eine Geradengleichung für den reflektierten Strahl auf zwei Arten.
d. Der reflektierte Strahl soll nun durch T = (0| -1,25) gehen. Untersuchen Sie, wo der Reflexionspunkt R* auf s liegt.

Das Reflexionsgesetz kann man auf 2 Arten formulieren :

Reflexionsgesetz Fassung 1 : Einfallender und reflektierter Strahl bilden mit der Normalen $\vec{n}$ zu s in R Winkel mit gleichem Betrag, die zu $\vec{n}$ symmetrisch liegen.

Reflexionsgesetz Fassung 2 : Der reflektierte Strahl verläuft so, als würde er von Q' (Spiegelbild von Q an s) aus direkt nach R durch den Spiegel hindurch geradlinig ohne Reflexion abgestrahlt.

Lösungsskizzen zu a : Eine graphische Darstellung der Ausgangssituation in einem Koordinatensystem und die zeichnerische Lösung der Probleme sei Lesenden überlassen.

Lösungsskizzen zu b : Wir müssen einen Vektor senkrecht zur Spiegelrichtung bestimmen, der als Normalenvektor in die Halbebene hinein weist, in der einfallender und reflektierter Strahl liegen. Das ist im Zweidimensionalen einfach. Wir denken uns zunächst die Vektorsumme $\begin{pmatrix} x \\ y \end{pmatrix}$ = $\begin{pmatrix} x \\ 0 \end{pmatrix}$ + $\begin{pmatrix} 0 \\ y \end{pmatrix}$ wie ein Steigungsdreieck gezeichnet. Nun drehen wir dieses Vektordreieck um 90° im mathematisch positiven Sinn (gegen den Uhrzeiger) um den Anfangspunkt und erhalten mit $\begin{pmatrix} -y \\ x \end{pmatrix}$ den zu $\begin{pmatrix} x \\ y \end{pmatrix}$ senkrecht stehenden Vektor. Wir wenden dies auf den Richtungsvektor des Spiegels $\vec{AR} = \begin{pmatrix} 2 \\ 6 \end{pmatrix} = 2 \cdot \begin{pmatrix} 1 \\ 3 \end{pmatrix}$ an und erhalten mit $\vec{n} = \begin{pmatrix} -3 \\ 1 \end{pmatrix}$ einen von den zu $\vec{AR}$ senkrecht stehenden Vektoren. Für den Richtungsvektor des einfallenden Strahls gilt : $\vec{RQ} = \begin{pmatrix} -6 \\ -3 \end{pmatrix} = 3 \cdot \begin{pmatrix} -2 \\ -1 \end{pmatrix}$. Damit gilt für den Einfallswinkel α zwischen dem Normalenvektor $\vec{n}$ und dem Einfallsvektor :

$$\cos \alpha = \frac{\binom{-3}{1} \cdot \binom{-2}{-1}}{\sqrt{10} \cdot \sqrt{5}} = \frac{5}{\sqrt{50}} = \frac{1}{\sqrt{2}} \Rightarrow \alpha = 45°.$$

Lösungsskizzen zu c : 1. Art (nach Reflexionsgesetz Fassung 1) :
Einfalls- und Reflexionswinkel sind gleich groß ⇒ Der Richtungsvektor des reflektierten Strahls steht senkrecht auf dem des einfallenden Strahls. $\binom{-1}{2}$ steht senkrecht auf $\overrightarrow{QR}$. Die Geradengleichung des reflektierten Strahl lautet :

$\vec{g}_{refl} : \vec{x} = \binom{2}{1} + k \cdot \binom{-1}{2}$ mit k ∈ ℝ **und k ≥ 0** !

Probe : $\cos \beta = \frac{\binom{-3}{1} \cdot \binom{-1}{2}}{\sqrt{10} \cdot \sqrt{5}} = \frac{5}{\sqrt{50}} = \frac{1}{\sqrt{2}} \Rightarrow \beta = 45°.$

2. Art (nach Reflexionsgesetz Fassung 2) :

Q' liegt auf einer Geraden h durch Q mit dem Richtungsvektor $-\vec{n}$, zu der die Geradengleichung $\vec{x} = \binom{-4}{-2} + l \cdot \binom{3}{-1}$ mit l ∈ ℝ gehört. Der Spiegel wird durch einen Teil einer Geraden i mit der Gleichung $\vec{x} = \binom{0}{-5} + m \cdot \binom{1}{3}$ und m ∈ ℝ dargestellt. Wir suchen den Parameterwert für l, der zum Schnittpunkt von h und i führt und kommen zum Gleichungssystem 3l - m = 4 ∧ -l - 3m = -3 mit der Lösung $l = \frac{3}{2} \wedge m = \frac{1}{2}$. Nehmen wir den doppelten Wert von l, erhalten wir die Koordinaten von Q'. Es gilt : $\vec{q'} = \vec{q} + 2 \cdot \frac{3}{2} \cdot \binom{3}{-1} = \binom{5}{-5}$. Q' = (5 | -5). Die Gleichung des reflektierten Strahls lautet g(Q', R) : $\vec{x} = \binom{5}{-5} + n \cdot \binom{-3}{6}$ mit n ∈ ℝ **und n ≥ 1** !

Die Geraden g_{refl} und g(Q', R) gehen beide durch R und haben kollineare Richtungsvektoren. Sie stellen also die gleiche Gerade dar.

Lösungsskizzen zu d : Die Gleichung der Geraden j durch Q' und T lautet $\vec{x} = \binom{5}{-5} + o \cdot \binom{-5}{3,75}$

mit o ∈ ℝ. Wir suchen die Koordinaten des Schnittpunkts R* von j und der Spiegelgeraden i. Das führt zum Gleichungssystem : -m - 5o = -5 ∧ -3m + 3,75o = 0 ⇔ m = 1 ∧ o = $\frac{4}{5}$. Also gilt für den Schnittpunkt R* von j und i : R* = (1 | -2).

16.5 Aufgaben aus der Stochastik

Eine Fülle von Aufgaben verschiedener Schwierigkeitsgrade und unterschiedlicher Einsatzmöglichkeiten sind in meinem Buch zum Stochastikunterricht (Wirths (2020)) sowie in meinen anderen Veröffentlichungen (siehe Literaturverzeichnis) abgedruckt. Im Buch „Taschencomputer im Mathematikunterricht" (Wirths (2019)) werden mit den Themen „Klassische Probleme" und „Das Problem der Überbuchung" weitere Aufgaben vorgestellt sowie in Kapitel 10, wie mit anspruchsvollen Simulationen mit dem Statistikanalyse- und Stochastikprogramm Fathom 2 hervorragend in stochastisches Denken eingeführt werden kann.

Aufgabe 1 : (Gewichtetes arithmetisches Mittel) Auf der Autobahn möchte ich von Oldenburg nach Osnabrück fahren und muss die Strecke in einer Stunde schaffen. Auf den ersten 50 km kann ich im Schnitt 150 $\frac{km}{h}$ fahren, zähflüssiger Verkehr und Baustellen lassen auf den letzten 50 km nur eine Geschwindigkeit von 75 $\frac{km}{h}$ zu. Hans rechnet : Im Mittel fährt er 112,5 $\frac{km}{h}$. Man braucht also 53 Minuten und 20 Sekunden und schafft es locker. Imke rechnet : Für die ersten 50 km benötigt man 20 Minuten, 40 Minuten für die letzten 50 km. Im Mittel fährt man also 100 $\frac{km}{h}$ für die gesamte Strecke und kommt mit „hängender Zunge" an. Untersuchen Sie, wie viel Zeit tatsächlich benötigt wird.

allgemeine Lösung :
s_1 bezeichne die Länge der ersten Wegstrecke, s_2 die der zweiten. t_1 messe die für die erste Wegstrecke benötigte Zeit, t_2 die für die zweite Wegstrecke. v_1 sei die Geschwindigkeit auf der ersten Wegstrecke, v_2 die auf der zweiten. Dann gilt unter Berücksichtigung von $s = v \cdot t$:

$$v_{ges} = \frac{s_{ges}}{t_{ges}} = \frac{s_1 + s_2}{t_1 + t_2} = \frac{s_1}{t_1 + t_2} + \frac{s_2}{t_1 + t_2} = \frac{v_1 \cdot t_1}{t_1 + t_2} + \frac{v_2 \cdot t_2}{t_1 + t_2} = \frac{t_1}{t_1 + t_2} \cdot v_1 + \frac{t_2}{t_1 + t_2} \cdot v_2$$

Wenn die mittlere gefahrene Geschwindigkeit berechnet werde soll, muss also nach der gefahrenen Zeit gewichtet werden (wie Imke) und nicht nach der zurückgelegten Strecke (wie Hans).

Aufgabe 2 (Wochenendfahrten) : In einer Studie über die an Wochenenden zurückgelegten Fahrtstrecken einer (fiktiven !) Bevölkerung werde folgende Modellierung vorgenommen :

Gegeben seien die Funktionen f: $x \to f(x)$ mit $f(x) = \begin{cases} 0 & x < 0 \\ x \cdot e^{-x} & x \geq 0 \end{cases}$, $x \in \mathbb{R}$,

und F: $x \to F(x)$ mit $F(x) = \int_{-\infty}^{x} f(x)\,dx$. x bedeutet die an einem Wochenende zurückgelegte Fahrtstrecke in Vielfachen von 100 km.

a. Formulieren Sie zwei in diesem Modell typische Eigenschaften über Wochenendfahrten und begründen Sie sie anhand des Verlaufs des Graphen von f.
b. Bestimmen Sie durch möglichst geschickte Interpretation $\int_{-\infty}^{\infty} f(x)dx$.
c. Zeigen Sie mit geeigneten Integrationsmethoden, dass F: $x \to 1 - e^{-x} \cdot (1 + x)$ sowohl eine Stammfunktion von f als auch **die** Verteilungsfunktion von f ist.
d. Untersuchen Sie, welche Fahrtlänge am häufigsten vorkommt. Erläutern Sie die Bedeutung von x_{max} von f in im Sinne der Analysis und der Stochastik in diesem Modell. Begründen Sie, warum die mittlere an einem Wochenende zurückgelegte Strecke µ in dieser Bevölkerung größer als x_{max} sein muss, ohne µ explizit auszurechnen.
e. In der Statistik gelten Daten, die kleiner als $Q_1 - 1{,}5 \cdot R$ oder größer als $Q_3 + 1{,}5 \cdot R$ sind, als mögliche Ausreißer. Dabei gilt $R := Q_3 - Q_1$. Untersuchen Sie, welche Fahrtlängen mögliche Ausreißer sind, und auf wie viel Prozent aller Fahrten dies zutrifft.

Lösungsskizzen zu a : Beispiele für mögliche Aussagen in diesem Modell :
- Alle Personen sind unterwegs, da $(0\,|\,0) \in f$.

- Fahrten mit 100 km Länge sind relativ und absolut am häufigsten, da an der Stelle x = 1 der Graph von f ein absolutes Maximum hat.
- Es kommen beliebig lange Fahrten vor, da f für alle $x \in \mathbb{R}^+$ definiert ist.
- Der Anteil der Fahrten steigt bis 100 km Länge an und nimmt ab 100 km Länge ab. Hier kann man eine Monotonieuntersuchung fordern.

Lösungsskizzen zu b : $\int_{-\infty}^{\infty} f(x)dx = \int_{0}^{\infty} x \cdot e^{-x} dx = \lim_{n \to \infty} \left[1 - e^{-x} \cdot (x+1)\right]_{0}^{n} =$

$\lim_{n \to \infty} [1 - e^{-n} \cdot (n+1) - (1-1)] = 1 - 0 - 0 = 1$ mit Verweis auf die Stammfunktion aus Aufgabe c und $\lim_{n \to \infty} e^{-n} \cdot (n+1) = 0$. Für diesen Limes kann ein Nachweis mit Hilfe des Satzes von de l'Hôpital gefordert werden.

Lösungsskizzen zu c : Partielle Integration : $\int x \cdot e^{-x} dx = -x \cdot e^{-x} - \int -e^{-x} dx =$

$-x \cdot e^{-x} + \int e^{-x} dx = -x \cdot e^{-x} - e^{-x} = e^{-x} \cdot (-x - 1) = -e^{-x} \cdot (x+1)$. Für alle Stammfunktionen F gilt : $F(x) = -e^{-x} \cdot (x+1) + c$ mit $c \in \mathbb{R}$. Aus $F(0) = 0$ folgt : $0 = -1 \cdot 1 + c \Rightarrow c = 1$. Also ist F eine Stammfunktion von f. Da f auch eine Dichtefunktion ist (Es gilt : $f(x) \geq 0$ für alle $x \in \mathbb{R}$ sowie $\int_{-\infty}^{\infty} f(x)dx = 1$), ist F die Verteilungsfunktion von f.

Lösungsskizzen zu d : $f'(x) = e^{-x} \cdot (1-x)$. Daraus folgt : f' hat eine Nullstelle bei $x_{max} = 1$ mit Vorzeichenwechsel von + nach - . x_{max} ist absolutes Maximum des Graphen von f. Bei x_{max} hat der Graph von F eine Wendestelle, F wächst dort am stärksten. Fahrten von 100 km Länge kommen absolut am häufigsten vor. Insgesamt werden aber innerhalb der ersten 100 km nur vergleichsweise wenige Fahrten durchgeführt, da $F(1) = 0{,}2642$. Die meisten Fahrten sind länger, zum Teil erheblich länger. Daher muss µ, der Mittelwert der an einem Wochenende zurückgelegten Fahrtstrecken, größer als 100 km sein.

Lösungsskizzen zu e : Quartil Q_1 : Gesucht das $x \geq 0$ mit $F(x) = 0{,}25$. Lösung : $x \approx 0{,}96 \,\hat{=}\, 96$ km, Quartil Q_3 : Gesucht das $x \geq 0$ mit $F(x) = 0{,}75$. Lösung : $x \approx 2{,}69 \,\hat{=}\, 269$ km.

Beide Quartile werden vom Rechner entweder algebraisch an Hand der Gleichung $F(x) - 0{,}25$ (bzw. 0,75) = 0 oder graphisch als Nullstelle dieser Gleichung bestimmt. $Q_1 - 1{,}5 \cdot R$ ist negativ, daher gibt es bei kleinen Strecken keine möglichen Ausreißer. $Q_3 + 1{,}5 \cdot R = 5{,}285 \,\hat{=}\, 528{,}5$ km. Alle Fahrten über 528,5 km sind mögliche Ausreißer.

$P(X > 528{,}5) = 1 - P(X \leq 528{,}5) = 1 - F(5{,}285) = e^{-5{,}285} \cdot (1 + 5{,}285) \approx 0{,}032$. Also sind rund 3,2 % aller Fahrten mögliche Ausreißer.

Aufgabe 3 (Ein Glücksspielautomat) : Der Glücksspielautomat „Die silberne Vier" weist auf seinen drei Scheiben diese Zahlen auf :

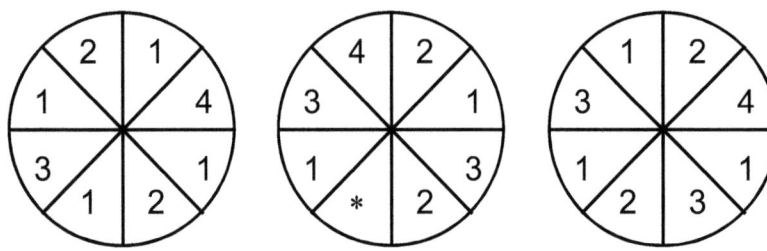

Die drei Scheiben werden gleichzeitig gestartet und stoppen unabhängig voneinander. Die Sektoren der Scheiben sind gleich groß. Der Einsatz beträgt 20 Cent pro Spiel. Die Auszahlung erfolgt nach folgendem Plan :

2,-- € bei 4 4 4 oder 4 * 4,   1,60 € bei 3 3 3 oder 3 * 3,
1,-- € bei 2 2 2 oder 2 * 2,   0,60 € bei 1 1 1 oder 1 * 1,
0,40 € bei * auf der zweiten Scheibe in allen bisher nicht genannten Kombinationen.

a. Zeigen Sie : ➔ Die Wahrscheinlichkeit, irgend etwas zu gewinnen, beträgt $\frac{101}{512}$,

  ➔ die Wahrscheinlichkeit, 40 Pfennig zu gewinnen, beträgt $\frac{45}{512}$.

Automaten müssen im Mittel mindestens 50 % des Einsatzes wieder auszahlen.
  ➔ Untersuchen Sie, ob „Die silberne Vier" diese Bedingung erfüllt.

b. Wie groß ist die Wahrscheinlichkeit, dass man mit 60 Ct genau 5 Spiele durchführen kann, wenn man alle erzielten Gewinne wieder zum Spiel verwendet ?

c. Wie oft muss man mindestens an dem Automaten spielen, damit man mit einer Wahrscheinlichkeit von mindestens 0,95 wenigstens einmal eine Auszahlung erhält ?

d. Bei Automaten vom Typ „Die goldene Vier" kann man die linke Scheibe, die als erste stoppt, wieder starten, bevor die anderen Scheiben stoppen. Behauptung: Wenn man bei einer „4" wieder neu startet, dann ist „Die goldene Vier" günstiger als „Die silberne Vier". Nehmen Sie Stellung zu dieser Behauptung.

Lösung zu a : Für „Die silberne Vier" gilt folgende Auszahlungstabelle :

Auszahlung in €	2,--	1,60	1,--	0,60	0,40
Wahrscheinlichkeit	$\frac{2}{512}$	$\frac{6}{512}$	$\frac{12}{512}$	$\frac{36}{512}$	$\frac{45}{512}$

Es gilt : P(„irgendeine Auszahlung bei einem Spiel") = $\frac{101}{512}$. X : Auszahlung pro Spiel in €.

E(X) ≈ 0,1274 €. Der Automat erfüllt die Bedingung.

Lösung zu b : Im ersten bis dritten Spiel muss genau einmal ein Gewinn von 40 Cent erfolgen und sonst kein Gewinn. P(„mit 60 Cent genau 5 Spiele machen") = $3 \cdot \frac{45}{512} \cdot \left(\frac{411}{512}\right)^4 \approx 0,109$.

Lösung zu c : Das Gegenereignis des interessanten Ereignisses ist, bis zum n. Spiel keinen Gewinn zu machen. Also gilt : $1 - \left(\frac{411}{512}\right)^n > 0,95 \Leftrightarrow 0,05 > \left(\frac{411}{512}\right)^n \Leftrightarrow n > 13,63$. Man muss mindestens 14 Spiele machen.

Lösung zu d : 3 Argumentationsrichtungen sind möglich, eine davon sollte erkannt und ausgeführt werden :

1. Zur Wahrscheinlichkeit für einzelne Gewinne : Es gilt folgende Auszahlungstabelle :

Auszahlung in €	2,--	1,60	1,--	0,60	0,40
Wahrscheinlichkeit	$\frac{2}{512 \cdot 8}$	$\frac{6 \cdot 9}{512 \cdot 8}$	$\frac{12 \cdot 9}{512 \cdot 8}$	$\frac{36 \cdot 9}{512 \cdot 8}$	$\frac{349}{512 \cdot 8}$

Die Wahrscheinlichkeit für einen Gewinn von 2 € wird deutlich, die für einen von 0,40 € leicht geringer, während die Wahrscheinlichkeiten für alle anderen Gewinne leicht höher werden.

2. Zum Erwartungswert : Für den neuen Erwartungswert E'(X) gilt : E'(X) ≈ 0,1299 €, also wird die mittlere Auszahlung etwas höher.

3. Zum Verhältnis aus der Anzahl der Gewinnspiele und der Gesamtzahl an allen Spielen :
Dieses Verhältnis verbessert sich von ca. 0,197 ($\frac{101}{512}$) auf ca. 0,203 ($\frac{837}{4096}$).

Aufgabe 4 : (Der Einfluss einer fest entschlossenen Minderheit) :
a. Ein Klassensprecherteam besteht aus drei Personen A, B und C. A weiss, was er will. B und C sind unentschlossen und entscheiden sich unabhängig voneinander rein zufällig. Zur Abstimmung steht ein Antrag von A.
Eine Schülerversammlung der Oberstufe hat 230 Teilnehmer. A und B kandidieren. 30 Lernende sind sich einig, A zu wählen. Die übrigen sind unentschlossen und entscheiden sich unabhängig voneinander rein zufällig für einen der beiden Kandidaten.
Untersuchen Sie, wie groß die Wahrscheinlichkeit in jedem der beiden Fälle ist, dass mehr als die Hälfte der Stimmen für A sind.
b. Es stehen zwei Möglichkeiten zur Entscheidung an. f Personen besitzen eine feste Meinung. n Personen sind unentschlossen und entscheiden sich unabhängig voneinander rein zufällig. Die Wahrscheinlichkeit, mit der sich f Personen mit fester Meinung gegenüber n unentschlossenen Personen bei einfacher Mehrheit durchsetzen können, ist näherungsweise durch $\Phi\left(\frac{f-1}{\sqrt{n}}\right)$ gegeben. Beweisen Sie dies. Berechnen Sie damit die Wahrscheinlichkeiten aus den bisherigen Aufgaben und nehmen Sie Stellung zu den Unterschieden in den Ergebnissen.
c. Stellen Sie sich vor, es stehen die beiden Meinungen A und B in einem Volksentscheid zur Abstimmung an. 20 000 000 gehen zur Wahl, sind unentschlossen und entscheiden sich unabhängig voneinander rein zufällig.
Untersuchen Sie, wie groß die Gruppe mit fester Meinung, die für A stimmen, mindestens sein muss, damit A mit einer Wahrscheinlichkeit von rund 0,99 die einfache Mehrheit erhält.
d. Beschreiben Sie möglichst genau, wie sich die Anzahl der Personen mit fester Meinung bei immer größer werdender Anzahl Unentschlossener absolut, aber auch relativ, verändern muss, damit diejenigen mit fester Meinung immer fast gleichbleibenden Einfluss haben.

Lösung zu a : Es gibt zwei Lösungswege : 3-stufiges Baumdiagramm mit der Entscheidung von A, B und C oder 2-stufiges Baumdiagramm mit der Entscheidung von B und C. P(„A setzt sich durch") = 0,75. A benötigt mindestens 116 Stimmen, also noch mindestens 86 von den 200 unentschlossenen. Im Modell der Binomialverteilung : X zähle die Anzahl der Stimmen für A, P(X ≥ 86) = 0,97998.

Lösung zu b : X zähle die Anzahl der Stimmen für den Antrag. Es gilt : E(X) = 0,5·n, σ(X) = 0,5·$\sqrt{n}$. P(X > $\frac{n+f}{2}$ - f) = P(X > $\frac{n-f}{2}$) = 1 - P(X ≤ $\frac{n-f}{2}$) ≈ 1 - $\Phi\left(\frac{0,5 \cdot (n-f) - 0,5 \cdot n + 0,5}{0,5 \cdot \sqrt{n}}\right)$

= 1 - $\Phi\left(\frac{-f+1}{\sqrt{n}}\right)$ = 1 - $\Phi\left(-\frac{f-1}{\sqrt{n}}\right)$ = $\Phi\left(\frac{f-1}{\sqrt{n}}\right)$.

Φ(0) = 0,5 (Näherung ungenau, nicht anwendbar, da zu wenig Personen beteiligt.)

$\Phi\left(\frac{29}{\sqrt{200}}\right) \approx \Phi(2{,}05) = 0{,}97982$ (Näherung sinnvoll, da genügend Personen beteiligt.)

Lösung zu c : $\Phi\left(\frac{f-1}{\sqrt{20000000}}\right) > 0{,}99 \Rightarrow \frac{f-1}{\sqrt{20000000}} > 2{,}36 \Rightarrow f > 2{,}326 \cdot \sqrt{20000000} + 1$

$\Rightarrow$ f ≥ 10 404 (da f eine natürliche Zahl sein muss !)

Achtung : Aber erst für f ≥ 10 405 ist $P(X > \frac{n-f}{2}) > 0{,}99$! Zum Nachweis dieser Tatsache ist ein Computerprogramm erforderlich, das Bereichswahrscheinlichkeiten im Modell der Binomialwahrscheinlichkeit exakt berechnet. Solch ein Programm wird in Kapitel 9 von Wirths (2019) beschrieben. Die graphikfähigen Taschenrechner, aber auch andere Programme, sind wegen des zu großen Stichprobenumfangs n unter Umständen überfordert, weichen auf die Näherung im Modell der Normalverteilung aus und geben die obige Lösung aus, ohne dass kontrolliert werden kann, ob dadurch tatsächlich die gestellte Aufgabe gelöst wird.

Lösung zu d : Damit der Einfluss fast gleich bleibt, muss der Quotient aus (f - 1) und $\sqrt{n}$ fast konstant, $\sqrt{n}$ und (f - 1) (fast) proportional sein. Für großes n reicht es, wenn f und $\sqrt{n}$ (fast) proportional sind. Der Anteil der Personen mit fester Meinung an der Gesamtbevölkerung ist (fast) proportional zu $\frac{1}{\sqrt{n}}$, wenn der Einfluss (in etwa) gleichbleibt, er sinkt bei wachsendem n erheblich.

17. Zitate

Einen jungen Menschen unterrichten heißt nicht, einen Eimer füllen, sondern ein Feuer entfachen. (Aristoteles)

Staunen, das ist der Same des Wissens. (Francis Bacon)

Ein spezielles Problem kann mehr mathematische Substanz enthalten und für die Erziehung junger Mathematiker ein besseres Objekt sein als allgemeine Theorien. (Heinrich Behnke)

In der Mathematik ist die Kunst des Fragestellens wichtiger als die des Lösens. (Georg Cantor)

Das Wesen der Mathematik liegt in ihrer Freiheit. (Georg Cantor)

Phantasie ist wichtiger als Wissen. (Albert Einstein)

Mach es so einfach wie möglich, aber nicht einfacher. (Albert Einstein)

Zuweilen hält man die Schule nur für ein Instrument zur Weitergabe einer Höchstmenge von Wissen an die heranwachsende Generation. Das ist nicht richtig. Wissen allein ist tot; die Schule aber dient dem Lebendigen. Sie soll in den jungen Menschen alle Eigenschaften und Fähigkeiten entwickeln, die für die Wohlfahrt der Allgemeinheit wertvoll sind. (Albert Einstein)

Kein Mensch lernt denken, indem er die fertig geschriebenen Gedanken anderer liest, sondern dadurch, dass er selbst denkt. (Michail Eminescu)

Ein jeder Mensch begreift und behält dasjenige im Gedächtnis viel leichter, wovon er den Grund und Ursprung deutlich einsieht; und weiß sich auch dasselbe bei allen vorkommenden Fällen weit besser zu Nutz zu machen. (Leonard Euler)

Die Neugier steht immer an erster Stelle eines Problems, das gelöst werden soll. (Galileo Galilei)

Was man nicht versteht, besitzt man nicht. (Johann Wolfgang von Goethe)

Langweilig zu sein, ist die ärgste Sünde des Unterrichts. (Johann Friedrich Herbart)

Die Mathematik als Fachgebiet ist so ernst, dass man keine Gelegenheit versäumen sollte, sie etwas unterhaltsamer zu gestalten. (Blaise Pascal)

Eine mathematische Aufgabe kann manchmal genauso unterhaltsam sein wie ein Kreuzworträtsel, und angespannte geistige Arbeit kann eine ebenso wünschenswerte Übung sein wie ein schnelles Tennisspiel. (George Polya)

Hohe Bildung kann man dadurch beweisen, dass man die kompliziertesten Dinge auf einfache Art zu erläutern versteht. (George Bernard Shaw)

Ich sagte mir: Alle diese Gegenstände der Infinitesimalrechnung, die heute als kanonisierte Requisiten gelehrt werden, ..., müssen doch einmal Objekte eines spannenden Suchens, einer aufregenden Handlung gewesen sein, nämlich damals, als sie geschaffen wurden. Wenn man an diese Wurzeln der Begriffe zurückginge, würde der Staub der Zeiten, die Schrammen langer Abnutzung von ihnen abfallen, und sie würden wieder als lebevolle Wesen vor uns erstehen. (Otto Toeplitz)

Viel wichtiger als sein (des Lehrers) Viel-Wissen ist, dass er von einigen Dingen wirklich und sichtlich etwas versteht und dass er da, wo sein Wissen aufhört, Interesse hat, es zu ergänzen. Nicht das Wissen steckt an, sondern das Suchen. (Martin Wagenschein)

Literaturverzeichnis

Dürr, R./ Ziegenbalg, J (1984) : Dynamische Prozesse. Paderborn : Schöningh 1984

Engel, J. (2001) : Datenorientierte Mathematik und beziehungshaltige Zugänge zur Statistik : Konzepte und Beispiele. In : Borovcnik, M./Engel, J./Wickmann, D. : Anregungen zum Stochastikunterricht, Band 1. Hildesheim : Verlag Franzbecker 2001

Fisher, R. A. (1936) : Has Mendels work been rediscovered ? In : Annals of Science 1936, 1: S.115 - 137

Gigerenzer, G. u.a. (1999) : Das Reich des Zufalls. Heidelberg: Spektrum 1999

Griesel, H./Postel, H. (2003) : Elemente der Mathematik, LK Stochastik. Hannover : Schroedel

Hering, H (1979) : Varianten zum „Turm von Hanoi-Spiel" - ein Weg zu einfachen Funktionalgleichungen. In : MU 2/1979, S. 82 - 91

Ineichen, R. (1984) : Stochastik. Göttingen : Vandenhoek & Ruprecht 1984

Kittler, H. (1983) : Die mündliche Abiturprüfung in Mathematik. NLI-Berichte Heft 12, Hannover 1983

Kroll, W. (1987) : Warten auf den Erfolg. In : PM 7/1987, S. 386 - 398

Lambacher, Th. (1983) : Themenhefte Mathematik : Analysis 1. Stuttgart : Klett 1983

Lambacher, Th. (1983a) : Themenhefte Mathematik : Analysis 2. Stuttgart : Klett 1983

Lambacher, Th. (1988) : Stochastik Leistungskurs. Stuttgart : Klett 1988

MNU (1992) : Schülerzirkel Mathematik. Heft 52 der Schriften des Deutschen Vereins zur Förderung des mathematischen und naturwissenschaftlichen Unterrichts (MNU). MNU-Schriftenreihe 1992

Nordmeier, G. (1989) : Erstfrühling und Aprilwetter - Projekte in der explorativen Datenanalyse. In : StoiS 3/1989, S. 21 - 42

Riemer, W. (1985) : Neue Ideen zur Stochastik. Mannheim : BI 1985

Riemer, W. (1988) : Riemer-Würfel. Stuttgart : Klett (1988)

Ruprecht, G. / Schupp. H. (1994) : Empfehlungen zum Computereinsatz im Stochastikunterricht (Folge 1). In : MiS 12/1994, S. 688 - 703

Steinberg, G. (1983) : Unterrichtsbeispiele für den Zusammenhang zwischen innermathematischer Motivation und mathematischem Verstehen. In : MNU 7/1983, S. 398 - 405

Stowasser, R./Mohry, B. (1978) : Rekursive Verfahren. Hannover : Schroedel 1978

Strohhäcker, A. (1981) : Exemplarisches Lernen an linearen Rekursionsformeln. MNU 4/1981, S. 213 - 217

Toeplitz, Otto (1949) : Die Entwicklung der Infinitesimalrechnung. Darmstadt : WBG 1972

Walcher, W. (1974) : Praktikum der Physik. Stuttgart : Teubner 1974

Wirths, H. (1989) : Lineare Differenzengleichungen - Brücke zwischen Analysis und Linearer Algebra. In : DdM 1/1989, S. 42 - 54

Wirths, H. (1991) : Das Problem der Lücke. In : MiS 7/8/1991, S. 533 - 537

Wirths, H. (1991a) : Einführung in Positionssysteme ab Klasse 5. In : MiS 10/1991, S. 692-703

Wirths , H. (1992) : Herr Paddel. In : alpha 3/1992, S. 25 - 26

Wirths, H. (1992a) : Das Rundlaufkarussel. In : alpha 4/1992, S. 10 - 12

Wirths, H. (1993) : Lineare Differenzengleichungen 1. Ordnung - Erfahrungsbericht über eine Unterrichtsreihe „Folgen und Reihen". In : MiS 7/8/1993, S. 105 - 115

Wirths, H. (1993a) : An der Wurfbude - Erste Erfahrungen in Stochastik. In : MiS 10/1993, S. 539 - 551

Wirths, H. (1998) : Binomialwahrscheinlichkeiten mit dem Computer. StoiS 1/1998, S. 43-54

Wirths, H. (2000) : Auswerten von Messreihen im Modell der linearen Differenzengleichungen 1. Ordnung mit konstanten Koeffizienten. In : MiS 2/2000, S. 74 - 78

Wirths, H. (2000a) : Auswerten von Messreihen mittels Tabellenkalkulation. In : MiS 4/2000, S. 207 - 213
Wirths, H. (2000b) : Von der kleinen Bahn, die hoch hinaus will. In : MiS 5/2000, S. 279 - 284
Wirths, H. (2000c) : Warum fährt die kleine Bahn so langsam ? In : MiS 6/2000, S. 345 - 349
Wirths, H. (2000d) : Probleme mit einem Näherungsverfahren im Modell der Binomialverteilung. In : StoiS 1/2000, S. 39 - 42
Wirths, H. (2002) : Sind deutsche Autos anders als ausländische ? In : StoiS 1/2002, S. 16-23
Wirths, H. (2004) : Wie gut kannst Du schätzen ? und andere Probleme für den Statistikunterricht. In : StoiS 2/2004, S. 14 - 23
Wirths, H. (2005a) : Vom Rückwärtsschließen im Baumdiagramm zum Testen von Hypothesen. In : StoiS 2/2005, S. 4 - 10
Wirths, H. (2005b) : Hat Gregor Mendel seine Daten „frisiert" ? In : StoiS 3/2005, S. 2 - 8
Wirths, H. (2019) : Taschencomputer im Mathematikunterricht. BoD : Norderstedt 2019
Wirths, H. (2020) : Stochastikunterricht am Gymnasium. BoD : Norderstedt 2020
Ziegenbalg, J. (1983) : Differenzengleichungen und ihre Anwendungen in den Wirtschafts- und Naturwissenschaften. Aus : Studienmaterial des Staatlichen Instituts für Lehrerfort- und -weiterbildung, Bd. 55, Speyer 1983

Die Abkürzungen bedeuten :
DdM : Didaktik der Mathematik
MiS : Mathematik in der Schule
MNU : Mathematisch-naturwissenschaftlicher Unterricht
MU : Der Mathematikunterricht
PM : Praxis der Mathematik
StoiS : Stochastik in der Schule
WBG : Wissenschaftliche Buchgesellschaft

Schlagwortverzeichnis

Absolute Häufigkeit 31 ff; erwartete 33
Abweichung 19 ff; Beurteilung 101
Alternativtest 46 ff; nach Bayes 103/4
Arithmetische Folge 73, 82, 84, 97
Aufgaben : Abzählprobleme 109
  Achteck 38/41
  Arosa-Bahn 56/67
  Brunnentiefe 51/2
  Differenz Quadratzahlen 110/1
  Dreiecksflächen 75/6
  Entschlossene Minderheit 130/1
  Eisschnelllauf 88/9
  Euro-Geldscheine 21/3
  Farbmischung 76, 92/3
  Forellenwachstum 80/2
  Funktionsräume 124/5
  Gewichtetes arithmetisches Mittel 127
  Gleichungssystem 49/54, 109, 120/2
  Glücksspielautomat 129/30
  Haus des Nikolaus 108
  Irrationalität von $\sqrt{2}$ 53/5
  Kochsche Kurve 76
  Leistung 119/20
  Leonardos Mensch 25/8
  Meine Initialen 108
  Mendels Daten 100/7
  Mischungstemperatur 49/51
  Nikotin 78
  Positionssysteme 10/6
  Pyramide 122/4
  Querschnitt/Volumen eines Tropfens 113/4
  Radioaktiver Zerfall 83/7
  Raketenbahn 110
  Reflektion Lichtstrahl 125/6
  Rest aus 2 Quadraten 108/9
  Riccati-Differenzengleichung 98/9
  Ruinspiel 96/7
  Schätzen des Alters 19/21
  Schraubenfeder 89/90
  Simulation Dosenwerfen 30/35
  Spamfilter 42/4
  Sparen 71/2
  Springbrunnen 111/2
  Stopp nach 2 Erfolgen 97/8
  Treppensteigen 95/6
  Turm von Hanoi 68/70, 75

Aufgaben : Urlauber 76/7
  Verkehrsdichte 114/6
  Vierfeldertafel 45/6
  Weinmischung 74/5
  Weitsprung 23/5
  Wie viel Nass passt ins Fass ? 116/9
  Wochenendfahrten 127/8
  Würfeltest 46/8
Ausreißer 21/7, 127/8

Baumdiagramm 42/8, 102/3, 130
Boxplot 20/9

Charakteristische Gleichung 94/5, 98/9
Computersimulation 29/36, 126

Datentransformation 88
Differentialgleichung 78/84
Differenzengleichung 70/84, 92/9
Dualsystem 13; Dualzahl 13

EDA 21/4
Explizite Darstellung 68/73, 76/8,

Fixwert 81

Geometrische Folge/Reihe 73, 80
Gesamtzahl 22, 35/7, 42, 109, 130

Kochsche Kurve 76
Konfidenzintervall 105
Kurvenüberhöhung 60, 64/7

Linear (un)abhängig 95, 123/5
Linearisierung 88
Linearkombination 93, 123, 125
Lösungsmenge 93/5, 99

Matrix 74
Maximum/Minimum 20 ff, 104, 112/5, 120/8
Median 20 ff
Mittelwert, arithmetischer 23/4, 91, 102/6, 128

Normalenvektor 125

Positionssysteme 18

Prognose 34; Prognosewert 26, 80 ff

Quartil 20/7, 128

Ratensparformel 71
Regressionsmodelle 88
Rekursive Darstellung 68/72, 80 ff, 92 ff
Relative Häufigkeit 30/7, 106
Ruderbootzahlen 12/3

Sicherheitswahrscheinlichkeit 102/5
Sigma-Umgebung 103/5
Simulation 29/36, 126
Spannweite 24/8
Stabilwerden der relativen Häufigkeiten 36
Statistische Kennzahl 21, 24
Steigungsdefinition 58/9
Streudiagramm 19/28
Strichliste 31
Summenformel geometrische Reihe 73

Testen nach Bayes 103/4

Übergangsdiagramm 74
Urliste 31, 35

Vektorraum 93/5, 124
Vierfeldertafel 42/6

Wachstum 27/8, 68, 73 ff, 80/4
Wahrscheinlichkeit 31, 34; Summe 102
    Einzel 101/2
Wahrscheinlichkeitsmodell 32/7
Whisker 23, 27
Widerspruchsbeweis 53/5

x-y-Graph 87/9

Zentrifugalkraft 64/6
Zufallsversuch 30 ff, 101

Helmut Wirths lebt heute im Ruhestand,
studierte Mathematik, Physik und mathematische Logik an der WWU Münster,
war Fachlehrer für Mathematik und Physik an der Cäcilienschule Oldenburg (Gymnasium),
war Fachberater für Mathematik in der Schulaufsicht,
hatte einen Lehrauftrag für Didaktik der Mathematik an der CvO Universität Oldenburg,
hielt Vorträge und veröffentlichte über Themen aus dem Mathematikunterricht.

Von Helmut Wirths sind bei BoD als Buch und als E-Book erschienen :
Taschencomputer im Mathematikunterricht,   ISBN 978-3-744 802 116,
Stochastikunterricht am Gymnasium,   ISBN 978 3 750 416 796.
Dieses Buch (Stochastikunterricht am Gymnasium) umfasst die beiden Bücher :
Stochastikunterricht - Unterrichtsbeispiele,   ISBN 978-3-743 188 402,
Stochastikunterricht - Aufgaben und Anfänge,   ISBN 978-3-741 288 616.

Lust auf Entspannung von ernsten fachwissenschaftlichen oder fachdidaktischen Themen ?
Da verweise ich gerne auf Produkte aus der Feder von Jodokus Rauschebart.
Bei BoD sind als E-Book erschienen :
„Lachen und Staunen über Mathematik – schmunzelndes Verstehen erwünscht",
ISBN 978 3 752 669 459,
„Lachen über Mathematik und anderer Unfug", ISBN 978 3 738 625 837,
„Lachen über Wissenschaften und das tägliche Leben", ISBN 978 3 750 416 796,
„Strandgut – vom Strandvogt aufgesammelt", ISBN 978 3 752 639 261.